L'EAU

DANS L'INDUSTRIE

PURIFICATION, FILTRATION, STÉRILISATION

P. GUICHARD

PROFESSEUR A LA SOCIÉTÉ INDUSTRIELLE D'AMIENS

L'EAU

DANS L'INDUSTRIE

PURIFICATION, FILTRATION, STÉRILISATION

Avec 80 figures intercalées dans le texte.

IMPURETÉS DE L'EAU. — CORPS FORMANT
LES IMPURETÉS DE L'EAU.
EMPLOIS INDUSTRIELS DE L'EAU.
EMPLOIS ET INCONVÉNIENTS DES EAUX RÉSIDUAIRES.
PURIFICATION DES EAUX NATURELLES.
PURIFICATION DES EAUX RÉSIDUAIRES DE L'INDUSTRIE
ET DES VILLES.

PARIS

LIBRAIRIE J.-B. BAILLIÈRE ET FILS

19, rue Hautefeuille, près du Boulevard Saint-Germain.

1894

6227-94. — Corbeil. Imprimerie Éd. Crété.

PRÉFACE

Dans ce volume, nous avons eu pour but d'étudier le rôle que l'eau naturelle joue dans les diverses industries, les qualités qu'elle doit posséder suivant l'usage auquel on la destine, les inconvénients des impuretés des eaux naturelles ainsi que les moyens analytiques de les reconnaître et de les doser. Nous avons suivi cette eau dans son emploi pour voir ce qu'elle devient et examiné les résidus et surtout les eaux résiduaires que l'industriel obtient comme résultat de ses opérations; nous avons étudié leurs propriétés, leur composition et les inconvénients qu'elles présentent au point de vue surtout de la santé publique, et enfin les moyens de se débarrasser de ces eaux résiduaires soit en les employant à divers usages, soit en les purifiant pour les rendre inoffensives et pouvoir les écouler dans les cours d'eau.

Nous avons signalé avec soin les appareils les plus nouveaux employés pour la purification de l'eau, les décrivant de façon à en bien faire comprendre le principe.

Nous avons envisagé encore l'eau sous un autre point de vue : l'eau, en effet, est actuellement une marchandise que des industries des plus importantes manipulent et vendent sous ses différentes formes. C'est une industrie de premier ordre et nous pensons que les pages que nous avons consacrées à cette question qui intéresse à un si haut degré l'hygiène publique et privée, seront utiles aux hygiénistes et aux industriels.

Cette question de l'eau a été bien souvent traitée déjà, nous espérons que les documents que nous avons réunis apporteront des aperçus nouveaux sur certaines questions.

C'est surtout au point de vue expérimental que nous avons étudié les différentes questions de notre programme, nous attachant autant que possible à bien définir les données scientifiques des problèmes et le rôle important que jouent dans les phénomènes les sciences physiques et chimiques et notamment la bactériologie, cette science née d'hier et qui déjà a porté la lumière dans un si grand nombre de questions jugées jusqu'à ce jour obscures ou même insolubles.

S'il est vrai, comme le prétendent certains savants restés attachés aux vieilles méthodes, qu'il y a un peu d'engouement dans le rôle presque universel qu'on lui fait jouer aujourd'hui, il est du moins certain qu'un grand nombre des questions étudiées par elle continueront à faire partie de son domaine, et qu'elle aura eu cet autre mérite très rare d'avoir provoqué à nouveau l'étude de certains points qui passaient pour parfaitement connus auparavant et dont elle a pourtant renouvelé considérablement la théorie et la technique.

Nous avons passé en revue successivement les diverses industries, les étudiant au point de vue de leurs résidus. Elles serviront de types pour celles qui ont encore besoin d'être examinées et feront éclore des travaux nouveaux sur cette importante question des résidus industriels.

Notre livre s'adresse donc, comme on le voit, aux industriels qui veulent faire progresser leur industrie et tirer tout le parti possible des produits de leur fabrication, aux hygiénistes qui veulent se rendre compte de l'origine des impuretés des eaux, à tous ceux enfin qui s'intéressent aux progrès de l'industrie moderne et qui ont souci de l'hygiène des populations.

P. GUICHARD.

Paris, 15 octobre 1893.

1, rue d'Alençon.

L'EAU DANS L'INDUSTRIE

INTRODUCTION

Les anciens considéraient l'eau comme un des quatre éléments dont étaient formés tous les corps.

Au Moyen Age, les alchimistes, auxquels nous devons la découverte de tant de corps intéressants au point de vue scientifique et industriel, ne se préoccupaient pas de leur nature : La *pierre philosophale* qui devait changer tous les métaux en or et l'*élixir de vie* qui devait prolonger la vie humaine indéfiniment, tels étaient les objets exclusifs de leurs travaux. C'étaient, du reste, des ambitions bien humaines, et encore actuellement, faire de l'or et rendre la vie plus longue, c'est le but des efforts de tous les hommes.

Il faut arriver jusqu'à la fin du XVIIIe siècle, pour voir établir, à la suite de nombreux travaux, la véritable composition de l'eau.

C'est alors que les savants, étudiant la nature par les méthodes nouvelles, où quelques-uns, sans s'en douter, étaient entraînés par le génie de Lavoisier, commencèrent à se préoccuper de la composition de l'eau. Cette découverte ne saurait être attribuée à un seul chimiste.

En 1776, Macquer et Sigaud de La Fond établissent qu'il se forme de l'eau par la combustion de l'hydrogène.

En 1781, Cavendish reconnaît le même fait dans la combinaison de l'oxygène et de l'hydrogène.

Le 24 juin 1783, Lavoisier et Laplace répètent après Monge cette expérience.

Le 21 avril 1784, Lavoisier et Meusnier font l'analyse de l'eau par le fer, puis par le charbon. L'année suivante, ils refont la synthèse et établissent d'une façon définitive la véritable nature de l'eau.

L'eau pure est donc formée par la combinaison en proportions fixes et invariables de deux gaz, l'oxygène et l'hydrogène. Cette combinaison est représentée par la formule H^2O (HO en équivalents).

Cette eau pure intervient soit directement, soit par ses éléments dans un grand nombre d'industries chimiques, mais, en général, l'eau envisagée à l'état de pureté n'a que peu d'intérêt pour l'industriel; elle n'existe pas dans la nature; la masse d'eau qui couvre la plus grande partie de l'écorce terrestre n'est pas pure.

L'eau produit dans la nature des résultats importants: après la formation du globe terrestre, l'eau, évaporée par la chaleur du soleil et de la terre, resta en vapeur dans l'atmosphère jusqu'au moment où la température, s'abaissant de plus en plus, lui permit de se condenser à l'état liquide; elle forma les nuages qui, sous forme de pluie ou de neige, retombèrent et retombent encore à la surface du sol. Elle est déjà impure : en traversant l'atmosphère, elle a dissout les éléments de l'air : oxygène et azote, et les impuretés qu'il renferme : Acide carbonique, azotate et azotite d'ammonium; elle a entraîné en suspension les matières solides minérales ou organiques, que les vents soulèvent dans l'atmosphère et parmi lesquelles se trouvent, comme on le sait, depuis les travaux de Pasteur, les spores d'un grand nombre d'êtres vivants qu'on désigne sous le nom général de *microbes* (1).

Elle retombe sur le sol, en lave la surface, en se chargeant de toutes les impuretés qu'elle rencontre et rejoint les rivières.

Une partie pénètre dans le sol, lessive toutes les couches qu'elle traverse en dissolvant les matériaux qu'elle peut dissoudre, notamment, à cause de son acide carbonique, les carbonates de chaux, de magnésie, l'oxyde de fer, les silicates alcalins en même temps que les sels directement solubles : sulfate de chaux, de magnésie, chlorure de calcium, etc. Elle forme dans le sol des rivières souterraines, puis dans les parties basses des nappes où nous allons la chercher au moyen des puits.

Enfin elle revient à la surface du sol, elle trace peu à peu suivant la distribution des matières dans cette croûte, des sources, des bassins, des ruisseaux, des rivières, des fleuves, puis des mers, enfin des océans.

Ainsi se trouve constitué ce grand circulus entre l'eau liquide à la surface du sol et la vapeur dans l'atmosphère.

L'action dissolvante, commencée aux temps géologiques continue encore, et les sels solubles se réunissant dans les mers et les océans ainsi que dans les lacs inférieurs, constituent la minéralisation plus ou moins grande des eaux naturelles. En même temps,

(1) Voyez Miquel, *Étude sur les poussières organisées de l'atmosphère* (*Ann. d'hyg.*, 1879, tome II, p. 226).

des doubles décompositions chimiques amènent la production de corps nouveaux qui forment aussi partie intégrante du globe.

Outre cette action dissolvante, l'eau a exercé et exerce encore une action chimique sur les matériaux du sol, aidée de l'oxygène atmosphérique qui oxyde certains éléments des minéraux, l'oxyde de fer par exemple, et de l'acide carbonique qui aide à la désagrégation des silicates complexes en dissolvant les silicates alcalins et laissant insolubles les silicates terreux et métalliques, elle contribue puissamment à la transformation de la masse terrestre, et, en y joignant le travail d'érosion mécanique et de transport des éléments du sol, elle constitue peu à peu dans la longue suite des siècles les différentes couches sédimentaires du globe.

Elle joue encore un grand rôle par son action sur les minéraux, la vie des plantes, des animaux auxquels elle fournit, par sa force dissolvante, les éléments nécessaires à leur développement en reprenant en échange les résidus de leur vie; elle leur fournit même ses propres éléments pour la constitution de leurs organes et des produits élaborés dans lesquels elle entre soit comme élément intime, soit comme eau dite *de cristallisation*, en même temps qu'elle entretient dans toutes leurs parties l'humidité nécessaire à leur existence.

Tous ces phénomènes ont une importance extraordinaire soit sur la constitution des eaux naturelles, soit sur la formation des produits naturels que l'industrie utilise de nos jours.

Très actifs autrefois, grâce à la température élevée du globe, ils se produisent toujours lentement, mais d'une manière continue, accumulant en certains points des matériaux pour les générations à venir.

Ce sont les impuretés de l'eau et notamment les sels de chaux et de magnésie qui ont le plus d'importance, soit qu'on les considère dans leur rôle, dans l'économie domestique où ils sont très nuisibles puisqu'ils durcissent les légumes à la cuisson, et qu'ils consomment inutilement une grande quantité de savon perdu sous forme de savons calcaires ou magnésiens insolubles, soit dans l'industrie où ils forment notamment les incrustations des chaudières à vapeur connues sous le nom de *Tartre*.

Lorsque ces impuretés ne sont qu'en petite quantité elles ne sont pas nuisibles pour l'usage alimentaire ; au contraire, ce sont ces sels qui donnent à l'eau sa saveur agréable.

Au point de vue de l'hygiène comme au point de vue industriel, il y a donc grand intérêt à étudier les propriétés de l'eau et surtout ses impuretés et le rôle qu'elles jouent dans nos opérations industrielles.

Non seulement il importe de connaître la nature de ses impuretés, mais encore leur quantité.

Pour atteindre ce but, le chimiste fait l'analyse de l'eau : C'est donc par l'étude des procédés d'analyse de l'eau ou plutôt de ses impuretés que nous commencerons notre examen.

PREMIÈRE PARTIE

RECHERCHE DES IMPURETÉS DE L'EAU

Une analyse d'eau se compose :

1º De l'analyse chimique par les pesées ou par la méthode volumétrique ou par l'hydrotimétrie ;

2º De l'examen microscopique des dépôts qu'elle forme par le repos ;

3º De l'analyse bactériologique.

CHAPITRE I. — ANALYSE CHIMIQUE DE L'EAU

I. — ÉVAPORATION

C'est aussi à la fin du xviiiᵉ siècle que les chimistes ont entrepris de faire l'analyse de l'eau.

En 1780, deux chimistes d'Amiens furent chargés par la municipalité amiénoise de faire l'analyse des eaux de la ville et des environs, et en 1783 ces deux chimistes, messieurs d'Hervillez, professeur de chimie au Jardin du Roy, et Lapostole, maître en pharmacie et démonstrateur de chimie au Jardin du Roy, remirent leur mémoire à la municipalité (1).

En 1816, l'Académie des Sciences de Paris chargea une commission composée de Thénard, Hallé, Tarbé et Collin de faire l'analyse des eaux de la Seine.

(1) *Archives de la ville d'Amiens.*

Le procédé employé par les chimistes d'alors était fort primitif. Il n'a de remarquable que la patience qu'ils déployèrent pour ce travail qui avait pour base l'évaporation de plus de 1000 litres d'eau.

Je me bornerai à citer la description qu'en donne Guyton Morreau (1).

« Pour faire une analyse exacte, il faut évaporer une quantité d'eau d'autant plus grande que l'eau est moins chargée, recueillir les sels à mesure qu'ils cristallisent et dissoudre les dépôts terreux après les avoir pesés. »

Ils les examinaient ensuite à la loupe et à l'aide des réactifs, puis à force de sagacité ils arrivaient à déterminer souvent exactement la nature des divers sels qu'ils séparaient à l'aide d'une pince.

Bien entendu ce procédé grossier ne pouvait conduire à aucun résultat précis, il fallait encore les travaux de quelques hommes de génie pour arriver à formuler une méthode précise et rigoureuse.

Après la *méthode par évaporation* que nous venons de décrire, vint la *méthode par précipitation* qui est la méthode moderne.

II. — **PRÉCIPITATION**

Elle repose sur les principes suivants :

1° Un corps composé est toujours formé des mêmes éléments unis dans les mêmes proportions : par exemple, le sel marin ou chlorure de sodium est toujours formé de $35^{gr},5$ de chlore pour 23 grammes de sodium. Le nitrate d'argent est toujours formé de

(1) *Eléments de chimie*, Guyton Morreau, Maret et Durande, 1777.

54 d'acide azotique anhydre pour 108 d'argent ;

2° Si on mélange ces deux corps il peut y avoir réaction entre eux mais il n'y a qu'un simple échange d'éléments, les quantités restent les mêmes. En mélangeant les deux sels ci-dessus il se fait du chlorure d'argent et du nitrate de sodium $AzO^3Ag + ClNa = AzO^3Na + ClAg$, mais le chlorure d'argent, par exemple, qui est insoluble, contient comme le chlorure de sodium 35,5 de chlore avec les 108 d'argent du nitrate, de sorte que si l'on recueille le chlorure d'argent sur un filtre et qu'on le pèse, on pourra de ce poids déduire, par le calcul, le poids du chlorure de sodium primitif.

On pourrait faire de même successivement pour tous les éléments de l'eau, c'est-à-dire les faire entrer dans une combinaison insoluble de composition connue et calculer ainsi successivement la composition de l'eau.

Voici la description de ce procédé d'analyse en me bornant au dosage des éléments qui ont un intérêt pour l'industrie.

Les impuretés de l'eau qui intéressent l'industriel sont la chaux, la magnésie, les sels de fer, les sels alcalins, les matières organiques.

La chaux se trouve à l'état de sels solubles d'une façon permanente : Sulfate et chlorure, et aussi à l'état de sel soluble momentanément : le bicarbonate ; ce bicarbonate perd la moitié de son acide carbonique à l'ébullition et il reste du carbonate de chaux insoluble qui se précipite. D'après quelques chimistes le carbonate est simplement dissous dans l'eau chargée d'acide carbonique sans former de combinaison.

Il en est de même de la magnésie et du fer. Les sels alcalins sont à l'état de chlorure, sulfate, quelquefois de carbonate et de silicate : Tous solubles.

III. — MÉTHODE PAR LES PESÉES

ANALYSE QUALITATIVE

On fait d'abord des essais qualitatifs pour arriver à reconnaître la nature des substances contenues dans l'eau.

La présence de l'acide carbonique des bicarbonates se constate par l'eau de chaux qui donne un précipité blanc. En même temps cette réaction indique la présence du carbonate de chaux.

La chaux se reconnaît en sursaturant par l'acide acétique et ajoutant une solution d'oxalate d'ammoniaque, on a également un précipité blanc.

Le même essai fait après l'ébullition de l'eau pendant une demi-heure, indique la présence des sels de chaux solubles.

Le nitrate d'argent versé dans l'eau additionnée d'acide nitrique pur, donne un précipité, s'il y a des chlorures.

Le nitrate de Baryte dans l'eau additionnée d'un peu d'acide nitrique, précipite du sulfate de Baryte, s'il y a des sulfates.

Les matières organiques se reconnaissent, parce qu'elles décolorent à l'ébullition, la solution de permanganate de potasse ajoutée peu à peu, et aussi parce que le résidu de l'eau évaporée, chauffé, brunit, puis se décolore si l'eau n'est pas ferrugineuse.

La magnésie est reconnue, par la réaction du Phosphate ammoniaco-magnésien, etc.

Nitrates. — Les azotates et azotites sont décelés en additionnant l'eau d'acide sulfurique et d'une solution d'iodure de potassium amidonnée. S'il y a des azotites,

1.

on a une coloration bleue, sinon on y plonge une lame de zinc, l'hydrogène formé réduit les azotates et la coloration bleue apparaît.

	Iodure de potassium..........	1
Solution d'iodure.	Empois.......................	20
	Eau distillée.................	100

Si on ajoute à 2 centimètres cubes d'une eau contenant des nitrates, quatre centimètres cubes d'acide sulfurique concentré et après refroidissement quelques gouttes d'acide sulfurique contenant en dissolution du carvacrol, on a une coloration verte même avec deux millionièmes, on peut par comparaison avec une solution de nitrate titrée faire un dosage par la *colorimétrie* (Hooker).

D'après G. Harrow on peut se servir également pour la recherche et le dosage des nitrates et des nitrites d'un réactif obtenu en mêlant 1 gramme d'α naphtylamine, 1 gramme d'acide sulfanilique et 25 centimètres cubes d'acide chlorhydrique; on fait bouillir avec du noir animal et on filtre, puis on fait 500 centimètres cubes. Dans 50 centimètres cubes de l'eau à essayer, on ajoute 10 centimètres cubes de ce réactif, et, au bout d'un quart d'heure, on a avec les azotites une coloration rose, si on ajoute du zinc on a la même coloration avec les azotates.

AMMONIAQUE. — L'ammoniaque sera reconnue sur 20 centimètres cubes d'eau, on ajoute 5 centimètres cubes de solution de potasse caustique au tiers, on laisse déposer le précipité et dans la liqueur claire on ajoute 5 centimètres cubes de réactif Nessler; on aura une coloration orangée ou un précipité brun s'il y a de l'ammoniaque.

Ce réactif de Nessler se prépare de la façon suivante :

1	Solution concentrée de bichlorure de mercure.	2cc,0
	Iodure de potassium......................	2gr,5
	Eau distillée............................	6 ,0
2	Potasse caustique........................	6 ,0
	Eau distillée............................	4 ,0

Mêlez.

RECHERCHE DES INFILTRATIONS DE FOSSES D'AISANCE. — Cette recherche est toujours délicate et difficile.

M. Baudrimont a opéré de la façon suivante : Après avoir constaté que les réactifs habituels ne décelaient dans l'eau rien d'anormal sauf des matières organiques et notamment ni sulfure ni acide sulfhydrique, il en a évaporé une certaine quantité, elle dégageait pendant l'évaporation une odeur désagréable, mais indécise, et le résidu calciné devenait noir en répandant une odeur repoussante. En agitant 50 centimètres cubes de cette eau en deux fois avec moitié de son volume d'éther rectifié, il obtint par l'évaporation de l'éther à une basse température un résidu très faible mais dont l'odeur *sui generis* ne laissait aucun doute sur la nature de l'infection.

M. Balland, pharmacien major, a pu dans quelques cas constater la présence de l'urée par l'action de l'hypobromite de soude qui dégage de l'azote. On peut au besoin concentrer au préalable l'eau à essayer.

M. Gautrelet a examiné le dépôt formé dans l'eau d'un puits contaminé par des infiltrations de fosses d'aisance : ce sont des cellules sphériques sans division intérieure, à parois très minces, colorées en jaune brun ; l'enveloppe extérieure est divisée par des plis en quatre triangles courbes dont le sommet porte une ouverture ponctuée avec un bourrelet circulaire, le diamètre est 1/200 de millimètre elles sont azotées, il les désigne sous le nom de *Stercogona tetrastoma*. L'eau ne contenait pas d'oxygène.

L'acide paradiazobenzène sulfonique en solution au 1/100 se combine avec les matières organiques de la putréfaction animale et se colore en jaune au bout de cinq minutes ; on place l'éprouvette sur un papier blanc. On peut déceler ainsi un cinq millième d'urine. Cette coloration est due au phénol.

ANALYSE QUANTITATIVE

Il ne suffit pas de déterminer la nature des impuretés de l'eau, il faut aussi calculer la quantité.

Les analyses d'eau sont rapportées au litre. On en prend de 100 centimètres cubes à un litre suivant la quantité de matières contenues.

On commence d'abord par déterminer le poids du résidu fixe.

DOSAGE DU RÉSIDU. — On évapore au bain de sable, puis on termine à l'étuve à 100°, 250 centimètres cubes d'eau filtrée ou bien déposée. — On les mesure dans un vase bien jaugé et on les verse peu à peu dans une petite capsule tarée, de platine ou de porcelaine, on tare de nouveau après l'évaporation. La différence donne le poids du résidu. Les pesées se font par la *méthode de Borda* dite de la *double pesée*.

Tare de la capsule vide.......	9,636
— caps. + résidu..............	9,416
Résidu	0,220 pour 250

Soit par litre, 0,880 = (0,220 × 4).

N. B. La pesée par la méthode de la *double pesée* se fait en mettant dans l'un des plateaux de la balance un poids quelconque plus fort que celui de la capsule ; puis on fait équilibre avec des poids dans le plateau qui porte la capsule. On peut ainsi peser juste même avec une balance qui ne serait pas exacte.

Matières en suspension. — On les dose en filtrant plusieurs litres d'eau sur un double filtre taré, on dessèche à l'étuve et on pèse. Les deux filtres se faisant équilibre la différence de poids est le résidu insoluble.

Dosage de la chaux totale. — Pour doser la chaux totale qui existe dans une eau on précipite l'eau par l'oxalate d'ammoniaque en présence de l'acide acétique : 5 centimètres cubes. L'oxalate de chaux est insoluble dans l'acide acétique, il se précipite, on s'assure qu'une nouvelle portion d'oxalate ne donne pas de précipité, on fait bouillir, on laisse déposer ; puis on filtre sur un filtre sans plis en papier d'analyse ; on lave avec de l'eau chaude, on fait sécher le filtre ; puis on ramasse le précipité sur un papier glacé noir, on brûle le filtre dans un creuset de platine, on y ajoute le précipité après avoir retiré le creuset de la flamme, on ajoute quelques gouttes d'acide sulfurique et on chauffe jusqu'à ce qu'il ne se forme plus de fumées blanches. Il reste dans le creuset du sulfate de chaux et les cendres du filtre (ce poids est déterminé d'avance une fois pour toutes).

Soit 100 centimètres cubes d'eau, on trouve en opérant ainsi :

```
Poids du creuset vide....................  0,679
   —          avec cendres...........  0,645
                                        ───────
                                          0,034
Cendres du filtre........................  0,003
                                        ───────
Sulfate de chaux.........................  0,031
```
Soit pour 1 litre, 0,310.

Il suffit de multiplier ce chiffre par 0,411 pour avoir le poids de la chaux totale contenu dans l'eau : 0,127.

DOSAGE DE LA CHAUX A L'ÉTAT DE SELS SOLUBLES. — La chaux existe dans l'eau en solution permanente soit à l'état de sulfate soit à l'état de chlorure. Pour faire le dosage on fait bouillir comme ci-dessus pendant une demi-heure en maintenant le volume invariable. On filtre, on précipite comme précédemment, on a pour 200 centimètres cubes :

```
Tare du creuset vide.................... ....... 5,005
   —          avec cendres........... 4,977
                                              ───────
                                               0,028
Cendres du filtre....................  ...... 0,003
                                              ───────
Sulfate de chaux......  ......  ...... 0,025
```
Soit pour 1 litre 0,025 × 5 = 0,125.

ou chaux à l'état de sels solubles 0,051 par litre (0,125 × 0,411), la chaux à l'état insoluble s'obtient par différence. On peut également la doser en dissol= vant le précipité obtenu par l'ébullition, dans l'acide azotique et précipitant la chaux comme ci-dessus.

DOSAGE DE LA MAGNÉSIE. — La magnésie est en général en petite quantité dans les eaux. Quand on veut faire le dosage il faut opérer sur une plus grande quantité de liquide. On évapore à siccité un litre d'eau acidulée par l'acide chlorhydrique, on reprend par 10 centi- mètres cubes d'acide acétique bouillant, et on étend d'eau à 100 centimètres cubes, on filtre, on précipite la chaux comme précédemment par l'oxalate d'ammoniaque. La chaux seule est précipitée; on fait bouillir, on filtre, on lave le précipité jusqu'à ce que le liquide s'écoule non acide, on évapore au bain de sable à siccité; on reprend par 5 centimètres cubes d'acide chlorhydrique et 10 centimètres cubes d'eau bouillante, on lave plusieurs fois avec de l'eau chaude, on filtre, on lave le filtre, on ajoute 5 centimètres cubes d'une solution d'acide citrique pour retenir le fer et l'alumine en dissolution; enfin on ajoute de l'ammoniaque pour rendre la liqueur fortement alcaline, on verse 5 centimètres cubes d'une solution saturée de phosphate de soude et on laisse reposer vingt-quatre heures, la magnésie cristallise à l'état de phosphate ammoniaco-magnésien $Po^4Mg Az H^4 6Aq$.

On filtre sur un petit filtre, on lave avec de l'ammoniaque au tiers deux ou trois fois; puis on calcine dans un creuset de platine comme on a fait pour la chaux : il reste du pyrophosphate de magnésie $P^2O^7Mg^2$ qu'on pèse. On multiplie le chiffre obtenu par 0,360 : on a la magnésie.

DOSAGE DU CHLORE. — On prend 100 centimètres cubes, on acidule par quelques centimètres cubes d'acide azotique pur et on précipite par une solution d'azotate d'argent. On laisse déposer dans l'obscurité, on filtre sur un filtre taré ou sur un filtre double. On sèche, on pèse et on multiplie le chiffre obtenu par 0,247 pour avoir le poids du chlore.

On a obtenu 0,0156 de chlorure d'argent ou 0,156 par litre ou $0,156 \times 0,247 = 0,039$ de chlore.

DOSAGE DE L'ACIDE SULFURIQUE. — On concentre un litre jusqu'à 500 après avoir acidulé avec l'acide chlorhydrique ou nitrique 5 centimètres cubes, on précipite par l'azotate de baryte, on fait bouillir, on laisse déposer, on filtre, on lave jusqu'à ce que la liqueur soit neutre, on fait sécher à l'étuve, on incinère dans le creuset de platine et on pèse, soit :

Tare du creuset vide......................	0,679
— avec cendres............	0,444
	0,235
Cendres du filtre........	0,003
Sulfate de baryte	0,232 pour 1 litre.

On multiplie par 0.343 pour avoir l'acide sulfurique anhydre $= 0.0795$

DOSAGE DES MATIÈRES ORGANIQUES. — Quand la quantité est un peu considérable, on peut la doser directement ; on évapore l'eau au bain-marie ; puis on sèche à l'étuve à 150° et on incinère en remarquant si la matière noircit, on chauffe jusqu'à ce qu'elle soit tout à fait blanche ; on ajoute ensuite une pincée de carbonate d'ammoniaque et on chauffe jusqu'à ce que les vapeurs blanches disparaissent. La perte de poids représente la matière organique brûlée.

On reconnaît les matières organiques dans l'eau parce qu'elles décolorent le permanganate à l'ébullition, le *chlorure d'or colore l'eau en violet.*

Nous renvoyons aux ouvrages d'analyse (1) pour les autres dosages que nous indiquerons, du reste, quand nous en aurons besoin. Les quantités de liquide que nous avons indiquées ici ne sont pas absolues, elles doivent varier suivant les quantités des différents sels qui se trouvent dans l'eau à analyser.

(1) Poggiale, *Traité d'analyse chimique*, Paris, 1858. — Lefort *Traité de chimie hydrologique*, 2ᵉ édition, Paris, 1873.

L'eau que nous avons analysée aurait la composition
suivante :

Résidu sec............................	0,880
Chaux totale...........	0,310
— soluble (chaux à l'état de sels solubles).........................	0,125
— insoluble (par diff. ou par dosage direct)........................,	0,185
Chlore..........	0,039
Acide sulfurique.....................	0,0795

L'analyse de l'eau laisse toujours dans l'incertitude
relativement à la manière dont les acides et les bases
sont groupées, c'est par le raisonnement et le calcul
que se fait ce partage. Il serait préférable de se borner aux résultats bruts de l'analyse, mais l'usage contraire à prévalu souvent.

Tel est le procédé d'analyse par précipitation ou par
les pesées. Mais le procédé est trop long pour la pratique industrielle ; il a été trouvé trop long aussi, lorsque,
pour l'approvisionnement d'une ville comme Paris, il
a fallu faire l'analyse de toutes les eaux du bassin de
la Seine, lorsqu'il a été question aussi de faire l'analyse
de toutes eaux de la France. On a employé alors le
procédé suivant.

IV. — ANALYSE VOLUMÉTRIQUE

HYDROTIMÉTRIE

On savait depuis longtemps que le savon donne
avec l'eau un trouble laiteux et que ce trouble est d'autant plus considérable que l'eau est plus mauvaise.

Un chimiste anglais, nommé Clarke, étudia cette propriété du savon et reconnut qu'il fallait ajouter à l'eau
une quantité de savon d'autant plus grande qu'elle était
plus riche en chaux et que, lorsque toute la chaux

avait été précipitée à l'état de savon de chaux insoluble, l'eau moussait par agitation.

Boutron et Boudet reprirent cette étude et déterminèrent les conditions exactes de cette opération ; ils établirent *la méthode hydrotimétrique* Le procédé est

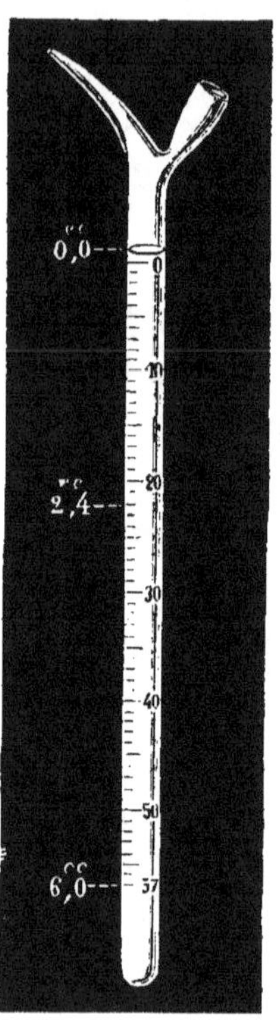

Fig. 1. — Burette hydrotimétrique.

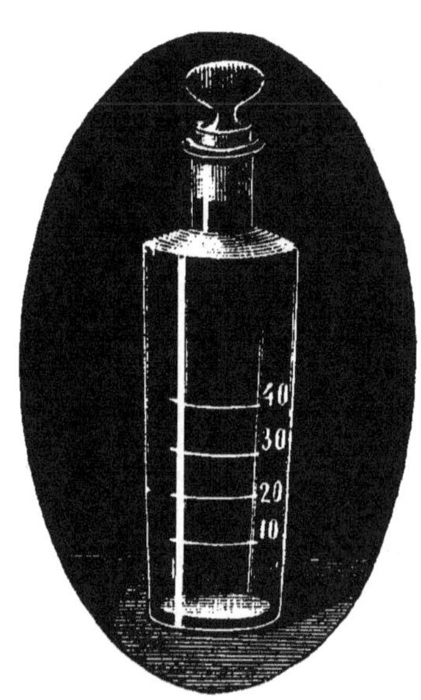

Fig. 2. — Flacon hydrotimétrique.

très rapide, mais il est évident qu'il manque un peu de précision, cependant la détermination de la chaux peut être faite avec assez d'exactitude.

La burette hydrotimétrique (fig. 1) et le flacon hydrotimétrique (fig. 2) de Boudet sont très commodes et leur petit volume les rend précieux pour les analyses qu'on veut faire en voyageant ; mais pour les laboratoires une burette un peu plus grande

est préférable : elle permet d'obtenir plus de précision,
parce qu'elle peut être divisée en fractions de degrès : il

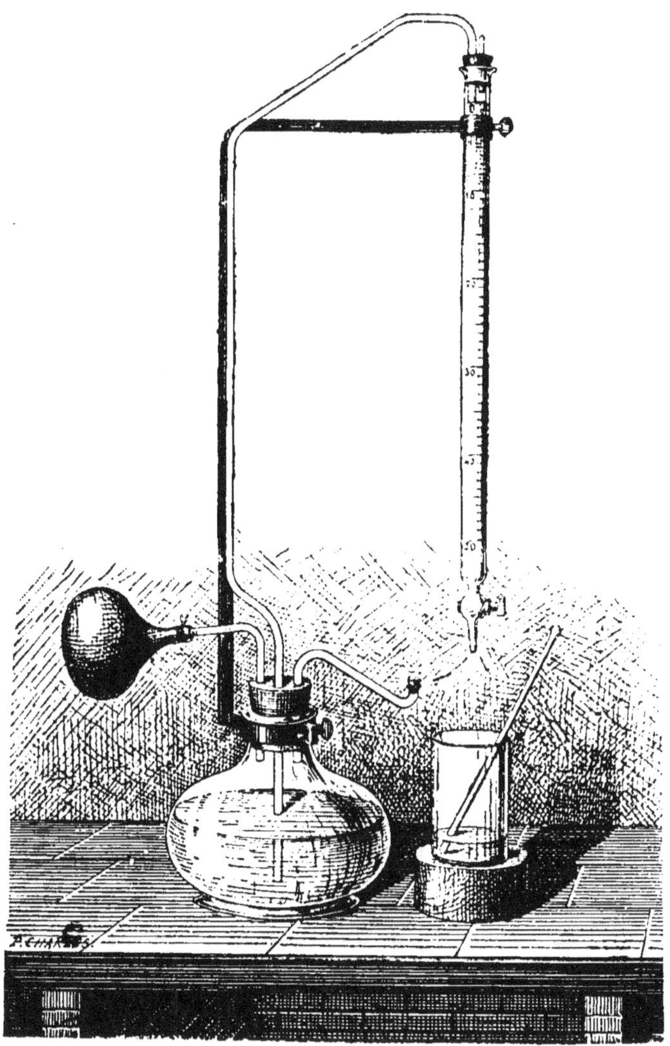

Fig. 3. — Burette automatique Guichard.

en existe plusieurs modèles chez les fabricants d'instruments de verrerie ; voici celle dont je me sers (fig.3) (1).

(1) Chez Haroux, verrier, 7, rue de Jouy, Paris.

Une burette à robinet est divisée en degrés ; la liqueur hydrotimétrique est contenue dans une carafe, et la pression d'une poire en caoutchouc la fait monter dans le tube du milieu ; il remplit la burette jusqu'au 0 ; le surplus retourne dans le flacon par l'extrémité effilée du tube qui plonge dans la burette jusqu'au 0 de sorte que le niveau du liquide s'établit automatiquement. Quand l'opération est terminée, le liquide retourne dans le flacon par le 3e tube qu'on amène au dessous de la burette. Un petit matras jaugé à 40 centimètres cubes, permet de mesurer exactement l'eau qu'on veut titrer. L'opération du titrage se fait dans un flacon. La burette porte deux 0. C'est la quantité de liqueur qui correspond à la quantité nécessaire pour faire mousser l'eau distillée. Cette burette peut être graduée en centimètres cubes, et servir pour n'importe quel titrage. Voici maintenant comment on opère pour faire un essai, quel que soit d'ailleurs l'instrument dont on se sert.

On prend dans un verre une petite quantité d'eau, on y verse quelques gouttes de la liqueur de savon ; s'il se forme un trouble laiteux bien homogène on peut opérer de suite ; mais, s'il se forme des grumeaux visibles qui se séparent, il faut couper l'eau avec son volume d'eau distillée, faire l'essai sur 40 centimètres cubes de cette eau mitigée ; on rétablit ensuite par le calcul le vrai chiffre en multipliant le résultat par deux.

Pour faire l'essai on mesure 40 centimètres d'eau dans un flacon. On fait alors tomber goutte à goutte la liqueur de la burette en agitant de temps en temps. M. Levy recommande de commencer par ajouter la liqueur par 10 gouttes au début, puis par 5 gouttes et enfin par 2 gouttes. Quand on obtient par agitation une mousse de $^1/_2$ centimètre de hauteur persistant au moins 5 minutes l'opération est terminée. On refait un nouveau dosage en allant plus lentement dans le voisinage du point obtenu. Le chiffre obtenu est toujours trop fort, il y a en trop la quantité de savon nécessaire pour faire mousser une eau absolument pure ; M. Levy recommande de faire une détermination, car le chiffre varie pour chaque opérateur.

Il faut tenir compte aussi du titre de l'eau distillée ajoutée ; ce titre n'est pas toujours 0 pour l'eau distillée ordinaire.

Je ne crois pas qu'on doive recommander pour l'analyse de l'eau de faire d'autres dosages que celui de la chaux totale et celui de la chaux soluble dans l'eau après l'ébullition.

1 degré hydrotimétrique représente par litre d'eau 0.0057 de chaux anhydre et aussi 0.10 de savon.

On a classé les eaux au point de vue hydrotimétrique en 4 groupes :

De 5 à 15°....................	Eaux très pures.
De 15 à 30°.................	— potables.
Au-dessus de 30°...........	— suspectes.
— de 100°...........	— mauvaises.

On nomme *eaux douces* ou *eaux potables* celles qui contiennent peu de sels de chaux, *eaux dures* ou *eaux crues* celles qui en contiennent beaucoup, *eaux séléniteuses* celles qui contiennent surtout du sulfate de chaux.

Mais, quelque pure que soit une eau elle a besoin d'être purifiée pour l'usage des machines à vapeur.

La préparation de la liqueur hydrotimétrique est très simple, mais elle dépose peu à peu et a besoin d'être titrée de temps en temps. Voici la formule de Boudet :

Savon blanc de Marseille sec (ou savon
   médicinal bien sec)................ 100 gr.
Alcool à 90°...................... 1600

on fait dissoudre dans un ballon en chauffant avec précaution, puis on ajoute

Eau distillée........................ 1000 gr.

on la laisse refroidir, on la filtre et on la titre en faisant
un essai sur 40 centimètres cubes de la solution suivante

Eau distillée........................ 1000 gr.
Nitrate de baryte.................... 0,59

Il doit falloir employer 22^n de liqueur hydrotimétrique ou 23 divisions. Dans le cas contraire on la cor-
rige soit par addition d'eau distillée si elle est trop
forte, soit par addition de savon si elle est trop faible.

J'ai indiqué deux liqueurs qui sont plus avantageuses
que celle de Boudet :

LIQUEUR HYDROLEOSODIQUE.

Acide oléique............... 300 cent. cubes.
Soude normale............. 300   —   —
Eau distillée............... 400   —   —
Alcool à 90° 1100   —   —

On la titre comme celle de Boudet.

On peut remplacer la soude par 150 d'amoniaque.

Cette liqueur permet de titrer une eau alcaline :
ce qui ne peut se faire avec la liqueur de Boudet.

Une liqueur analogue avait été conseillée par Liebig
et Wilson dans un autre but.

LIQUEUR HUILEUSE.

Huile d'amandes douces..... 10 cent. cubes.
Soude caustique............ 5   —   —
Eau alcoolisée............. 350   —   —

On chauffe quelques instants ; on titre comme d'habitude.

Les autres huiles végétales, sauf l'huile de ricin, peuvent être employées.

M. Courtonne a indiqué également une liqueur huileuse qu'il prépare ainsi

Huile d'amandes douces...	28 à 30 cent. cubes.
Soude à 30° Beaumé	10 — —
Alcool à 90°.............	10 — —

Chauffer au bain marie quelques minutes, ajouter alcool 8 à 900 centimètres cubes à 60°, agiter, filtrer et faire un litre avec alcool 60°.

Ces liqueurs se conservent mieux que celle de Boudet.

Par les liqueurs de savon on peut déterminer la quantité de chaux contenue dans une eau, réciproquement on pourrait avec une liqueur titrée de chaux déterminer la valeur d'un savon, la simplicité de cet essai est à recommander aux industriels qui emploient le savon en assez grande quantité.

Voici quelques chiffres donnés par Boutron et Boudet et par nous.

Eau de pluie......................	3°,5
— de la Seine....................	17°
— de la Vanne....................	18°
— du puits de Grenelle..........	9°
— d'un puits à Belleville........	128°
— de la Somme...................	33°
— de la ville d'Amiens..........	21°
— de divers puits d'Amiens......	22°,5 à 34°,5
— de l'Allier....................	3°,5
— du Rhône......................	
— de la Saône...................	15°
— de l'Yonne....................	
— de la Loire...................	5°,5

Eau de la Garonne................   5°
— de la Marne..................   23°
— de la Dhuis..................   24°
— de la Dordogne... ....   4°,5

On combine l'hydrotimétrie avec l'analyse chimique. Le Comité consultatif d'hygiène recommande les dosages suivants pour l'analyse d'une eau :

1° Evaporer au moins 1 litre d'eau au bain marie, chauffer encore 4 heures après dessiccation, peser et sur le résidu chercher les nitrates dont on mentionnera la présence.

2° Evaporer la même quantité d'eau, chauffer le résidu au rouge sombre, peser. La différence avec le premier nombre est compté comme *matière organique et produits volatils*. Dans le résidu doser l'acide sulfurique par poids.

3° Déterminer les degrés hydrotimétriques suivants :

I Degré de l'eau naturelle.

II Degré de l'eau additionnée, pour 50 centimètres cubes, de 2 centimètres cubes de solution d'oxalate d'ammonium et filtrée.

III Degré de l'eau bouillie $\frac{1}{2}$ heure, en remplaçant l'eau évaporée par l'eau distillée pure.

IV Degré de l'eau bouillie, additionnée de 2 centimètres cubes de solution d'oxalate d'ammonium pour 50 centimètres cubes et filtrée.

I fournit acide carbonique, chaux et magnésie totales.

II fournit acide carbonique et sels de magnésie.

III fournit chaux et magnésie solubles (on retranche 3° pour solubilité de carbonate de chaux).

IV fournit magnésie en sels solubles.

On a par conséquent

Carbonate de chaux... $I + IV - III - II + 3^o$
Sels de chaux solubles. $III - IV - 3^o$
Acide carbonique..... $II - IV$
Sels de magnésie...... IV

Nous ne croyons pas à l'exactitude de ces deux derniers dosages.

4° Concentrer à 50 centimètres cubes 1 litre d'eau et doser le chlore, calculer en chlorure de sodium.

5° Faire bouillir, pendant juste 10 minutes, 100 centimètres cubes d'eau avec 3 centimètres cubes de solution de bicarbonate de sodium à 10 p. 100 et 10 centimètres cubes de permanganate (solution à 0.50 par litre); si le rose disparaît, ajouter de nouveau 10 centimètres cubes, laisser refroidir, ajouter 2 centimètres cubes d'acide sulfurique pur et 5 centimètres cubes d'une solution de sulfate ferreux à 20 grammes de sulfate ferreux et 10 grammes d'acide sulfurique par litre. On ramène ensuite au rose par le permanganate. On recommence l'essai avec des quantités doubles et on calcule l'oxygène consommé par litre. (Ce procédé nous paraît bien compliqué pour le dosage des matières organiques).

6° Faire l'essai bactériologique (voir plus loin).

Le Comité consultatif d'hygiène fixe les limites suivantes :

	EAU PURE.	EAU POTABLE.	EAU SUSPECTE.	EAU MAUVAISE.
Chlore	Moins de 0,015	Moins de 0.040	De 0,050 à 0,100	Plus de 0,100
Acide sulfurique..	De 0,002 à 0,005	De 0,005 à 0,030	Plus de 0,030	— 0,050
Mat. organiques en oxygène.........	Moins de 0,001	Moins de 0,002	De 0,003 à 0,004	— 0,004
Mat. organiques et produits volatils..	Moins de 0,015	Moins de 0,040	De 0,040 à 0,070	— 0,100
Degré hyd. total..	5 à 15	15 à 20	Plus de 30	— 100
Degré hyd. après ébullition........	2 à 5	5 à 12	12 à 18	— 20

ANALYSES VOLUMÉTRIQUES.

M. Leo Vignon, chimiste industriel à Lyon, conseille le procédé suivant :

Il détermine d'abord avec une burette graduée en centimètres cubes la quantité d'eau de chaux nécessaire pour saturer l'acide carbonique en excès dans l'eau, en se servant comme indicateur coloré de la solution alcoolique de phtaléine, qui rougit aussitôt qu'on a ajouté assez d'eau de chaux pour saturer l'acide carbonique.

Il titre la chaux soluble, ou plutôt la quantité de carbonate de soude nécessaire pour la précipiter en versant dans l'eau une solution titrée de carbonate de soude jusqu'à ce que l'eau additionnée de quelques gouttes de solution de phtaléine devienne rouge.

Comme nous le verrons, les procédés de purification chimique de l'eau ont tous pour base, la chaux et le carbonate de soude. Ce procédé a donc cet avantage, qu'il donne immédiatement, presque sans calcul, la quantité des deux réactifs qui sont nécessaires pour purifier l'eau.

Ces procédés de dosage se nomment *essais volumétriques,* ils se font avec une burette divisée en centimètres cubes et dixièmes de centimètres cubes.

On peut adopter la burette que nous avons indiquée pour l'hydrotimétrie, elle est à cet effet graduée en même temps en degrés et en centimètres cubes.

On peut faire encore d'autres dosages des principes contenus dans l'eau par les procédés volumétriques.

Dosage du chlore. — Nous décrivons le dosage du chlore qui est quelquefois intéressant.

On évapore 1 litre à 50 centimètres cubes, et on titre avec la liqueur titrée suivante :

    Nitrate d'argent...................... 17gr.
    Eau distillée......................... 100

10 centimètres cubes de cette solution correspondent à 0.03546 de chlore ou 0.05846 de chlorure de sodium. On ajoute *quelques gouttes* d'une solution de chromate jaune de potasse, et on verse avec la burette la solution d'argent goutte à goutte jusqu'à ce qu'on obtienne une teinte rouge permanente, on lit le nombre de centimètres cubes, on retranche $0^{cc},2$, qui représente l'argent absorbé par le chromate, et on calcule au moyen de ce chiffre et la donnée ci-dessus, la quantité du chlore ou du chlorure de sodium.

Dosage des sulfates. — Les sulfates peuvent aussi se doser volumétriquement. On fait une solution avec 122 grammes de chlorure de baryum par litre d'eau distillée, et d'autre part, $73^{gr},8$ de bichromate de potasse également pour 1 litre d'eau. Ces liqueurs comme les précédentes doivent être faites avec beaucoup de soin.

(Si on opère avec 1 équivalent du sel pour 1 litre d'eau, on les nomme *liqueurs normales*. Si la quantité du produit à doser est trop faible, on fait une liqueur 10 fois plus faible qu'on nomme *liqueur décime*. La liqueur d'argent ci-dessus est une *liqueur normale décime*) (1).

Pour faire le dosage, on prend 1 litre d'eau ou plus, suivant la richesse, on rend légèrement alcalin par addition d'un petit fragment de carbonate de soude et

(1) Voir Guichard, *Précis de chimie industrielle*, Paris, 1894, page 50.

on filtre. On l'évapore à 50 centimètres cubes après addition d'un peu d'acide chlorhydrique pur, puis on rend alcalin avec un peu d'ammoniaque en excès. On ajoute toujours à l'ébullition un volume mesuré et un peu en excès de chlorure de baryum, puis après un instant, on verse avec la burette, la solution de bichromate jusqu'à ce que le liquide clair soit jaune, on retranche du volume du chlorure de baryum, celui du bichromate ajouté, le reste multiplié par 0.04 donne l'acide sulfurique.

PROCÉDÉ VITALI. — On prépare 2 solutions décimes de carbonate de sodium fondu et de chlorure de Baryum. Elles se saturent volume à volume. On chauffe à l'ébullition un demi litre d'eau, on verse la solution de carbonate jusqu'à réaction alcaline, on filtre, on lave le filtre, et on évapore le tout à 50 centimètres cubes, en neutralisant exactement par l'acide acétique dilué. On mesure exactement le volume, et on ajoute 25 centimètres cubes de chlorure de baryum, on filtre et l'on recueille la moitié du volume du liquide qui représente 1/4 de litre d'eau. On ajoute quelques gouttes de teinture de phtaléine et la solution de carbonate de soude goutte à goutte jusqu'à ce que la coloration apparaisse et se maintienne à l'ébullition. Le volume de carbonate de soude ajouté est retranché des 25 centimètres cubes de chlorure de baryum, le reste équivaut au sulfate contenu dans l'eau ; on multiplie par 4 pour avoir la quantité représentant un litre d'eau et par 0.0049, valeur de 1 centimètre cube de liqueur décime en acide sulfurique monohydraté.

PROCÉDÉ HOUZEAU. — M. Houzeau prend 10 centimètres cubes d'eau qu'il additionne d'une goutte d'acide acétique et avec un compte-goutte calibré il verse 2, 4, 6, 8 et 10 gouttes d'une solution de chlorure de baryum, contenant 30,5 de chlorure de baryum par litre. Après trois minutes d'attente, on filtre sur un petit filtre à analyses mouillé et égoutté, le liquide filtré est additionné d'une ou plusieurs gouttes de la même solution, on filtre de nouveau sur le même filtre, et on continue jusqu'à ce que une goutte ne donne plus de précipité après trois minutes. On trouve maintenant des compte-gouttes donnant 20 gouttes d'eau au gramme, de sorte qu'il est très facile de faire ce dosage de cette façon avec rapidité.

DOSAGE VOLUMÉTRIQUE DES MATIÈRES ORGANIQUES. — Un grand nombre de produits peuvent être employés pour doser les matières organiques volumétriquement. Outre les procédés indiqués précédemment, on peut employer le permanganate de potasse, on fait une solution de 1 gramme de permanganate de potasse pour 1 litre d'eau, on porte à l'ébullition 1/2 litre d'eau additionné de 1/2 centimètre cube d'acide sulfurique pur concentré, et on verse du permanganate jusqu'à ce que la liqueur reste colorée en rose. La quantité versée est proportionnelle à la quantité de matière organique.

Le procédé de dosage de matières organiques par le permanganate varie avec chaque auteur.

Les uns font réagir le permanganate à 70° pendant 1/2 heure, les autres 1 heure.

Kubel fait aciduler l'eau par l'acide sulfurique et bouillir 5 minutes.

M. Lévy rend le permanganate alcalin par le bicarbonate de soude et fait bouillir 10 minutes.

Bachmeyer fait bouillir 1/2 heure.

MM. Wanklin et Chapmann rendent l'eau fortement

alcaline et chauffent à l'ébullition pour réduire l'eau au 10ᵉ de son volume. Par tous ces procédés, on obtient des nombres totalement différents, mais il faut ensuite interpréter les résultats.

Kubel et Wood ont établi que une partie de permanganate correspond à 5 milligrammes de matières organiques.

En France, on évalue en acide oxalique en multipliant par 2 le poids du permanganate ; à Montsouris on note l'oxygène absorbé, l'oxygène est le 1/4 du permanganate. On a alors en résumé le tableau de concordance suivant :

```
Matières organiques évaluées en oxygène..........   1
    —           —          —     en permanganate....   4
    —           —          —     en acide oxalique....   8
    —           —          —     en mat. organiques..  20
```

Pour M. A. Petit à qui nous empruntons ces renseignements, le dosage de la matière organique totale n'a pas d'intérêt, il n'y a que les matières oxydables facilement qui doivent être considérées comme nuisibles, et il suffirait pour obtenir un résultat satisfaisant d'opérer toujours de la même façon. Il propose d'additionner l'eau de 10 grammes d'acide sulfurique par litre, et de faire bouillir 10 minutes. La solution contient 0.633 de permanganate par litre.

Kœbrich veut au contraire détruire toute la matière organique, il fait dissoudre 0.5 de permanganate dans 1 litre d'eau distillée, ajoute 150 grammes d'acide sulfurique concentré. Cette solution se conserve.

Pour l'essai on prend 100 centimètres cubes d'eau de fontaine, 50 centimètres cubes de la solution ci-dessus, et 15 d'acide sulfurique, puis on chauffe trois heures au bain-marie, à 90° environ. On recouvre le vase d'une plaque de verre avec une petite ouverture pour laisser sortir les vapeurs ; on ne remplace pas l'eau.

On titre l'excès de permanganate avec une solution d'acide oxalique 0.5 par litre, et de même il faut titrer la solution permanganique chaque fois bien qu'elle se conserve ; on évalue la matière organique en acide oxalique.

Détermination du pouvoir épurant du sol. — Il est nécessaire pour se rendre compte de l'étendue du terrain nécessaire pour l'épuration des eaux par la filtration à travers le sol d'en déterminer le pouvoir épurant. Cette détermination doit même être faite de temps en temps pour constater si le sol conserve sa faculté d'épuration.

Frankland a indiqué le procédé suivant :

On prend un tube de 25 à 30 centimètres de diamètre et de 2 mètres de long, on le place debout, l'extrémité inférieure reposant sur du gravier, puis on le remplit de la terre à étudier. Chaque jour, on verse un volume constant d'eau d'égout assez faible pour que l'épuration soit complète, et on continue pendant plusieurs semaines en augmentant toujours la dose jusqu'à ce que l'analyse des liquides filtrés montre que l'épuration n'a plus lieu.

Un calcul très simple donne la quantité épurée par mètre cube.

1 mètre cube de sable épure par jour de 25 à 33 litres d'eau d'égout de Londres, il en est de même du mélange de sable et de craie.

Des terres sableuses, argileuses ou tourbeuses ont fourni des résultats égaux ou supérieurs.

Il faut aussi déterminer la quantité d'eau que le sol peut retenir après égouttage, ce qui est facile en pesant le sol sec, et le même sol mouillé et égoutté.

Il faut déterminer maintenant le temps nécessaire pour l'épuration : supposons un sol sablonneux purifiant 25 litres d'eau par mètre cube et par jour ayant 2 mètres de profondeur, qui retienne après égouttage 150 litres d'eau. On pourra verser tous les jours 50 litres d'eau par mètre carré, l'eau restera donc $\dfrac{300}{50}$ ou 6 jours dans le sol avant d'être épurée.

A Gennevilliers, il faut 19 jours.

L'eau qu'on verse sur un sol se partage en 2 parties : une partie pénètre comme nous venons de le dire, l'autre coule à la surface et ne subit que l'action de l'air et du sol superficiel, sauf le cas de prairies ; il convient de la faire passer sur un deuxième et un troisième terrain, de façon à compléter son épuration.

V. — ANALYSE DES GAZ DISSOUS DANS L'EAU

Toutes les eaux naturelles contiennent des gaz qui se dégagent par une ébullition prolongée.

L'appareil classique pour cette opération se compose d'un ballon de 3 ou 4 litres, muni d'un tube recourbé qui se rend sous une cloche placée sur la cuve à mercure. On remplit complètement le ballon et le tube avec l'eau qu'on veut examiner et on fait bouillir. On voit bientôt se dégager les gaz qui se réunissent dans l'éprouvette graduée où ils peuvent être mesurés et analysés. On peut, par ce procédé simple, établir assez exactement la composition des gaz de l'eau et même leur quantité.

Mais pour une analyse de précision il faut faire usage de procédés plus parfaits, dont on trouvera la description dans les ouvrages spéciaux, notamment celui de M. A. Gautier.

Quand on a obtenu les gaz, on les traite par une quantité suffisante de solution de potasse caustique, l'acide carbonique est absorbé et on note la diminution de volume qui représente l'acide carbonique à la température et sous la pression de l'expérience; on fait arriver ensuite une solution d'acide pyrogallique qui s'oxyde au dépens de l'oxygène et la diminution de volume est également notée. Le résidu est l'azote. L'air est formé de azote 79 et oxygène 21. L'air dissous dans l'eau n'a naturellement pas la même composition. La solubilité et la pression modifient beaucoup les quantités relatives des deux gaz.

L'eau de pluie contient 20 centimètres cubes environ de gaz par litre formés de 0,5 d'acide carbonique, 7,4 d'oxygène, 15,1 d'azote ; l'eau de rivière, en général, contient 54,6 centimètres cubes de gaz formés de 22,6 d'acide carbonique, 10,1 d'oxygène et 21,4 d'azote. Souvent on n'a besoin que du dosage de l'oxygène. On peut alors employer les procédés de M. Schützenberger au moyen de l'hydrosulfite.

Ces procédés permettent de doser l'oxygène dissous dans l'eau sans l'extraire. Nous empruntons la description à M. Schützenberger (1).

« 1º PROCÉDÉ DE MM. SCHUTZENBERGER ET GÉRARDIN. — Il s'applique à des dosages approximatifs et peut se faire rapidement sur place, à la campagne et en plein air, avec quelques réactifs peu encombrants.

« On prépare de l'hydrosulfite de soude en agitant pendant quelques minutes de la poudre de zinc avec

____

(1) Schutzenberger, *Traité de chimie générale.*

une solution étendue de bisulfite de soude, contenue dans un flacon qu'elle remplit presque entièrement. On emploie à cet effet 50 grammes environ de bisulfite du commerce à 35° Baumé, 4 à 5 grammes de poudre de zinc et 200 grammes d'eau. Le liquide est filtré et versé dans un flacon que l'on maintient fermé. Sous cette forme, il se conserve assez bien pour servir aux essais d'une journée. Lorsqu'on veut en faire usage, on l'étend assez pour que 1 litre d'eau, agitée préalablement à l'air et teintée en bleu avec du Carmin d'Indigo ou avec du bleu Coupier, se décolore après une addition de 25 à 35 centimètres cubes de réactif.

L'analyse n'exige qu'un vase de 1 litre et demi, à large ouverture, un agitateur permettant de mélanger les diverses couches du liquide sans trop remuer la surface, une burette de Mohr, munie d'un tube effilé à une extrémité, fixé au caoutchouc porte-pince et pouvant être enfoncé à mi-hauteur du liquide. Enfin un flacon d'un peu plus de deux litres de capacité portant un trait qui délimite un litre.

On introduit un litre de l'eau à essayer dans le bocal; on teinte avec du bleu Coupier ou du carmin d'indigo; puis, la burette étant pleine d'hydrosulfite et sa douille, amorcée préalablement, plongeant jusqu'à mi-hauteur dans l'eau du bocal, on laisse couler lentement le réducteur en remuant avec l'agitateur de bas en haut, sans trop renouveler la surface : on s'arrête au moment où la décoloration a lieu et on lit le volume employé.

Immédiatement après, on procède au titrage de l'hydrosulfite, exactement dans les mêmes conditions en employant 1 litre de la même espèce d'eau que celle qui a servi à l'expérience; mais après l'avoir préalablement agitée pendant quelques minutes avec de l'air dans le grand flacon et avoir pris sa température. De la sorte, que l'eau initiale soit au-dessus ou au-dessous du terme de saturation pour l'oxygène, on arrive toujours à cette limite. Il suffit de lire dans la table de solubilité, pour la température de l'expérience, la quantité d'oxygène correspondant à l'unité de volume d'eau et à diviser par cinq, puisque l'oxygène de l'air est à un cinquième d'atmosphère. On a ainsi deux volumes d'hydrosulfite correspondant l'un à 1 litre d'eau saturée dont on connaît la teneur oxymétrique, l'autre à 1 litre d'eau soumise à l'essai. Une règle de trois simple donnera l'inconnu du problème.

EXEMPLE. — 1 litre d'eau à essayer exige pour la décoloration 33^{cc}5 d'hydrosulfite.

1 litre de la même eau à 10° agitée avec de l'air exige 39,6 d'hydrosulfite. D'après la table, le coefficient de solubilité de l'oxygène dans l'eau à 10° est égal à 0.0325. 1 litre d'eau saturée par agitation avec de l'air renferme donc

$$\frac{0^{lit}.0325}{5} = 6^{cc}5 \text{ d'oxygène}$$

39^{cc},6 d'hydrosulfite correspondent à 6,5

1 c. c.   —   — $\dfrac{6,5}{39,6}$

et 35^{cc},5   —   — $\dfrac{6,5 \times 35,5}{39,6} = 5^{cc},5.$

« 2. PROCÉDÉ DE MM. SCHUTZENBERGER ET RISLER. — Ce procédé plus exact et plus délicat que le précédent n'est applicable que dans un laboratoire. Il permet de doser l'oxygène sur un volume de 50 à 100 centimètres cubes avec une approximation d'au moins 1/20 de centimètre cube.

L'expérience se fait à l'abri de l'air dans un vase rempli d'hydrogène.

La figure 4 représente l'appareil dont on fait usage.

A et B sont deux ballons en verre épais contenant, l'un, A, du zinc grenaillé, l'autre, B, de l'acide chlorhydrique étendu de son volume d'eau. Les deux vases A et B sont reliés par le gros tube en caoutchouc C fortement serré contre les tubulures inférieures; D est un tube laveur; E est un petit tube à boule pour retenir les projections d'eau ; F est une éprouvette remplie de fragments de potasse caustique. Le vase B peut être élevé ou abaissé. Dans le premier cas, le robinet du vase à zinc étant ouvert, l'acide chlorhydrique se met en contact avec le zinc et l'hydrogène se dégage. Cette portion de l'appareil sert à la production intermittente de l'hydrogène.

L'appareil servant au dosage se compose d'un flacon G à trois tubulures dont l'une communique avec les vases producteurs d'hydrogène au moyen d'un tube en caoutchouc long et d'un tube à angle droit, la tubulure du milieu est fermée par un bouchon en caoutchouc percé de 2 trous portant à demeure 2 tubes effilés par le bas et que l'on peut mettre en communication par leur bout externe avec les caoutchoucs porte-pinces des deux burettes de Mohr p et q'. La troisième tubulure reçoit également un bouchon percé de deux trous dans lesquels sont fixés :

« 1° Un tube à robinet en verre dont la longue branche plonge dans le flacon et dont la courte branche aérienne sert à fixer, par l'intermédiaire d'un caoutchouc, l'extrémité inférieure d'une pipette jaugée de 50 à 100 centimètres cubes : de cette façon, l'eau à

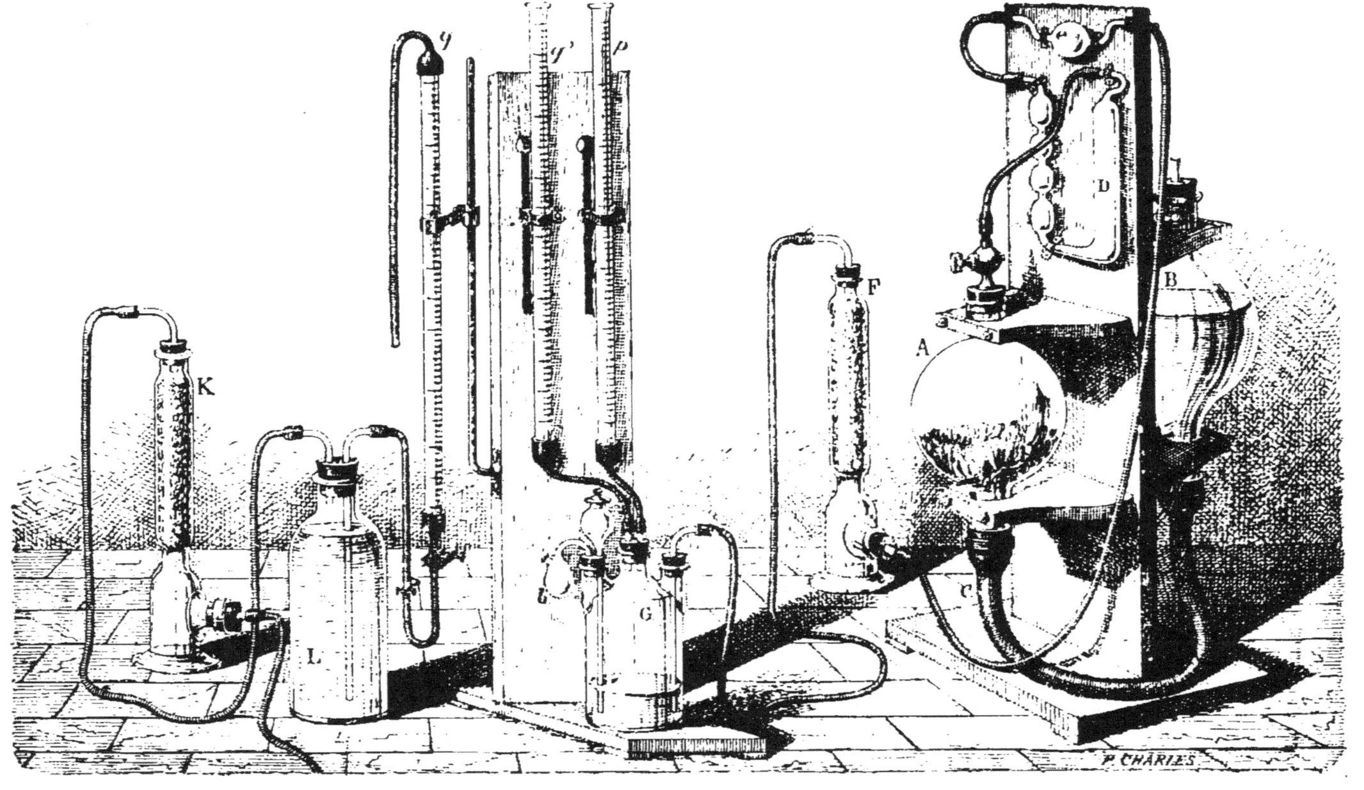

Fig. 4. — Procédé de Schutzenberger et Risler.

titrer n'arrive nullement au contact de l'air et les résultats sont plus exacts.

« 2° Un petit appareil laveur *b* destiné à former fermeture hydraulique et par lequel s'échappe l'hydrogène. Au même support se trouve fixée une troisième burette indépendante dont nous indiquerons l'usage plus loin. Le réducteur servant de liqueur titrée est renfermée dans le flacon L et les burettes se remplissent par aspiration en mettant leur caoutchouc porte-pinces en communication avec le tube plongeur du flacon L. Le volume occupé par le liquide ainsi enlevé au flacon est remplacé par du gaz d'éclairage, purgé d'oxygène par un passage à travers une colonne K remplie de ponce imbibée de pyrogallate de soude. La tubulure inférieure de l'éprouvette K communique avec un robinet à gaz. La solution se trouve ainsi préservée du contact de l'air et conserve son titre pendant très longtemps ; elle est préparée comme il a été dit précédemment, par l'action de la poudre de zinc sur une solution de bisulfite de soude ; seulement, on a soin, en outre, d'agiter le liquide avec un lait de chaux qui en précipite l'oxyde de zinc et le rend légèrement alcalin. Sous cette forme il est moins altérable tout en conservant la propriété de réduire énergiquement l'indigo et d'absorber l'oxygène dissous. La méthode consiste à faire arriver un volume connu d'eau aérée (50 à 100 centimètres cubes) dans un milieu formé par une solution de sulfindigotate de soude (carmin d'indigo) exactement réduit et amené à la teinte jaune paille par une addition convenable d'hydrosulfite alcalin. Il se régénère une proportion de sulfindigotate bleu correspondante à la dose d'oxygène dissous et c'est cette proportion que l'on détermine en ajoutant de l'hydrosulfite goutte à goutte jusqu'à décoloration.

« La concentration du réducteur doit être assez faible pour que 100 centimètres cubes d'eau moyennement aérée exige de 8 à 10 centimètres cubes de réducteur. Après quelques tâtonnements on arrive vite à la dilution convenable. Outre l'hydrosulfite, on fait usage d'une solution de carmin d'indigo, que l'on conserve à l'abri de la lumière et dans des flacons bien bouchés.

Il suffit pour l'obtenir de dissoudre à chaud 100 grammes environ de carmin en pâte du commerce dans un à deux litres d'eau ; on filtre et on étend de façon à former 10 litres. On a ainsi une provision pour un grand nombre d'essais.

« Ceci posé, on procède de la manière suivante : la burette p est remplie avec la solution de carmin ; les burettes q' et q'' sont remplies par aspiration avec la solution d'hydrosulfite contenue dans le flacon L. On introduit dans le flacon G 50 à 100 centimètres cubes de solution de carmin et 250 centimètres cubes d'eau tiède, distillée ou non à 50° environ. On ajuste les caoutchoucs des burettes p et q' et on amorce de manière à remplir les tubes effilés du liquide contenu dans la burette ; puis on laisse couler dans le flacon G un volume d'hydrosulfite emprunté à la burette auxiliaire q'' pour amener la solution bleue au jaune paille, avec un certain excès de réducteur. A ce moment on fixe le tube adducteur de l'hydrogène et on balaye l'air du flacon G par un rapide courant, ce qui exige quelques minutes employées à remplir la douille de l'entonnoir a jusqu'au bouchon inférieur avec l'eau destinée au titrage. Généralement, si l'on n'a pas ajouté au début trop de réducteur, l'air du vase a eu le temps d'en réoxyder l'excès et

de donner au liquide une teinte bleue, que l'on détruit
en laissant couler quelques gouttes ou quelques centimètres cubes d'hydrosulfite de la burette q'. On juge
que l'air est bien expulsé lorsque le liquide jaune ne
se colore plus à la surface, et l'on est sûr qu'il n'y a
pas excès de réducteur si quelques gouttes d'indigo
tombant de la burette p dans le liquide lui donnent une
teinte bleue ou verdâtre persistante, teinte que l'on
détruit de nouveau par une petite quantité d'hydrosulfite. L'appareil se trouve ainsi préparé pour le dosage.
On note le point de départ du liquide dans la burette
q' ; on verse dans l'entonnoir 100 ou 50 centimètres
cubes d'eau à essayer qu'on laisse couler dans le flacon
G en soulevant avec précaution la tige qui porte le
bouchon rodé, jusqu'à ce que le liquide arrive au niveau du bouchon. Pendant ce temps l'hydrogène doit
continuer à marcher lentement. Il ne reste plus qu'à
laisser tomber goutte à goutte l'hydrosulfite en tenant
la pince d'une main et le flacon de l'autre et en com-
muniquant au liquide un mouvement giratoire. On
arrête l'opération lorsqu'une dernière goutte fait passer
la solution au jaune paille et on lit le point d'arrêt.

« En répétant la même opération avec de l'eau aérée,
saturée à une température connue, que l'on peut immédiatement introduire dans le milieu tout préparé
du premier essai, un calcul analogue au précédent
fournira l'inconnue du problème. On peut aussi déterminer une fois pour toutes la valeur en oxygène de
100 centimètres cubes d'indigo. Dans ce cas, au lieu
d'eau aérée, on laisse couler dans le flacon G après le
premier essai, 25 centimètres cubes d'indigo que l'on
décolore en notant le volume d'hydrosulfite nécessaire.

« Pour mesurer en oxygène la valeur de l'indigo, on détermine avec la même solution réductrice les volumes nécessaires pour décolorer 25 centimètres cubes d'indigo et 25 centimètres cubes d'une solution de sulfate de cuivre ammoniacal contenant 4^{gr}46 de sulfate de cuivre cristallisé pur par litre ; 10 centimètres cubes d'une semblable solution cèdent en se décolorant 1 centimètre cube d'oxygène.

« Cet essai se fait dans un petit flacon de Woolf à trois tubulures analogues au flacon G ; mais le bouchon du milieu ne porte qu'une burette. On opère également les deux essais dans un courant d'hydrogène. Supposons que 25 centimètres cubes de liqueur cuivreuse aient exigé 48 centimètres d'hydrosulfite tandis que le même volume d'indigo en exige 13 centimètres cubes.

4×48 ou 192 d'hydrosulfite correspond à 10 centimètres cubes d'oxygène.

1 d'hydrosulfite correspond à 10/192.

4×13 ou 52 d'hydrosulfite ou d'indigo correspondent à $\dfrac{10 \times 52}{192} = 2.7$ d'oxygène.

On peut faire 3 ou 4 essais successifs dans le même flacon sans le vider en employant 50 centimètres cubes d'eau et dans une journée il est facile d'exécuter 50 à 60 dosages. »

Gaz contenus dans les eaux.

	AIR.	AIR DISSOUS calculé.	EAU de source.	EAU de Seine.	EAU du Rhin.	EAU d'un lac.	EAU d'étang.	EAU d'un puits.	EAU de pluie.
Azote..........	79	65.2	5.6	3.9	7.4	5.9	6.6	9.8	15.1
Oxygène.......	21	34.8	13.8	12.0	15.9	13.4	16.0	25.3	7.4
Ac. carbonique.	»	»	16.2	16.2	7.6	0.6	11.2	21.7	0.5
Total.........	100	100.0	35.6	32.1	30.9	19.9	33.8	56.8	23.0
Résidu solide..	»	»	0.021	0.254	0.232	0.077	0.003	0.441	»

CHAPITRE II. — EXAMEN MICROSCOPIQUE

Matières minérales contenues dans les eaux.

ANALYSE MICROCHIMIQUE

Nous avons signalé les moyens employés pour la recherche des matières minérales dans l'eau, mais il est encore utile de mentionner parmi les procédés d'analyse de l'eau la méthode nouvelle décrite par M. Behrens et M. Bourgeois. Cette méthode d'analyse repose sur l'examen microscopique des cristaux qui se forment par l'évaporation d'une goutte d'eau pure ou additionnée de divers réactifs.

Les avantages de cette méthode sont nombreux, nous citerons seulement la rapidité et la faiblesse de la quantité de matière sur laquelle on opère, enfin la simplicité du matériel de laboratoire qui se compose d'un simple microscope avec un très faible grossissement (50 à 200 diamètres). Bien entendu, c'est une méthode d'analyse qualitative.

Voici la marche à suivre :

1° On concentre environ 20 centimètres cubes de façon à les réduire à un centimètre cube, une goutte de ce liquide est additionnée d'acide nitrique, on concentre sur le porte-objet du microscope, il se dépose des cristaux aiguillés de *sulfate de chaux* hydraté parfaitement caractéristique $SO^4Ca + 2H^2O$.

Si à cette même goutte on ajoute une goutte de nitrate de thallium on aura du chlorure thalleux $TlCl$ formant des cubes incolores très réfringents qui démontrent l'existence des *chlorures* dans l'eau.

On évapore quelques gouttes additionnées d'un petit fragment d'acétate de calcium, on recouvre le résidu d'un peu de gélatine, on laisse refroidir et on place dessus une goutte d'acide chlorhydrique, on voit bientôt se dégager des bulles d'*acide carbonique.*

On évapore une grosse goutte, additionnée d'acide acétique, jusqu'à ce qu'il ne reste qu'une très petite goutte, on ajoute du chlorure de platine, on obtient des cristaux jaunes octaédriques et quelquefois en tables hexagonales s'il y a des *sels de potassium.*

Le phosphate de sodium et l'ammoniaque donneront de même des cristaux de phosphate ammoniaco-magnésien en forme de X et à la fin des cristaux caractéristiques du système rhombique.

Une autre grosse goutte traitée de même donne avec l'acétate d'urane des tétraèdres jaunes clairs d'acétate double d'uranyle et de sodium s'il y a des *sels de sodium.*

2° On concentre 10 centimètres cubes d'eau avec deux gouttes d'acide azotique, puis on en concentre quelques gouttes sur le porte-objet avec une goutte d'acide azotique et quelques grains de molybdate d'ammonium ; s'il y a des *phosphates* on trouve sur les bords de la goutte des cristaux sphéroïdaux de phosphomolybdate.

Dans une autre goutte on cherche le *fer* par le ferrocyanure de potassium.

On dépose autour de la goutte un fil de métal ou de verre courbé en anneau ; on ajoute un excès de soude, on recouvre d'un porte-objet mouillé avec une goutte d'acide chlorydrique ; en chauffant très légèrement on voit se former une légère buée sur le porte objet, on laisse refroidir aussitôt et au bout d'une demi minute, on ajoute du chlorure de platine ; on obtient des octaèdres de chloroplatinate d'ammonium. Ces octaèdres démontrent la présence de l'*ammoniaque*.

3° 10 centimètres cubes de l'eau sont concentrés de même avec de la soude caustique ; deux ou trois gouttes sont concentrées avec un peu d'iodure de potassium et de l'amidon, puis on touche avec un fil de platine humecté d'acide sulfurique, les grains d'amidon se colorent en bleu ou violet s'il y a un *azotite*.

4° Une autre portion est évaporée avec un peu d'acétate d'ammonium et d'acide acétique, on y ajoute un peu d'azotate de cuivre et après refroidissement une goutte d'une solution saturée d'azotite de potassium et un granule d'azotate de thallium, on a des cristaux cubiques variant de l'orangé au noir s'il y a du *plomb*. Ces cristaux sont un azotate triple de cuivre, de plomb et de potassium.

Cette nouvelle méthode permet de faire très rapidement une analyse d'eau ; nous renvoyons pour les détails à l'article publié par M. Bourgeois dans le deuxième supplément du *Dictionnaire de Wurtz* et au volume *Analyse microchimique* de MM. Behrens et Bourgeois dans l'*Encyclopédie chimique de Frémy*.

Matières organiques contenues dans l'eau.

Outre les matières organiques que l'eau contient en dissolution, et qui proviennent des décompositions qui se produisent dans le sol, on trouve aussi des matières organiques en suspension, elles n'ont pas grande importance, puisque le repos ou la simple filtration peut les séparer, mais parmi elles se trouvent des êtres vivants de nature végétale et animale, qui peuvent souvent aussi être séparés par dépôt ou filtration, mais qui ont une certaine importance parce qu'ils peuvent donner des indications précieuses sur la valeur de l'eau.

Les plantes vertes, les algues, etc., sont l'indication d'une eau de bonne qualité, et elles l'améliorent encore à la lumière en décomposant l'acide carbonique et fournissant de l'oxygène qui détruit les matières organiques, mais il ne faut pas laisser outre mesure se développer les plantes, elles se nuisent mutuellement, et leurs débris morts rendent l'eau mauvaise.

Certaines plantes sont surtout funestes. M. Déhérain signale notamment la lentille d'eau. Cette plante forme un voile à la surface de l'eau, et empêche l'arrivée de la lumière dans la profondeur, de sorte que les plantes profondes n'assimilant plus d'acide carbonique ne dégagent plus d'oxygène, et les poissons meurent asphyxiés.

Quand les plantes et les animaux peuvent vivre dans une eau, elle est bonne ; mais les animaux comme les plantes sans chlorophylle dégagent de l'acide carbonique en absorbant l'oxygène, et leurs détritus souillent l'eau. Ils ne contribuent donc pas à l'améliorer.

3.

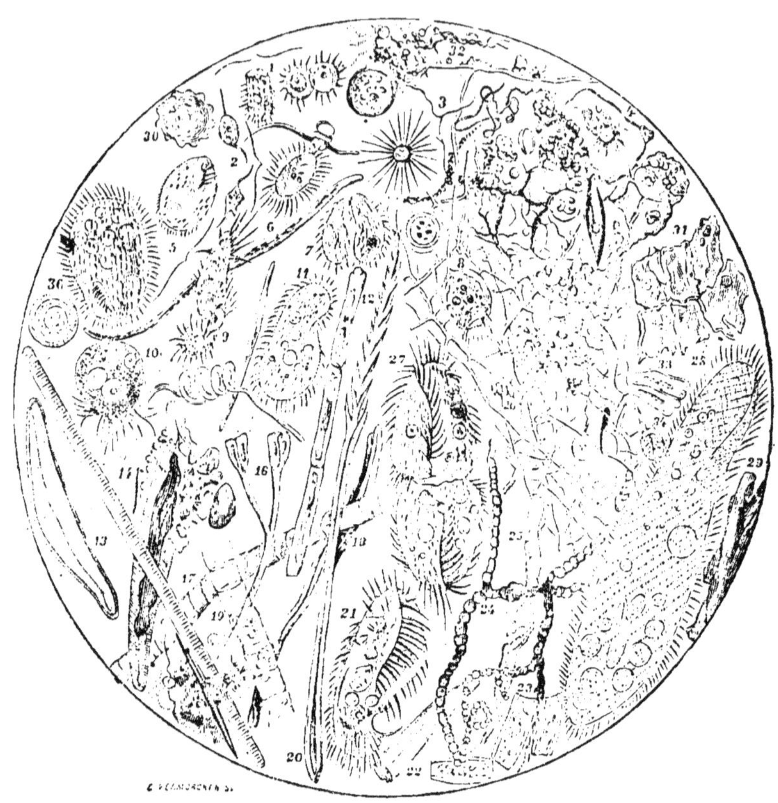

Fig. 5. — Eau vue au microscope.

1, Caleps hirsutus ; 2, Bodograndis; 3, Actinophrys Eichornii; 4, cellule d'épithélium ; 5, Leucophrys striata; 6, anguillule fluviatile ; 7, Paramœcium chrysalis; 8, Vorticella microstoma; 9, Kerona (jeune); 10. Vorticella microstoma ; 11, Paramœcium aurelia ; 12, Conferva ; 13, Cocconema lanceolatum ; 14, Synedra splendens; 15. Gymnosigma attenuatum ; 16, Gomphonema acuminatum ; 17, fibre de laine; 18, fibre de coton ; 19, conferva floccosa: 20, débris de cheveu ; 21, Kerona mytilus ; 22, fragment de silice ; 23, diatome vulgare ; 24, Torula ; 25, fibre de lin; 26, acthrodesmus quadricaudatus ; 27. Stylonichia ; 28, Paramœciun. caudatum ; 29, fibre de bois ; 30, pollen; 31, tissu végétal et mycelium avec spores ; 32, détritus de matière végétale ; 33, Gomphonema curvatum ; 34, spores de fungus; 35, Anthérozoïde ; 36, spore enkysté (Hassall).

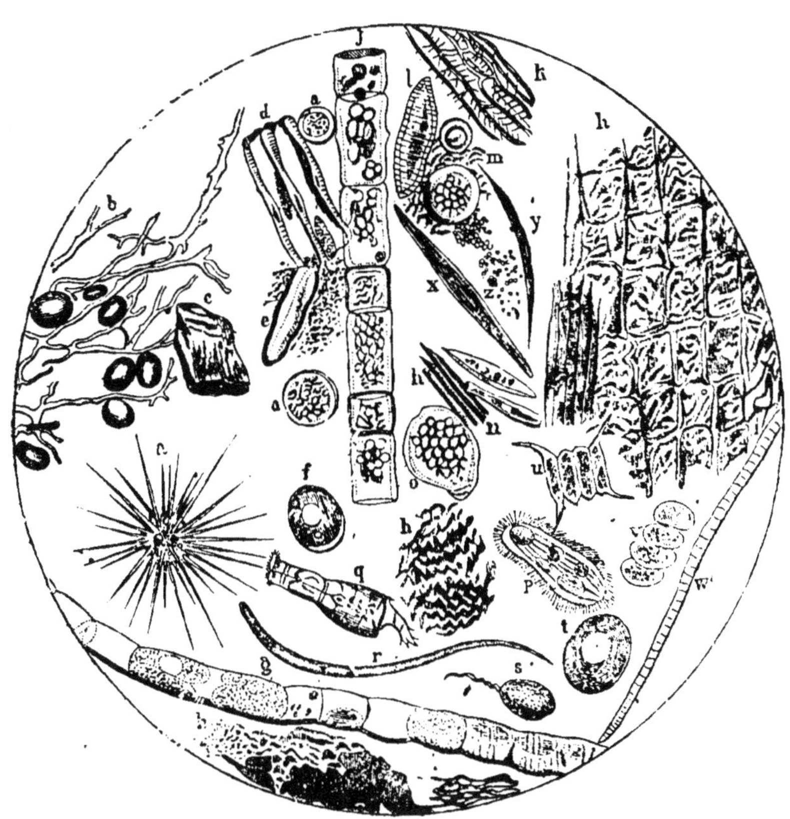

Fig. 6. — Eau vue au microscope.

aaa, Infusoires actinophriens à différents degrés de développement, 260/1 ;
b, débris de Gromio fluviatilis (?), 435/1 ; *c*, carbonate de chaux ; 435/1 ; *d*, Navicula viridis (Diatomées), 435/1 ; *e*, Grammatophora marina, 435/1 ; *f*, Euglena viridis (Eugleniens) à l'état d'enkystement, 435/1 ; *g*, Pinnata (Conferves) 780/1 ; *hhh*, détritus de végétaux, 465/1 ; *ii*, substances carbonatées ; *l*, filament d'une conferve, montrant les différentes dispositions des protoplasmas dans les anciennes et nouvelles cellules, 354/1 ; *k*, partie de feuille de mousse, 102/1 ; *l*, Grammatophora marina, 434/1 ; *m*, spores et zoospores, 435/1 ; *n*, Diatoma hyalinum (Diatomées), 435/1 ; *o*, cellule avec protoplasma en voie de division, 435/1 ; *r*, Oxytricha lingua (Acinetiens), 260/1 ; *q*, rotifère vulgaire petit, 108/1 ; *r*, Anguillule fluviatile, 108/1 ; *s*, Peranema globosa, 108/1 ; *t*, embryon d'un zoophyte (?) 180/1 ; *u*, Arthrodesmus incus, 435/1 ; *v*, Scenedesmus obtusus, 780/1 ; *w*, Oscillaria lævis (Oscillaires) 780/1 ; *z*, Zoospores, 435/1.

C'est au moyen du microscope que l'on peut étudier les plantes et les animaux microscopiques (fig. 5 et 6) et leur nature. On laisse déposer quelques heures, on soutire la partie supérieure, on additionne le dépôt d'un peu de glycérine, on décante après un nouveau repos et on étudie sous le microscope la nature du dépôt formé.

On peut se servir également de l'acide osmique qui colore les êtres vivants et en facilite l'examen.

CHAPITRE III. — ANALYSE BACTÉRIOLOGIQUE

1. — LES MICROBES

Outre les matières organiques mortes ou vivantes que nous venons d'examiner, il existe encore dans les eaux, d'autres êtres vivants, extrèmement petits, souvent à peine visibles même au microscope, tant leur transparence est grande, les plus petits ne peuvent être vus au microscope, qu'après avoir été colorés en introduisant une goutte de matière colorante sur le porte objet, le microbe fixe en grande quantité la couleur et peut alors être aperçu.

Outre les microbes, l'eau contient les *spores* ou les semences des microbes, qui sont encore plus difficilement visibles.

Pour les apercevoir, il faut les faire germer, les cultiver. C'est le but de l'*analyse bactériologique* que nous allons étudier, renvoyant pour les détails aux ouvrages spéciaux (1).

Les microbes sont des plantes appartenant à la famille des champignons et à celle des algues.

(1) Voyez G. Roux, *Précis d'Analyse microbiologique des eaux.* Paris, 1892.

Leur origine se trouve dans les remarquables travaux de Davaine (1), de Pasteur sur la génération spontanée, travaux qui établirent que l'eau, l'air, le corps de l'homme, des animaux, des végétaux, contiennent des êtres vivants ou leurs spores en quantité considérable.

Pour en faciliter l'étude, on les a divisés en plusieurs familles.

CHAMPIGNONS

Les champignons microscopiques, qui sont les plus gros des microbes, se divisent en deux groupes : les *levures* et les *mucédinées*.

1° Levures.

Les levures, en cellules ovoïdes, qui se reproduisent

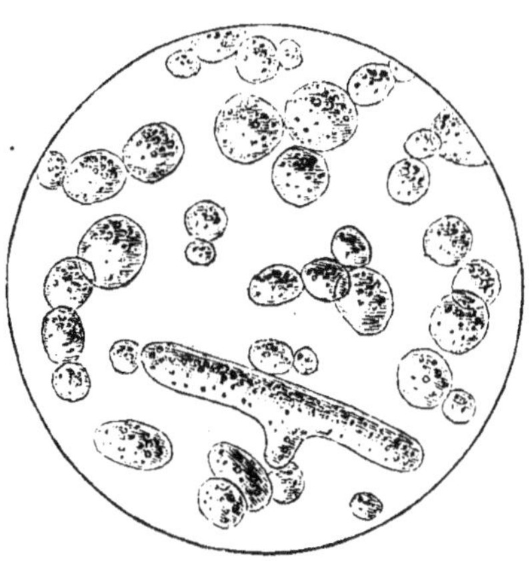

Fig. 7. — Levure de bière.

par bourgeonnement ; tous les ferments industriels en font partie. Ex. la levure de bière (fig. 7).

(1) Davaine, *L'Œuvre*. Paris, 1889.

2° Mucédinées.

Les mucédinées ont des fruits formés par des groupes de cellules ; les moisissures sont des mucédinées Ex. l'*Aspergillus niger* (fig. 8).

ALGUES OU BACTÉRIES

Les algues ou bactéries, se divisent en trois familles.

1° Coccacées.

Elles sont formées d'éléments sphériques se reproduisant par divisions ou par spores.

Cette famille comprend quatre genres :

Les *Micrococcus*, formés d'éléments sphériques isolés ou réunis en chapelets.

Les *Sarcina*, réunis en cubes.

Les *Ascococcus*, réunis en colonies massives entourées d'une gelée.

Les *Leuconostocs*, disposés en chaînes entourées d'une gelée.

2° Bactériacées.

En bàtonnets plus ou moins longs ou en filaments.

Elles forment cinq genres :

Les *Bacillus*, en bàtonnets généralement courts, trapus, plusieurs fois plus longs que larges.

Les *Spirillum*, éléments courbés formant souvent des spires.

Les *Leptothrix*, éléments droits, quelquefois très longs.

Les *Cladothrix*, longs filaments ramifiés.

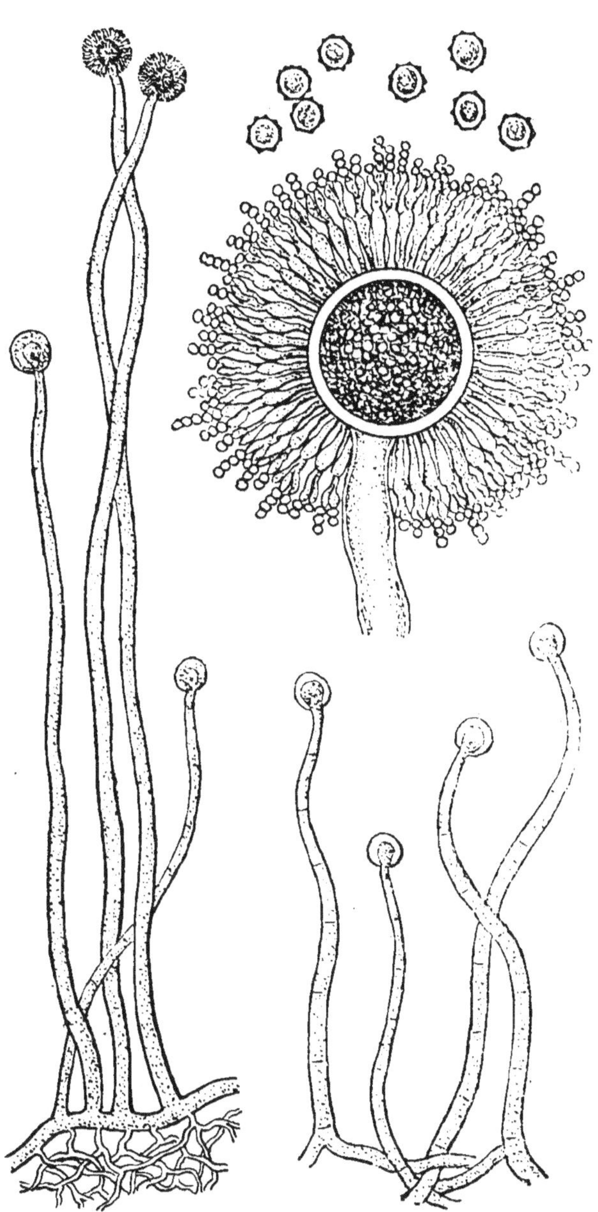

Fig. 8. — Aspergillus niger.

Les *Actinomyces*, filaments ramifiés se terminant en massue.

3° Beggiatoacées.

Elles sont en bâtonnets ou en filaments, avec une partie baside souvent fixée, et l'autre extrémité libre.

Elles forment deux genres :

Les *Beggiatoa*, en filaments sans gaîne de gelée.

Les *Crenothrix*, en filaments avec une gaîne gélatineuse.

II. — RECHERCHE DES BACTÉRIES DANS L'EAU

Voyons maintenant comment on recherche les bactéries dans l'eau.

Les eaux employées dans l'industrie sont ;

Les *eaux de source* qui sont les plus pures dans les circonstances favorables. Elles sont, en effet, filtrées à travers une longue couche de sol qui les a purifiées, mais si le sol est formé d'éléments trop grossiers, il est lui-même contaminé rapidement par des microbes, et l'eau pourra contenir une plus ou moins grande quantité de bactéries. De plus, dans les conduites qui l'amènent dans les villes, même déjà au point d'émergence, et dans les réservoirs où elle est conservée, des fissures peuvent permettre des infiltrations qui la souillent.

Les *eaux de rivière* sont plus impures puisqu'elles ont pu recevoir des bactéries dans leur parcours.

Les *eaux de puits* sont les plus suspectes, car rien ne peut nous renseigner sur la nature des infiltrations qui ont pu pénétrer dans la masse souterraine.

Enfin, les *eaux de pluie* et de *neige* presques pures

au point de vue chimique, ont pu ramasser des microbes dans leur traversée aérienne, et ces microbes ont dû pulluler dans les citernes où elles sont conservées.

Le nombre des bactéries contenues dans l'eau est considérable ; il varie avec la nature de l'eau, voici quelques chiffres cités par M. Miquel, ils s'appliquent à l'eau au moment même où elle a été recueillie. Il est évident que la multiplication des bactéries modifierait considérablement ces chiffres, au bout de quelques heures ou de quelques jours.

M. Miquel a trouvé :

Dans l'eau de pluie...............	35 bact. par c. c.	
— de la Vanne...........	62	—
— de la Seine à Bercy...	1.400	—
— — à Asnières...	3.200	—
— d'égout à Clichy......	20.000	—

Il est donc nécessaire d'en faire l'analyse bactériologique. Elle a pour but de rechercher non seulement les microbes qui existent dans l'eau, leur nombre et leur nature, mais encore les spores qui peuvent s'y trouver.

PROCÉDÉS DE CULTURE

Il est à cause de cela impossible de reconnaître toutes les bactéries par le procédé direct ; il faut avoir recours aux divers procédés de culture dans un milieu nutritif. En fournissant ainsi aux spores un milieu très favorable à leur développement, on les verra se multiplier, et il sera plus facile de constater leur présence et leur nature.

La meilleure méthode est la culture sur plaques de gélatine de Koch.

On fait une solution de gélatine ou de gélose à 10 p. 100 environ, qu'on stérilise en chauffant dans un bain-marie ou dans des tubes fermés par un bouchon percé, portant un petit tube rempli d'ouate, on les conserve ainsi en attendant qu'on veuille s'en servir. Quand on veut faire une culture, on liquéfie le contenu d'un tube à une douce chaleur, et on y fait tomber avec une pipette stérilisée une ou plusieurs gouttes de l'eau à étudier, on fait le mélange bien homogène en agitant doucement le liquide, puis on prend une ou plusieurs gouttes de ce tube qu'on introduit dans un deuxième, et ainsi de suite dans trois ou quatre tubes suivant la richesse qu'on suppose à l'eau.

On coule alors la gélatine sur des plaques de verre stérilisées, c'est-à-dire chauffées d'avance à 120°, et on place ces plaques dans une étuve à 15 ou 18°. Au bout de vingt-quatre à trente-six heures on voit apparaître des petits points blancs, on les examine au microscope ; au bout de deux à cinq jours, chaque point blanc constitue une colonie provenant vraisemblablement d'une seule spore. On les compte et on peut en déduire la richesse de l'eau primitive en bactéries ; lorsqu'on est obligé d'aller chercher l'eau en dehors, on se sert de tubes ou de petits ballons étirés en pointe, chauffés à 120° et fermés pendant qu'ils sont chauds, il y a par suite un vide relatif, on flambe la pointe puis on la plonge dans l'eau et on casse la pointe avec une pince stérilisée, l'eau entre, on ferme aussitôt le tube, puis on le porte au laboratoire où il convient de faire l'essai le plus tôt possible.

Telle est la méthode la plus simple d'essai bactériologique de l'eau.

Nous renvoyons pour les détails et les minutieuses

précautions à prendre aux ouvrages spéciaux (1), ainsi
que pour les autres méthodes d'étude, qui ont chacune
leur utilité suivant les eaux ; du reste, cette analyse
a plus d'importance au point de vue de l'hygiène que
de l'industrie, sauf des cas tout à fait exceptionnels.

RECHERCHE DES BACTÉRIES PATHOGÈNES DANS L'EAU

Nous croyons cependant devoir analyser un mémoire de M. Grimbert (2) lu à la Société de pharmacie de Paris, et relatif à la recherche des bacilles
pathogènes et à leur fréquence dans les eaux potables.

La prise des échantillons était faite par les procédés
habituels, soit dans des tubes effilés à la lampe, soit dans
des vases de 300 centimètres cubes ; les bacilles pathogènes ayant la propriété de résister à la culture dans
un milieu phéniqué, c'est à cette propriété qu'on a eu
recours. Dans un ballon de 150 centimètres cubes jaugé
à 100 centimètres cubes, on introduit 10 centimètres
cubes de bouillon de bœuf, 5 centimètres cubes de
solution de peptone à 10 p. 100 et 2 centimètres cubes
de solution phéniquée à 5 p. 100, et on remplit jusqu'au
trait 100 avec l'eau à étudier diluée au besoin au 100° ou
au 500°.

On porte à l'étuve à 34° sans dépasser 36°. On attend
la production d'un trouble, s'il y en a ; dans ce cas, on
fait plusieurs cultures successives dans un milieu phéniqué composé comme précédemment, qu'on répartit
dans des tubes ; on introduit dans un tube à l'étuve

(1) Voir Macé, *Traité pratique de bactériologie*, 2ᵉ édition.
Paris, 1892.
(2) Grimbert, *Journal de pharmacie et de chimie*, 1ᵉʳ novembre 1893.

à 34° une trace du liquide trouble, six heures après on introduit une trace du liquide de ce tube dans un autre tube, et on attend à l'étuve que le liquide se trouble; quand cela se produit on ensemence un tube de bouillon normal qui sert à faire une culture sur plaque de gélatine laquelle servira à séparer les espèces : le bacille typhique et le bacillus coli communis.

Quelquefois malgré les trois passages en milieux phéniqués, il se trouve encore des espèces autres que les deux bacilles, on ajoute alors à la solution phéniquée 1 p. 100 de salicylate de soude.

Ces deux bacilles se distinguent par les caractères suivants qui sont des caractères négatifs pour le bacille typhique :

1° *Caractères communs.*

Colonies généralement en île de glace, ne liquéfiant pas la gélatine, petits bacilles très mobiles (mouvements caractéristiques) se décolorant par le réactif de Gram.

2° *Caractères distinctifs.*

B. typhique.		Bacillus coli.
Culture sur pomme de terre :		
trace humide.	2	Trace épaisse et jaunâtre.
Lactose dans une solution de		
peptone	0	Fermentation.
Solution de peptone	0	Production d'indol.
Lait	0	Coagule.

Ces essais appliqués à l'eau ont donné les résultats suivants :

Les *eaux de source* contenaient de 100 à 1,300 bactéries par centimètre cube, sur neuf sources, une seule donna du coli (la source sortait à un mètre d'un lavoir). L'eau de source fournie à l'hôpital des cliniques (Paris, mai 1893) contenait 500 colonies par centimètre cube en moyenne et une abondante culture du coli communis par le procédé de Péré ci-dessus décrit.

Eaux de puits. — L'eau d'un puits très profond des environs de Paris a donné 560 colonies et pas de coli communis.

L'eau d'une station balnéaire de la Manche a donné le coli communis.

Deux puits d'une ferme de l'Oise — coli communis.

Deux puits publics de Seine-et-Marne — également coli communis.

Un autre puits particulier de la même commune n'a pas donné de coli communis, mais très probablement le bacille typhique.

Eaux de Seltz. —L'eau de Seltz conservée cinq mois à la cave a donné 550 colonies et pas de coli communis. L'acide carbonique semble donc gêner les bactéries dans leur développement.

Glace. — Un échantillon de glace fournie comme eau pure a donné 30,200 colonies, de très belles colonies de coli communis et un autre bacille analogue, peut-être le typhique.

Mais le nombre n'est pas une donnée suffisante, bien que la présence d'un grand nombre de bactéries puisse être considéré comme un indice grave de la mauvaise qualité d'une eau, il est donc de la plus haute importance de déterminer la nature des microbes qui existent, car une seule bactérie dangereuse suffit pour faire rejeter une eau. Cette opération est fort délicate et exige une grande expérience : elle est basée sur la résistance que les microbes présentent vis-à-vis de la chaleur et des antiseptiques. Tous n'ont pas le même degré de résistance, les uns périssent à 90°, d'autres résistent ; de même pour l'acide phénique. La congélation ne tue pas les microbes à moins d'être prolongée très longtemps, au moins pour quelques espèces.

En laissant de côté la présence des bactéries pathogènes, on a classé les eaux d'après leur teneur en bactéries :

			Bactéries par centimètre cube.
En eaux très bonnes contenant de....			0 à 50
— bonnes	—	....	50 à 500
— médiocres	—	. ..	500 à 3.000
— mauvaises	—	....	3.000 à 10.000
— très mauvaises	—	....	10.000 à 100.000

RECHERCHE DES MICROBES ANAÉROBIES

Les procédés d'essai que nous venons d'indiquer s'appliquent aux microbes *aérobies*, c'est-à-dire à ceux qui vivent en présence de l'air ; mais il y a en outre des microbes *anaérobies* qui ne supportent pas son action, et d'autres qui peuvent vivre aussi bien dans l'air ou à l'abri de l'oxygène.

Les microbes anaérobies se trouvent rarement dans l'eau, excepté dans l'eau d'égoût ou dans les eaux résiduaires de l'industrie. M. Miquel conseille de faire les cultures dans du bouillon privé d'air par l'ébullition et conservé sous une couche de vaseline.

III. — BACTÉRIES DES EAUX

Voici quelques-unes des bactéries qui se trouvent le plus fréquemment dans les eaux.

Micrococcus aquatilis, c'est une des espèces les plus communes de l'eau. Il se développe facilement même dans l'eau distillée. En culture, il forme des taches circulaires aplaties d'un blanc de porcelaine à la surface de l'eau.

Micrococcus candicans, très fréquent dans l'air et dans l'eau.

Micrococcus candidus, très commun également, mais se développe plus lentement.

Micrococcus fervidosus, dans l'eau, il fait fermenter les solutions sucrées à 30°, le liquide contient jusqu'à 1 p. 100 d'alcool, de l'acide acétique et de l'acide lactique.

Micrococcus radiatus, dans l'eau, coccus peu mobiles de 1 μ, en courtes chaînes ou petits amas. (Le μ est une mesure microscopique qui vaut un millième de millimètre.)

Micrococcus rosetaceus, dans l'eau, coccus sphériques ou elliptiques de 1 μ en petits amas.

Sarcina aurantiaca, très commune dans l'air et dans l'eau.

Sarcina alba, très commune dans l'eau.

Sarcina rosea, dans les marais, au milieu des algues, ne paraît pas pathogène.

Sarcina paludosa, dans les eaux de déchet des sucreries, éléments sphériques, incolores, très réfringents, 2 μ de diamètre réunis en familles assez grosses, pas très régulières.

Leuconostoc mesenteroïdes, dans les appareils où l'on reçoit les jus sucrés des betteraves.

Bacillus chlorinus, gros bâtonnets mobiles, dans l'eau où se putréfient des plantes. La coloration est due probablement à la chlorophylle, s'amassant dans les parties éclairées.

Bacillus cœruleus, dans l'eau de rivière, bâtonnets formant de longues chaînes, secrète un pigment bleu.

Bacillus flavus, bactérie jaune dans l'eau potable.

Bacillus fluorescens liquefaciens, commune dans les putréfactions, dans l'eau et le sol, courts bâtonnets (0,5 sur 0.4 μ) réunis souvent par deux, mobiles, verdâtres, liquéfie la gélatine.

Bacillus putridus, très analogue, ne liquéfie pas la gélatine, plus grand, peu mobile.

Bacillus janthinus, bactérie violette, dans l'eau potable, pauvre en matières organiques.

Bacillus megatherium, dans l'eau au milieu des algues putréfiées (2,5 μ de large) (fig. 9).

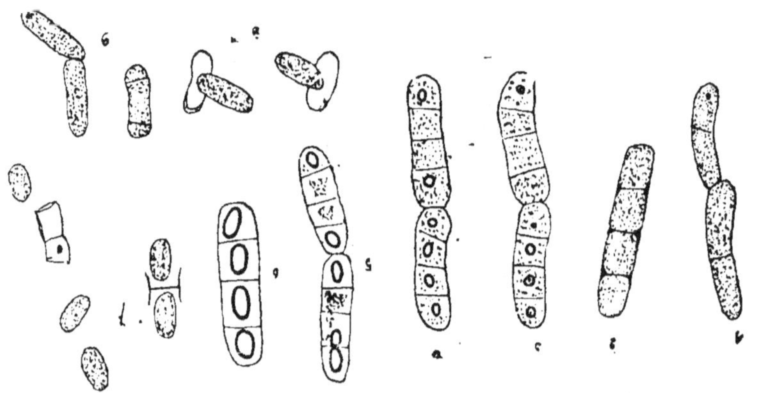

Fig. 9. — Bacillus megatherium.

1, cellules végétatives mobiles ; 2, 3, 4, 5, 6, division en cellules et formation des spores ; 7, spores libres ; 8, 9, germination des spores, 600, d'après de Bary.

Bacillus radicosus, commun dans l'eau, courts bâtonnets (2 μ sur 1 μ), souvent réunis en chaînes.

Bacillus rosaceus metalloïdes, microbe aérobie, ni ferment, ni pathogène.

Bacillus rouge de Kiel, secrète un pigment rouge brique, incolore en l'absence d'oxygène ; dans l'eau de la ville de Kiel.

Bacillus rouge de Lustig, dans l'eau de rivières, matière colorante rouge violacé.

Bacillus stolonatus, commun dans l'eau.

Bacillus ureœ, dans l'eau d'égoût, transforme l'urée en carbonate d'ammoniaque.

Bacillus subtilis, dans l'eau sur le foin, aérobie vrai, très avide d'oxygène, inoffensif (fig. 10).

Bacillus termophylis, eaux de rivière, inoffensif.

Bacillus termo, aérobie, se réunit à la surface des liquides ; commun dans les putréfactions.

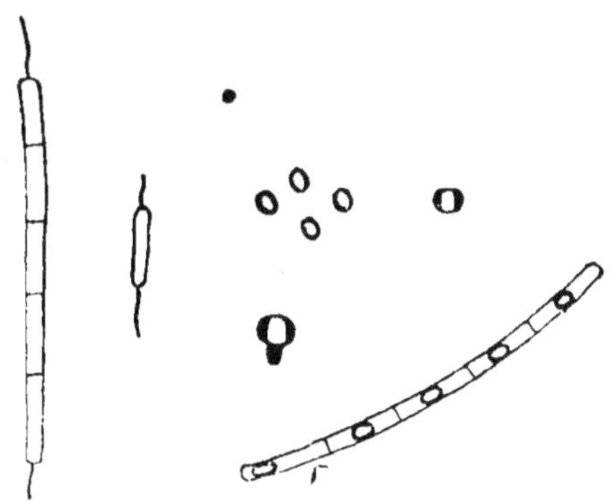

Fig. 10. — Bacillus subtilis.

Bâtonnet isolé avec cils. — Chaîne de bâtonnets. Spores dans un filament. Spores libres. Spores germant. 120, 1.

Bacillus sulfhydrogenus, eaux d'égoût, décompose l'albumine et donne de l'acide sulfhydrique, anaérobie ; en l'absence de soufre, il donne de l'acide carbonique et de l'hydrogène.

Bacillus violaceus, eau de puits, de citerne et de rivière, pigment violet qui ne se forme qu'en présence de l'oxygène, etc.

Spirillum rugula, dans les eaux croupies, anaérobie, détruit la cellulose avec énergie (fig. 11).

Spirillum plicatile, dans les eaux stagnantes, où se trouvent des plantes vivantes ou mortes (fig. 12).

Spirillum serpens, eaux stagnantes et liquides putréfiés, forme trois ou quatre tours de spires aplaties,

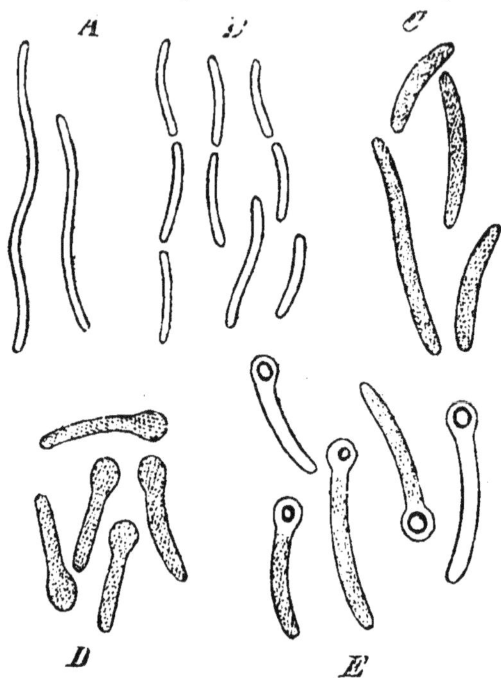

Fig. 11. — Spirillum rugula (d'après Prazmowski).
A, B, C, cellules végétatives. D,E, batonnets et spores. 1000/1.

très mobiles, s'agglutinent avec une matière visqueuse.

Fig. 12. — Spirillum plicatile. Eau stagnante. 800/1.

Spirillum amyliferum, dans l'eau avec le leuconostoc

mesentéroïde, ferment énergique à l'abri de l'air.

Spirillum tenue, dans les eaux stagnantes et liquides de macération.

Spirillum volutans, dans l'eau stagnante avec les beggiatoa.

Spirillum leucomelænum, dans les eaux croupies.

Spirillum rufum, dans les eaux de puits, forme sur les parois du vase des taches muqueuses rouges.

Leptothrix ochracea, dans les eaux ferrugineuses, forme à la surface et sur les parois, des masses ou des taches rouillées.

Cladothrix dichotoma, dans les eaux stagnantes ou courantes, douces ou saumâtres, riches en matières organiques, amas blanchâtres floconneux.

Beggiatoa alba, dans les eaux sulfureuses naturelles et dans les eaux impures, stagnantes, eaux de puits, citernes, mucosités blanches et floconneuses en larges taches ou fixées à des supports.

Beggiatoa arachnoïdea, ressemble à des toiles d'araignées.

Beggiatoa leptomitiformis, taches minces, d'un blanc mat, muqueux.

Beggiatoa mirabilis, commun dans l'eau de mer parmi les algues putréfiées, flocons épais, blanc de neige.

Beggiatoa roseo persicina, eau de mer et eau douce, pigment rose, douteux.

Beggiatoa thiothrix nivea, eaux sulfureuses et eaux stagnantes, filaments immobiles, avec gaîne très mince, fixés par la base ou mobiles dans le liquide.

Beggiatoa thiothrix tenuis, eaux sulfureuses.

— — *tenuissima*, eaux sulfureuses, filaments très fins.

Crenothrix Kühniana, eaux douces surtout ferrugineuses, de puits, de citernes, masses épaisses, brunes ou verdâtres, l'eau se colore en roussâtre et a une odeur désagréable, et mauvais goût.

Il conviendrait d'ajouter à cette liste plusieurs espèces pathogènes, notamment :

Bacillus typhosus, de la fièvre typhoïde.

Bacillus coli communis, qui est l'indice de pollutions par les matières fécales, etc.

Nous renvoyons aux ouvrages spéciaux (1).

(1) Ch. Bouchard, *Les Microbes pathogènes*. Paris, 1892. — Schmitt, *Microbes et maladies*. Paris, 1886. — Macé, *Traité pratique de bactériologie*, 2ᵉ édition. Paris, 1892.

DEUXIÈME PARTIE

LES CORPS FORMANT LES IMPURETÉS DE L'EAU

PRODUITS GAZEUX

Azote N ou Az = 14. (Poids atomique.)

C'est un gaz dont la densité est 0.972. Un litre pèse
1^{gr},256. Il est un peu soluble dans l'eau : 1 litre d'eau
en dissout 0.020 à 0°, 0.018 à 4°, 0.014 à 20°. Il est un
peu plus soluble dans l'alcool : 1 litre d'alcool en dissout 0.1263 à 0°, la solubilité dans l'alcool ne varie pas
sensiblement avec la température.

Il existe dans l'eau soit sous forme gazeuse soit sous
forme de combinaisons oxygénées : azotites, azotates,
soit sous forme de combinaisons organiques protéiques :
albuminoïdes, humiques. La transformation de l'azote
en composés oxygénés se fait en partie par combinaison
directe de l'azote et de l'oxygène de l'air sous l'influence
de l'étincelle électrique pendant les temps orageux,
ou par combinaison avec les matières organiques
sous l'influence soit de l'électricité normale soit de
microbes, enfin par oxydation des matières azotées
complexes et de l'ammoniaque par l'action de divers
microbes qui transforment d'abord les matières protéiques en ammoniaque ; ces microbes sont très nombreux ;
ensuite d'autres microbes qui se trouvent dans le sol
transforment l'ammoniaque en acide azoteux, et enfin

un autre, le *micrococcus nitrificans*, oxyde l'acide nitreux et forme de l'acide nitrique. Ces acides, bien entendu, se combinent aux bases du sol et se retrouvent dans l'eau, car le sol ne retient pas les nitrates.

L'absorption directe de l'azote par les plantes est attribuée à des microbes qui ne sont pas connus, mais il est établi que dans le cas des légumineuses c'est un microbe qui se trouve dans des nodosités des racines qui est l'agent de cette assimilation.

L'inoculation de ce microbe sur une légumineuse indemne, suffit pour lui communiquer la faculté d'assimiler l'azote. Du reste, si les légumineuses sont les plantes qui assimilent le plus facilement l'azote, il est démontré maintenant que c'est une propriété qui appartient à des degrés divers à toutes les plantes et surtout aux plantes inférieures.

L'azote existant dans l'eau provient donc de la dissolution soit de l'azote de l'air soit de l'azote oxygéné ou organique formé par les diverses actions indiquées ci-dessus.

Oxygène O = 16. (Poids atomique.)

L'oxygène est un gaz dont les propriétés sont si importantes qu'on peut dire qu'il est le corps le plus important de la chimie puisqu'il est l'agent nécessaire de toute oxydation, de la combustion, de même que de la respiration des plantes et des animaux. On pourrait donc s'attendre à ne pas en trouver dans l'eau, par suite de l'oxydation des matières organiques : C'est ce qui arrive, en effet, quand les eaux contiennent beaucoup de matières organiques, d'animaux vivants, ou de plantes dépourvues de chlorophylle. Sa densité est

1,105. 1 litre pèse 1,429 ; il n'est pas très soluble dans l'eau, mais l'ozone est plus soluble que lui et comme il existe dans l'eau il faut prévoir qu'il doit jouer un rôle. C'est, en effet, par suite de la dissolution de l'ozone dans la rosée que se fait le blanchiment sur le pré.

La solubilité de l'oxygène varie avec la température comme celle de l'azote, A la température de 0° l'eau en dissout 0,04114, à 4° 0,03717, à 20° 0,02838 ; dans l'alcool il s'en dissout 0,28397 à 0° la solubilité dans l'alcool ne varie pas avec la température.

On voit que la solubilité de l'oxygène est à peu près double de celle de l'azote.

L'oxygène, comme nous l'avons dit, est l'agent indispensable de toute combustion ou respiration.

Ces phénomènes se produisent avec un dégagement considérable de chaleur et c'est la source principale de la chaleur animale et végétale.

Les oxydations se font soit à froid (oxydations, combustions lentes) soit à chaud (combustions vives). Elles dégagent de la chaleur et souvent de la lumière (Phosphorescence, combustion vive).

Les effets de l'oxygène ne sont pas les mêmes à la pression qu'il a dans l'air et à des pressions différentes : c'est ainsi que la phosphorescence disparaît dans l'oxygène pur ou comprimé. Il en est de même pour la respiration des plantes et des animaux.

Ozone $O^3 = 48$.

L'ozone est plus actif que l'oxygène ; aussi il n'existe dans l'air que d'une façon transitoire, l'activité de son action oxydante fait qu'il brûle les matières organiques qu'il rencontre.

Sa densité doit être 1,658. Cette détermination a été faite par des méthodes indirectes, mais les résultats obtenus étant concordants, il y a possibilité que ce chiffre soit très près de la vérité.

1 litre d'eau dissout de 4 à 5 centimètres cubes d'ozone à 0°, chiffre un peu supérieur à celui de l'oxygène, mais M. Berthelot pense, au contraire, que l'ozone est moins soluble que l'oxygène. La première opinion s'accorderait mieux avec la théorie du blanchiment sur le pré, cependant une solubilité même faible vu la petite quantité contenue dans l'air et l'activité de ses réactions suffirait à expliquer l'énergie de ses effets.

La quantité d'ozone varie suivant les saisons et les lieux.

Il y en a plus à la campagne que dans les villes, plus au printemps qu'en été, et encore moins en automne et en hiver. Le maximum est entre Mai et Juin, le minimum en Décembre et en Janvier ; il y en a plus pendant les temps orageux. D'après les dosages faits à Montsouris, le maximum serait en Février, le minimum en Juin et Août.

Les vents de la région du nord diminuent la quantité d'ozone, au contraire les vents du sud à l'ouest.

Marié Davy a formulé la règle suivante : Quand le centre d'une bourrasque traverse la France toutes les stations au sud de la trajectoire ont beaucoup d'ozone ; celles qui sont au nord en ont peu ou point.

L'ozone agit comme désinfectant et décolorant parce que l'ozone détruit les microbes et oxyde les matières organiques ; l'ozone est, en effet, irrespirable quand il est trop concentré, il a une odeur irritante, très pénétrante qui rappelle celle du homard. On reconnaît la présence de l'ozone au moyen d'un papier imprégné d'amidon ioduré. L'ozone met l'iode en liberté et bleuit le papier amidonné.

Mais il y a d'autres corps qui peuvent produire cet effet, les vapeurs nitreuses, par exemple ; aussi on le remplace par un papier de tournesol rouge vineux dont la moitié est amidonnée et iodurée, la potasse mise en liberté par l'ozone bleuit le tournesol rouge et si l'autre moitié rougit plus on peut conclure à la présence de l'ozone ; le papier au thallium brunit avec l'ozone mais il faut qu'en même temps un papier à l'acétate de plomb reste blanc. On peut augmenter la sensibilité du papier au thallium en y ajoutant de la teinture de gayac que le peroxyde de thallium colore en bleu foncé. Tous ces procédés, en somme, ne sont pas absolument certains.

Pour doser l'ozone on emploie plusieurs procédés : en opérant avec l'iodure de potassium acidulé par l'acide sulfurique comme ci-dessus il se fait de la potasse qui sature une partie de l'acide sulfurique. La différence par un dosage acidimétrique donne la quantité d'ozone. Le procédé le meilleur consiste à employer l'acide arsénieux en solution titrée, l'ozone le transforme en acide arsénique ; un dosage chlorométrique permet de déterminer la quantité d'acide arsénieux oxydé.

Air.

L'azote et l'oxygène gazeux qui se trouvent dans l'eau sont empruntés à l'air qui contient ces 2 gaz en proportions *à peu près* fixes, bien que l'air ne soit qu'un mélange : 1 litre d'air pèse 1^{gr},293.

Il résulte de là que l'eau devrait contenir l'oxygène et l'azote en quantité invariable ou à peu près, de plus, la solubilité des gaz étant en rapport avec la pression il est évident que ces proportions ne seront pas les mêmes que dans l'air. Il n'y a pas à se préoccuper beaucoup de la température qui varie peu. Il est facile de déterminer ces proportions par le calcul. Chacun des gaz se dissout comme s'il était seul et en rapport avec la pression. L'air est formé de 1/5 d'oxygène et 4/5 d'azote environ, la pression de l'oxygène dans l'air est donc $\frac{1}{5}$ de la pression atmosphérique et celle de l'azote $\frac{4}{5}$ et comme la solubilité de l'oxygène est 0,041 et celle de l'azote 0,020 il en résulte que 1 litre d'eau dissoudra $0,041 \times \frac{1}{5}$ d'oxygène et $0,020 \times \frac{4}{5}$ d'azote ou 0,0082 et 0,0160, 1 litre d'air contiendra donc :

$$
\begin{array}{lr}
\text{Oxygène} \dotfill & 0^{\text{lit}},0082 \\
\text{Azote} \dotfill & 0\ \ ,0160 \\
\hline
& 0^{\text{lit}},0242
\end{array}
$$

Si on calcule la composition en centièmes de ce mélange gazeux on trouve :

$$
\begin{array}{lr}
\text{Oxygène} \dotfill & 33^{\text{lit}},9 \\
\text{Azote} \dotfill & 66\ \ ,1 \\
\hline
& 100^{\text{lit}},0
\end{array}
$$

On voit donc que 1 litre d'eau aérée doit contenir 24 centimètres cubes de gaz environ et que ce mélange doit être formé de 2 fois plus d'azote que d'oxygène, ce qu'on peut vérifier, en effet, par l'expérience.

Mais lorsque l'eau contient beaucoup de matières organiques, l'oxygène disparaît et alors l'azote peut exister en proportions beaucoup plus grandes, la quantité

d'oxygène peut donc servir à mesurer la quantité de
matière organique de l'eau. Inversement si l'eau contient des plantes vertes, au soleil, les plantes dégagent
de l'oxygène, l'eau en sera saturée et pourra en contenir un peu plus; si, au contraire, elle contient des
plantes sans chlorophylle ou des animaux, ils absorbent de l'oxygène en respirant et l'eau en sera rapidement privée. Il y a là un phénomène important sur
lequel nous allons donner quelques explications. Tout
le monde sait que les animaux respirent en absorbant
de l'oxygène à travers la membrane des poumons. Cet
oxygène dissous dans le sang, parcourt toute l'économie dans les artères, brûle en route toutes les matières
organiques usées qu'il rencontre, le carbone et l'hydrogène de ces produits forment avec l'oxygène de l'acide
carbonique et de l'eau, qui par les veines reviennent aux
poumons, les deux gaz formés se dégagent et de l'oxygène se dissout à la place. En résumé, il se fait aux
poumons un échange d'oxygène contre l'acide carbonique et l'eau qui se dégagent au dehors; les animaux
aquatiques se conduisent de même.

Les plantes se comportent de même à l'obscurité ou
même à la lumière quand elles ne contiennent pas de
matière verte dans leurs feuilles. Dans ces circonstances, on conçoit que l'eau sera privée rapidement d'oxygène et enrichie en acide carbonique. Quant à l'azote il
ne joue aucun rôle. Il entre et sort sans modification.

Il n'en est plus de même avec les plantes vertes à
la lumière. En même temps que continue le phénomène
précédent, c'est-à-dire l'absorption d'oxygène et le dégagement d'acide carbonique et d'eau, ou, en d'autres
termes, en même temps qu'elles respirent il se fait un
phénomène inverse.

La matière verte nommée *chlorophylle*, sous l'influence de microbes encore inconnus, décompose l'acide carbonique de l'air ou de l'eau, s'il s'agit de plantes aquatiques, fixe le carbone et dégage l'oxygène. Cette action qu'on désigne sous le nom de *fonction chlorophyllienne* n'est plus une respiration, c'est un phénomène de nutrition. Il se fait simultanément avec la respiration mais son activité est beaucoup plus grande, et en quelques instants tout l'acide carbonique produit pendant la nuit, est de nouveau décomposé et transformé en oxygène. Cette décomposition continue ensuite tant qu'il y a de la lumière grâce à la grande surface des feuilles et au vent qui renouvelle constamment l'air en contact.

Cette activité de la décomposition chlorophyllienne qui purifie l'air a quelquefois pour l'eau un résultat inverse; les pièces d'eau, les étangs, les marais se couvrent, si on n'arrête pas son développement, d'une plante verte formée de petites feuilles rondes qui ont fait donner à la plante à cause de leur forme, le nom de *lentilles d'eau*. Cette plante forme à la surface de l'eau un voile épais qui bientôt intercepte complètement la lumière. Les plantes intérieures de l'étang ne peuvent plus alors décomposer l'acide carbonique ; au contraire, elles en produisent en absorbant le peu d'oxygène qui est contenu dans l'eau. Cette eau devient alors impropre à nourrir les animaux ainsi que les plantes, et tout meurt; l'eau devient infecte et dangereuse (P. P. Déhérain).

Il faut donc, au point de vue hygiénique, favoriser la croissance des plantes vertes, mais il ne faut pas leur permettre d'envahir tout, surtout à celles qui, comme la lentille d'eau, forment un voile impénétrable sur la surface de l'eau. Il est nécessaire de dégager de temps en temps cette surface, afin que la lumière puisse pénétrer dans l'intérieur de la masse liquide.

Acide carbonique gazeux $CO^2 = 44$.

Il se forme, comme nous venons de le voir, sous l'influence de la combustion vive ou lente, et sous l'influence de la respiration vraie des plantes et des animaux. Au contraire, les plantes *vertes*, à la lumière naturelle ou artificielle, le décomposent et donnent de l'oxygène.

Une autre source d'acide carbonique, c'est le phénomène des fermentations.

La fermentation alcoolique donne, par la décomposition du sucre, sous l'influence des levures, de l'alcool et de l'acide carbonique.

Les moisissures produisent également de l'acide carbonique, non seulement aux dépens du sucre, mais de l'amidon, de la glycérine, de l'alcool, de l'acide acétique.

Les différents modes de décomposition du sucre par les ferments sont représentés par les équations suivantes :

D'après Gay-Lussac :

$$C^{12}H^2O^{11} + H^2O = 4C^2H^6O + 4CO^2.$$

D'après Pasteur (en équivalents) :

$$49C^{12}H^{11}O^{11} + 109HO = 12C^8H^6O^8 + 72C^6H^8O^6 + 60CO^2$$

D'après M. Duclaux (en équivalents) :

$$C^{12}H^{12}O^{12} + 48C^{12}H^{12}O^{12} + 60HO = 12C^8H^6O^8 + 72C^6H^8O^6 + 60CO^2$$

$$\text{Ac. succinique.} \quad \text{Glycérine.}$$

Ces deux formules représentent la réaction numérique brute. Dans celle de M. Duclaux, le sucre mis à part $C^{12}H^{12}O^{12}$ représente une petite quantité de cellulose qui intervient dans la réaction.

M. Monnoyer a proposé la formule suivante, qui met en évidence une petite quantité d'oxygène utilisée par la levure pour sa respiration :

$$4C^{12}H^{22}O^{11} + 16H^2O = 2C^5H^6O^5 + 12C^3H^8O^3 + 4CO^2 + O^2.$$
Ac. succinique.   Glycérine.

Enfin la décomposition complète par les moisissures se représente par l'équation :

$$C^{12}H^{22}O^{11} + 24O + H^2O = 12CO^2 + 12H^2O.$$

Comme produit intermédiaire, il se fait de l'acide oxalique.

Outre les ferments et les moisissures qui, du reste, se trouvent continuellement dans l'eau, il y a encore d'autres microbes de l'eau qui jouissent de la propriété de décomposer notablement le sucre.

Enfin, d'autres fermentations produisent encore de l'acide carbonique :

La fermentation acétique, quand elle est poussée à son point extrême, la destruction de l'acide acétique.

La fermentation lactique en donne également, mais il provient de l'action de l'acide lactique sur le carbonate de chaux.

La fermentation butyrique donne de l'acide carbonique et de l'hydrogène. De même celle de la cellulose, ou plutôt des produits qui l'accompagnent, par le bacillus amylobacter. De même dans les digestions végétales, surtout dans les cas de dyspepsie et beaucoup d'autres fermentations moins importantes.

On voit que les sources d'acide carbonique sont nombreuses.

C'est un gaz incolore, d'une saveur piquante, agréable, qui trouble l'eau de chaux.

Il est très dense, aussi se réunit-il toujours dans les parties inférieures des lieux où il se produit; 1 litre pèse $1^{gr}.977$.

Le rôle le plus important de l'acide carbonique dans l'eau est dû à sa solubilité qui croît avec la pression. Cette solution d'acide carbonique, qui constitue les eaux gazeuses naturelles ou artificielles, jouit de propriétés spéciales : elle dissout les carbonates terreux, leurs oxydes, les phosphates, les silicates; elle dissout aussi le fer soit à l'état métallique, soit à l'état d'oxyde. Cette solution perd en partie son acide à l'air et laisse alors déposer la matière terreuse qu'elle contient comme dans les sources incrustantes. A chaud, elle perd tout son acide carbonique et peut être ainsi privée de son carbonate de chaux, ainsi que des autres sels.

Ces sels ne sont peut-être pas en combinaison avec l'acide carbonique, mais en dissolution. En effet on considère souvent les carbonates comme étant à l'état de bicarbonates, mais l'opinion contraire peut parfaitement être soutenue.

L'acide carbonique ainsi dissous en excès dans l'eau, peut être décomposé par les plantes vertes aquatiques comme l'acide normalement dissous.

Nous pensons qu'on n'a pas industriellement tiré tout le parti possible des facultés dissolvantes de l'acide carbonique, et maintenant que l'industrie le fournit à l'état liquide, on peut supposer que ce produit jouera un rôle de plus en plus grand dans les industries chimiques.

Acide sulfhydrique H_2S.

Gaz incolore, d'une odeur infecte d'œufs pourris, il brûle avec flamme bleuâtre.

En présence de l'humidité, il se décompose facilement en déposant du soufre et formant de l'eau. Le soufre formé constitue l'origine d'une partie des terres soufrées ; il est utilisé également par les microbes qui vivent de soufre, tels que les Beggiatoacées.

L'oxydation peut marcher plus loin et donner des acides oxygénés et notamment des acides sulfureux et sulfurique dans certaines circonstances.

Une autre propriété de ce gaz, c'est de se combiner avec les sels métalliques et de former ainsi des précipités souvent noirs ou de couleur foncée. Il agit ainsi soit directement sur les métaux lourds, soit sous forme de sulfure soluble pour les métaux usuels : fer, zinc.

Voici l'origine de ce sulfure soluble et en même temps de l'acide sulfhydrique naturel :

Les sulfates et surtout les sulfates terreux, sulfate de chaux, sont réduits par les matières organiques à chaud et même à froid, sous l'influence de l'humidité ou d'actions microbiennes, et transformés en sulfure $SO_4Ca + 8H = 4H_2O + CaS$. Ce sulfure réagissant sur les sels de fer, qui sont très abondants dans la nature, forme du sulfure de fer noir, qui donne sa coloration particulière aux terres où se produit ce phénomène : le sous-sol de nos rues et, en général, tous les sols qui sont le siège de putréfaction quand il s'y trouve du sulfate de chaux.

Ce sulfure de calcium est aussi la base des eaux sul-

fureuses artificielles et il abonde dans les eaux putréfiées. En même temps, il subit l'action de l'acide carbonique de l'air ou de l'eau qui dégage de l'acide
sulfhydrique et, dans certaines circonstances, il
s'oxyde par l'oxygène de l'air ou de l'eau qui régénère le sulfate primitif et redonne à l'eau des qualités
salubres.

L'acide sulfhydrique des putréfactions trouve encore sa source dans la décomposition des matières
protéiques. En même temps, il se forme de l'ammoniaque et par suite du sulfhydrate d'ammoniaque.

Enfin, l'acide sulfhydrique se produit aussi dans les
fumerolles volcaniques.

PRODUITS SOLIDES

Sels alcalins.

Les sels alcalins jouent un rôle important, surtout
pour les sels de potasse et d'ammoniaque, dans la nutrition végétale.

Il convient de citer également le sel marin ; bien qu'il
ne soit pas un aliment, les animaux le recherchent avi-
dement, mais ce n'est là évidemment qu'une question
de goût, car ils le remplacent sans inconvénient quand
ils en sont privés par les sels provenant du lessivage
des plantes qui contiennent, en bien plus grande proportion, des sels de potasse et de chaux, et par les
eaux fortement minéralisées ; si le chlorure de sodium
est le plus recherché pour cet usage, cela tient à sa
diffusion par le moyen de l'eau de mer.

Rien de particulier n'est à signaler au sujet de la
présence des sels alcalins dans l'eau industrielle.

Carbonate de chaux.

Les sels terreux jouent un rôle plus important, surtout le carbonate de chaux CO^3Ca sous forme de bicarbonate, ou plutôt de solution carbonique.

Il n'est pas absolument insoluble dans l'eau. L'eau en dissout 2 à 3 cent-millièmes à 0°, et 10 à 11 cent-millièmes à 100°.

Quand on opère en présence de l'acide carbonique à l'ébullition, bien que tout l'acide disparaisse, le carbonate divisé qui reste en dissolution est en plus grande quantité : on en trouve alors $0^{gr},036$ par litre.

L'eau chargée d'acide carbonique dissout à 0° 0,0007 de son poids de carbonate de chaux et 0,00088 à 10°, soit en dissolution simple, soit en combinaison sous forme de bicarbonate.

Il est également plus soluble dans l'eau à la faveur des sels ammoniacaux.

Sulfate de chaux SO^4Ca.

Le sulfate de chaux se trouve dans la nature, à l'état anhydre SO^4Ca, anhydrite, karsténite, vulpinite, marbre Bardiglio de Bergame, ou hydraté sous le nom de *gypse* ou *pierre à plâtre*, cristallisé en fer de lance, en prismes ou en aiguilles.

Il contient $2H^2O$:

$$SO^4Ca + 2H^2O.$$

Il est peu soluble dans l'eau et se dissout d'autant plus facilement qu'il est plus divisé.

1 litre d'eau en dissout à	0°	0,190
—	20°	0,206
—	40°	0,214 maximum
—	60°	0,208
—	80°	0,195
—	100°	0,174

La solubilité diminue à partir de 40°; à 150° environ il est insoluble.

Il est tout à fait insoluble dans l'alcool.

Les sels ammoniacaux, le chlorure de sodium, favorisent sa dissolution, les acides concentrés également. Les cristaux qui se forment à 120° ont pour formule $(SO^4Ca)^2 + H^2O$.

Il est très soluble dans l'hyposulfite de soude. C'est son meilleur dissolvant; on peut utiliser cette propriété dans l'analyse.

Les matières organiques le réduisent en sulfure.

Carbonate de magnésie CO^3Mg.

Il existe dans la nature à l'état amorphe et cristallisé; il est connu sous le nom de *giobertite*.

Il se dissout, comme le carbonate de chaux, sous l'influence de l'acide carbonique et de beaucoup d'autres sels. Il est à peine soluble dans l'eau distillée pure.

Un litre d'eau contenant 60 grammes de sulfate de magnésie peut dissoudre 5 grammes de carbonate. La solution se trouble par la chaleur.

Sous la pression de l'atmosphère, 760 parties de solution d'acide carbonique dissolvent 1 partie de carbonate; à 6 atmosphères, il faut 76 parties de solution. Elle se trouble à chaud et s'éclaircit par refroidissement.

Les sels ammoniacaux favorisent également la dissolution des sels de magnésie, en formant des sels doubles.

Sulfate de magnésie SO^4Mg.

Ce sel, contrairement au sel de chaux, est très soluble dans l'eau; 100 parties d'eau en dissolvent 25,76 à 0° (évalué en sel anhydre), 32,76 à 15°, 72,76 à 100°.

Il est donc très soluble dans l'eau, et, au point de vue des chaudières à vapeur, il n'a pas d'inconvénients, d'autant plus qu'il ne se trouve dans les eaux ordinaires qu'en faibles proportions.

Chlorures de calcium et de magnésium.

Il existe dans l'eau d'autres sels terreux, notamment des chlorures de calcium et de magnésium. A une température élevée, ces chlorures se décomposent, surtout celui de magnésium, en acide chlorhydrique et magnésie, ce qui fait qu'il peut altérer les chaudières à vapeur; mais la quantité de ces sels est si faible, qu'il n'y a pas lieu, en général, d'attacher beaucoup d'importance à ce phénomène.

Il y a aussi dans l'eau des silicates, mais généralement à l'état de silicates alcalins.

Composés métalliques.

Le seul métal important est le fer, qui peut exister à l'état de composés ferreux ou ferriques en dissolution dans l'acide carbonique ou en combinaisons avec des composés humiques — avec les acides créniques ou apocréniques.

Un grand nombre de substances favorisent la dissolution du fer en formant des combinaisons généralement instables, qui se décomposent à l'air en s'oxydant et laissant déposer de l'oxyde ferrique hydraté.

MATIÈRES ORGANIQUES

Les matières organiques en dissolution sont très nombreuses et très variées ; leurs propriétés particulières n'ont aucune importance, elles n'agissent que comme matières organiques indéterminées.

En outre de nombreux microbes peuvent exister dans l'eau (1).

Les plantes inférieures jouent dans les impuretés de l'eau un rôle qui n'a pas été suffisamment indiqué.

M. Dammann a constaté que les cryptogames peuvent assimiler dans leurs tissus des quantités considérables d'oxydes métalliques qui se trouvent ainsi dissimulés aux réactifs spéciaux. Dans plusieurs circonstances des eaux ont donné lieu à des empoisonnements par le plomb, alors que les réactifs n'indiquaient pas la présence du plomb dans l'eau.

La nature des animaux et des végétaux qui vivent dans les eaux peut donner des indications sur la valeur de l'eau.

(1) Voyez Macé, *Traité pratique de bactériologie*, 2e édition, Paris, 1892. — Roux, *Précis d'analyse microbiologique des eaux*, Paris, 1892.

Voici, d'après M. A. Gérardin (1), la nomenclature de ces êtres vivants :

EAUX EXCELLENTES.		EAUX BONNES.	
Animaux.	Plantes.	Animaux.	Plantes.
Poissons. Crevettes. Sangsues. Larves de Libellules. *Physa fontinalis. Unio pictorum.* Nérites. Lymnées.	*Renunculus sceleratus. Iris fetida. Juncus compressus. Polygonum amphibium Zanichellia palustris. Myriophyllum spicatum. Carex riparia. Sparganium simplex. Potamogetum natans. Sisymbrum nasturtium.*	Larves d'éphémères (vers rouges). Dytiques. *Valvata piscinalis. Ancillus lacustris. Paludina vivipara. Planorbis albus.*	Épis d'eau. Véroniques. *Phragmites communis.*

EAUX MÉDIOCRES.		EAUX TRÈS MÉDIOCRES.		EAUX INFECTES.	
Animaux.	Plantes.	Animaux.	Plantes.	Animaux.	Plantes.
Limnea ovata. Limnea stagnalis. Planorbis sub-marginatus. Planorbis com-planatus.	Roseaux. Patiences. Ciguës. Menthes. Salicaires. Scirpes. Joncs. Nénuphars. *Polygonum amphibium* (var. *Natans*).	Sangsues noires. *Cyclas cornea. Bythinia impura. Planorbis corneus.*	Carets.	0	*Arundo. Phragmites.*

(1) Gérardin, *Altération, corruption et assainissement des rivières* (*Ann. d'hyg. publ.*, 1875, tome XLIII, p. 5). — Voy. aussi Gérardin, *Altération de la Seine en 1874-75; Traitement des eaux d'égout* (*Ann. d'hyg.*, 1877, tome XLVI, p. 83).

TROISIÈME PARTIE

LES EMPLOIS INDUSTRIELS DE L'EAU

CHAPITRE PREMIER. — PROPRIÉTÉS GÉNÉRALES DES EAUX

L'eau doit son emploi dans l'industrie à une foule de raisons. Son abondance, sa diffusion la mettent à la portée de l'industriel avec une dépense minime et ses propriétés physiques et chimiques la rendent très précieuse.

Propriétés chimiques. — L'eau est le dissolvant universel : beaucoup de corps s'y dissolvent à froid ou à chaud, directement ou sous l'influence des autres. Elle entre, en outre, dans la composition de beaucoup de corps jouant un rôle considérable dans l'industrie : soit sous forme d'*eau de constitution* faisant partie intime du corps, soit comme *eau de cristallisation* annexée, collée en quelque sorte au corps, mais pouvant s'en séparer facilement par la chaleur.

Je vais donner seulement un exemple qui suffira pour me faire bien comprendre.

Le phosphate de soude du commerce $PO^4Na^2H + 12H^2O$ (en équivalents $PO^52NaOHO + 24HO$) contient (H de la formule atomique, HO de la formule en équivalents) une demi-molécule d'eau qui fait partie intégrante de sa molécule et ne se dégage qu'au rouge (c'est l'eau de constitution) en se transformant alors en pyrophosphate $P^2O^7Na^4 + 10H^2O$ (en équivalents $PO^52NaO + 10HO$) et 12 atomes (24 équivalents) qui se dégagent à 100° environ, c'est l'eau de cristallisation. Cette eau a une importance considérable, car elle constitue un poids inutile, sans valeur, qui grève tout de suite le produit d'un chiffre considérable, soit pour le transport, soit pour l'achat. Ainsi le phosphate de soude ci-dessus, employé en teinture et dans l'industrie des engrais, en contient 62 p. 100 environ de son poids, les cristaux de soude 63 p. 100, l'alun de potasse 45 p. 100.

En outre, l'eau décompose un certain nombre de sels. Ainsi les sels d'étain, de bismuth, d'antimoine, de mercure sont décomposés par l'eau en deux sels, l'un acide qui reste en dissolution, l'autre basique qui se précipite insoluble, mais qui peut être redissous par un excès d'acide.

Enfin elle intervient dans un grand nombre de réactions chimiques soit par elle-même, soit en se décomposant ; elle réagit alors par l'un ou l'autre de ses éléments ou par les deux. Dans le blanchiment par le chlore, par exemple, elle se décompose : son hydrogène forme avec le chlore de l'acide chlorhydrique et son oxygène se porte sur les matières colorantes qu'il oxyde.

$$Cl^2 + H^2O = 2ClH + O.$$

Propriétés physiques. — Ses propriétés physiques la rendent aussi très importante.

C'est le liquide qui a la chaleur spécifique la plus élevée 1,050 entre 0 et 100 (celle de l'eau à 0° = 1,000). Celle de la glace 0,475 et de la vapeur d'eau 0,475 sont moitié moindres environ. En passant de l'état solide à l'état liquide, de l'état liquide à celui de vapeur ou inversement, elle absorbe ou dégage des quantités de chaleur considérables, chaleur latente de liquéfaction $= 79$ calories, chaleur latente de vaporisation $= 537$ calories. La glace fond à $0°$, l'eau bout à $100°$, sous la pression atmosphérique : $0,760$.

Son indice de réfraction est $1,3353$, sa densité à $4°$ est prise pour unité, celle de la glace est $0,92$, celle de la vapeur d'eau est $0,6235$ (celle de l'air étant 1).

1 centimètre cube d'eau à $4°$ pèse 1 gramme ; c'est notre unité de poids. La température de $4°$ a été choisie parce que c'est à cette température que l'eau a son maximum de densité ou que son volume est le moindre. À $8°$ elle a la même volume qu'à 0.

C'est à $4°$, en effet, que l'eau a son plus petit volume. $1,000,000$ à $0°$ deviennent $0,999.871$ à $4°$, $1,000,712$ à $15°$, $1,04299$ à $100°$.

Si on prend le volume à $4°$ pour unité :

$$
\begin{array}{lll}
\text{Le volume à} & 0° \text{ est} & 1,000129 \\
\qquad\quad— & 4° & 1,000000 \\
\qquad\quad— & 100° & 1,04312 \\
\end{array}
$$

A l'état liquide, elle est utilisée pour chauffer les appareils industriels au bain-marie, lorsqu'on ne veut pas dépasser la température de $100°$; si on veut atteindre une température plus élevée, on fait usage de dissolutions salines saturées : la solution d'acétate de potassium à 800 p. 100 d'eau bout à $169°$, celle de sel marin à 40 p. 100, à $108°,4$.

A l'état de vapeur, elle sert aussi à chauffer les appareils, soit par injection de vapeur au moyen d'un barboteur, soit par circulation dans un serpentin.

La glace, au contraire, sert à refroidir, soit par elle-même par la quantité de chaleur qu'elle absorbe pour fondre, soit mélée avec certains produits chimiques formant des mélanges réfrigérants. En voici quelques exemples :

Neige et sel marin, parties égales, abaissement de
  température............................. —18°
 — 2 p. chlorure de calcium crist. pulvérisé,
  3 p............................ .... 51°
 — 2 p. acide sulfurique à 0° avec 1/2 vol. d'eau
  1 p.. 33°
 — refroidie à — 18° 1 p., chlorure de calcium
  crist. refroidi à — 18°, 2 p.............. 55°

Certains sels en se dissolvant dans l'eau produisent un grand abaissement de température.

Eau et azotate d'ammonium à parties égales.... —16°
Eau 1 p., sel ammoniac 5 p. et azotate de potassium 5 p .... —12°

En revanche certains produits en se dissolvant élèvent la température du mélange.

On a employé comme moyen de chauffage des voitures la chaleur dégagée en combinant l'eau et la chaux (1).

Toutes les combinaisons chimiques dégagent de la chaleur sauf un très petit nombre qui en absorbent : réactions endothermiques.

INFLUENCE DES AGENTS EXTÉRIEURS. — Les différents agents extérieurs influent beaucoup sur la composition de l'eau; outre les produits qu'elle doit à son pouvoir dissolvant propre, elle en dissout encore sous l'influence de l'acide carbonique : c'est ainsi qu'elle se charge de carbonate de chaux, de magnésie et de fer. C'est encore à l'influence de l'acide carbonique sur les silicates

(1) L. Regray, *Le chauffage des voitures de toutes classes sur les chemins de fer* (*Ann. d'hyg.*, 1877, tome XLVII, p. 58).

complexes qu'elle doit les matières alcalines et la silice qu'elle renferme.

Exposée à l'air, l'eau perd une partie de son acide carbonique et laisse déposer une quantité correspondante de carbonates terreux, c'est à 17 ou 18^d hydrotimétriques que paraît être le point de stabilité des eaux au point de vue calcaire. La chaleur chasse également l'acide carbonique et peut provoquer la disparition presque complète des carbonates terreux et un peu de sulfate de chaux dans les eaux saturées (séléniteuses), le sulfate de chaux étant moins soluble à chaud qu'à froid.

Par filtration à travers la terre arable qu'elle baigne, l'eau s'appauvrit en sels divers alcalins ou phosphatés. Au contraire, les nitrates, n'étant pas retenus par le sol, peuvent s'accumuler dans les eaux.

COULEUR DES EAUX NATURELLES. — Si on examine les eaux naturelles au point de vue de leur couleur, on les distingue d'après M. A. Gérardin (1) en eaux *vertes* et eaux *bleues*.

Les eaux bleues sont les plus pures, elles sont transparentes, ne réfléchissent pas les images et se conservent sans altération; si on trouble l'eau bleue par des matières en suspension, elle reste trouble, les matières en suspension sont animées du mouvement brownien; à cause de cela, elle ne convient pas à l'industrie.

Au point de vue chimique, elle a un titre oxymétrique constant de 7 à 8 centimètres cubes d'oxygène par litre : c'est son seul caractère chimique distinctif.

Si on la conserve stagnante dans un étang ou une pièce d'eau, elle perd sa couleur et devient verte; en

(1) Gérardin, *Propriétés physiques des eaux communes* (*Ann. d hyg.*, 1876, tome XLVI, p. 183).

même temps ses propriétés se sont modifiées ; elle n'est plus transparente, mais, au contraire, elle réfléchit les images comme un miroir, elle est souvent odorante, d'une saveur désagréable ; cependant les vaches la boivent de préférence à l'eau bleue, elle s'altère et se putréfie au bout de peu de jours ; si on la conserve dans des réservoirs, elle laisse déposer facilement les matières en suspension, qui sont inertes et n'ont pas le mouvement brownien.

Elle est bonne pour l'emploi industriel, à cause de cette propriété de se clarifier.

Elle doit sa couleur verte à des myriades d'algues microscopiques du genre *Chrococcus* (*Chrococcus virescens* de Hentzsch).

Elle contient de 0 à 10 ou 11 centimètres cubes d'oxygène et est chargée de matières organiques en décomposition.

Les eaux vertes et les eaux bleues ne nourrissent pas les mêmes mollusques ni les mêmes poissons ; elles n'ont pas non plus la même végétation. Jamais une eau verte ne peut redevenir bleue.

La Seine est bleue jusqu'à Corbeil, puis elle verdit insensiblement à mesure qu'elle reçoit les eaux d'égout ; à Paris elle est tout à fait verte, puis elle devient tout à fait corrompue après Paris ; elle redevient verte à Meulan, mais ne redevient bleue qu'à Caudebec où le mélange avec l'eau de mer tue les algues colorantes. On peut donc dire que jamais la Seine ne redeviendra bleue ni potable comme l'eau de la Vanne, même quand on cessera d'y déverser les égouts, mais elle redeviendra alors une bonne eau verte, c'est-à-dire pourra servir à l'industrie, et même *jusqu'à un certain point* être bue, à la condition de ne pas la conserver.

CHAPITRE II. — DIFFÉRENTES ESPÈCES D'EAU EMPLOYÉES DANS L'INDUSTRIE

Toutes les eaux naturelles peuvent être employées dans l'industrie suivant les circonstances dans lesquelles se trouve placé l'industriel. Des eaux minérales elles-mêmes sont utilisées dans certaines circonstances.

Toutefois on peut considérer comme eaux industrielles, les *eaux météoriques* (pluie, neige), les *eaux de sources*, les *eaux de rivières*, les *eaux de puits*, auxquelles il faut ajouter l'eau produite par la condensation de la vapeur dans les usines et l'eau qui sert à refroidir dans certaines industries.

Le tableau ci-dessous montre la composition de quelques eaux naturelles :

Composition de quelques eaux naturelles pour 1 litre.

	EAUX de rivières.		EAUX DE PUITS de Paris.	PUITS artésien.	EAU DE MER (Océan).	EAU de glacier.	LACS.
	Seine à Ivry.	Marne.					
Carbonate de chaux	0,0481	0,301	0,33	0,061	»	0,0047	0.119
— de magnésie	0,0061	0,120	»	0,024	»	0,0001	»
— de soude	0,0146	»	»	»	»	»	»
Chlorure de sodium	0,0048		0,42	0,009	25,08	0,0037	»
— de calcium	»	0,020		»	»	»	0.013
— de magnésium	»		0,30	»	2,94	0,0043	"
Sulfate de soude	0,0034			0,015	0,27	0,0035	0,00132
— de potasse	»	0,018	"	»	"	"	"
— de magnésie	»			"	1,75	»	»
— de chaux	»	6,022	1,32	"	1,00	0,0018	0.0042
Azotates alcalins	»	traces.	0,03	»	"	"	"
Silice	0,0406	0,030	0,02	0,010	»	0,0020	0.0029
Alumine, fer	0,0126			0,001	"		
Mat. organiques	»	traces.	traces.	0,004	"	»	beaucoup
Résidu fixe	0,1346	6,311	2,42	0,141	31,14	0,0201	0,140

(Les totaux ne correspondent pas aux chiffres du résidu fixe, quelques éléments sans importance ayant été négligés).

Eau des glaciers.

Au point de vue hygiénique, ces eaux doivent être rejetées ; elles sont très suspectes, car le froid, on le sait, ne détruit pas les microbes, il arrête seulement leur développement momentané, mais après la fusion, ceux-ci reprennent leur faculté de reproduction.

Au point de vue industriel, ces eaux n'ont d'intérêt que quand elles sont transformées en eaux de rivières. Une eau de glacier qui contenait deux microbes par centimètre cube en renfermait deux cents à quelques kilomètres de là. Elles contiennent peu de gaz.

Eau des lacs, des étangs, des marais.

Les eaux des lacs alimentés par des glaciers participent des propriétés de ces eaux, elles sont peu minéralisées, leurs éléments varient suivant la nature des terrains qu'elles traversent.

Les eaux des étangs sont peu aérées comme celles de toutes les eaux stagnantes, elles contiennent peu de matières minérales. Elles renferment une quantité notable d'oxygène, lorsqu'elles contiennent une certaine quantité de plantes aquatiques vertes. On y trouve beaucoup de matières organiques, des gaz (carbures et hydrogène sulfuré) à odeur infecte.

Toutes ces eaux sont impropres à l'alimentation, mais peuvent encore être utilisées pour certaines industries.

Eau de mer.

Elle contient une grande quantité de matières salines, et de 10 à 30 centimètres cubes de gaz à la surface.

Les eaux des sources ou des puits qui avoisinent la mer sont souvent chargées d'une grande quantité de sels alcalins.

Eau de pluie.

Les *eaux météoriques* sont généralement en trop petite quantité pour un emploi régulier par l'industrie.

Au point de vue chimique, on peut les considérer comme de l'eau presque pure. Elles ne contiennent qu'une très petite quantité de sels ammoniacaux, les gaz de l'atmosphère et, en outre, des microbes comme nous l'avons vu et des poussières atmosphériques en assez grande quantité pour donner quelquefois à l'eau de la couleur : pluies de sang, pluies noires.

Tableau de la composition des eaux météoriques.

NATURE DES IMPURETÉS.	PLUIE.				NEIGE.
	Hiver.	Printemps.	Été.	Automne.	
Oxygène	5cc,42 à 7cc,75				»
Azote	16 ,4 à 16 ,8				"
Acide carbonique	0 ,45 à 0 ,60				»
Ammoniaque	0,0163	0,0121	0,0031	0,0010	0,00017
Acide azotique	0,0003	0,0010	0,0020	0,0010	»
Carbonate d'ammonium	0,00174				0,00129
Azotate	0,00189				0,00145
Chlorure de sodium	»				0,01704
Sulfate de sodium	0,0107				0,01563
— de calcium	0,00087				0,00088
Matières organiques	0,02486				0,02385

1000 mètres cubes d'air donnent 10 grammes de matières organiques, Marchand à Fécamp a trouvé dans l'eau de pluie 24 grammes, Chatin à Paris, 50 grammes; on a trouvé dans l'eau du parc de Montsouris, par 100 germes :

> 73 micrococcus.
> 19 bacillus.
> 8 bactériums.

L'eau de pluie a donné, par litre, 160,000 germes formés de :

> 48,000 micrococcus.
> 100,000 bacillus.
> 10,400 bactériums.

Dans le voisinage de la mer, les eaux météoriques contiennent une quantité notable de sel marin.

Les eaux météoriques sont conservées dans des citernes où les microbes se développent rapidement; cette augmentation de microbes au point de vue de l'hygiène peut avoir de grands inconvénients, l'eau peut même entrer en putréfaction.

Au point de vue industriel, ce fait n'a pas d'importance, sauf pourtant pour les industries de produits alimentaires et pour celles qui ont à craindre des fermentations accidentelles.

Enfin il faut tenir compte aussi de ce que ces eaux, avant d'arriver aux réservoirs, lavent les toits et dissolvent ou entraînent ainsi une grande quantité de matières minérales ou organiques.

La quantité de pluie qui tombe annuellement formerait en moyenne, en France, une couche de $0^m,760$ d'épaisseur. Il est facile à un industriel de calculer approximativement la quantité d'eau qu'il pourrait recueillir ainsi.

Eau de source et eau de rivière.

Origine des eaux. — Suivant leur origine, les eaux sont plus ou moins pures.

Celles qui proviennent de la fonte des neiges et qui coulent sur des terrains insolubles sont peu chargées en matières minérales. Si on les prend à leur source, on peut les considérer comme exemptes de microbes : la longue filtration à travers le sol les a purifiées à ce point de vue, à moins que le sol ne soit trop grossier ou qu'elles n'aient reçu des infiltrations dans les derniers moments de leur parcours souterrain.

Elles sont plus froides et moins aérées que les eaux de rivière.

Lorsqu'elles ont coulé à la surface du sol, elles se souillent, soit par l'action qu'elles exercent sur les terrains qu'elles arrosent, soit par les apports qu'elles reçoivent par les eaux de la surface du sol, par leurs affluents, par les détritus des usines ou des villes qu'elles traversent.

Quantité et nature des impuretés. — La quantité et la nature des produits contenus dans une eau varient aux différents points de son parcours.

Il ne suffit donc pas de consulter une analyse de l'eau de la rivière, il faut qu'elle soit faite dans le pays même où on se trouve.

Le Nil contient parfois $1^k,580$ de limon par mètre cube, soit 377,000 mètres cubes par jour ; la Seine à Rouen $0^k,055$ de sable par litre en temps de crue,

$0^k,002$ après la crue ; la Loire, 225 à 250 grammes par mètre cube, en temps de crue.

Les impuretés sont soit en suspension, soit en dissolution.

Les matières en suspension, quelquefois en quantité considérable, se déposent aux embouchures des fleuves, sur les bords de la mer et forment les alluvions connues sous le nom de *Deltas*. Ces dépôts sont dus à la diminution de la vitesse, mais surtout à l'action des matières salines qui précipitent les argiles et les matières humiques. Ces précipitations entraînent, en outre, une certaine quantité de matières dissoutes.

Le carbonate de chaux forme la partie la plus importante des impuretés solubles des eaux, en général la moitié; ensuite viennent le chlorure de sodium, les sels de magnésie, les sulfates alcalins et terreux, la silice.

Ces matières, en suspension, sont quelquefois très nuisibles, surtout au point de vue agricole : elles bouchent les stomates des feuilles et empêchent la respiration et l'assimilation de se produire régulièrement. Certaines de ces substances résistent à la filtration et ne se déposent pas, même après plusieurs jours de repos.

Saisons. — La composition des eaux varie aussi suivant les saisons.

Au moment des crues, les matières contenues dans une eau sont plus considérables. Au moment des pluies ou de la fonte des neiges, les eaux peuvent être plus ou moins chargées, suivant la nature des terrains. Les matières salines en dissolution diminuent, mais les matières en suspension augmentent généralement. De même, au moment des sécheresses, comme l'eau ne reçoit pas d'apports extérieurs, la quantité de matières solides surtout en suspension diminue.

C'est surtout en traversant les grandes villes, particulièrement les villes manufacturières, que les rivières se chargent d'impuretés. Aussi quelquefois, surtout pendant l'été, elles deviennent des foyers d'infection et elles se remplissent d'animaux microscopiques.

Nature des terrains. — La matière organique varie suivant la nature des terrains.

Quelquefois elle est si abondante que l'eau a une teinte noire et une réaction acide, à cause de la matière humique.

Le résidu fixe varie de 0,011 à 0,500.

Voici les chiffres du résidu fixe de plusieurs rivières :

Deule avant Lille	0.308
Doubs à Besançon	0,230
Doller à Mulhouse	0,184
Escaut à Cambrai	0,294
Garonne à Toulouse	0,137
Isère à Grenoble	0.188
Loire à Firminy	0,350
Marne avant la Seine	0,180
Maine à Angers	0,147
Moselle à Metz	0,116
Rhin à Strasbourg	0,232
Rhône à Lyon	0,107
Saône à Lyon	0,141
Seine avant la Marne	0,178
Vesle à Reims	0,190

et des eaux de sources captées par les villes suivantes :

Rouen	0,222 à 3,751
Fécamp	0,269 à 0,378
Montivillier	0,276
Bolbec	0,291
Honfleur	0,330
Havre	0,368 à 0,925
Neuchâtel (Saint-Vincent)	0,324

Pout-Audemer.................... 0,420
Arcueil......................... 0,527
Besançon........................ 0,279 à 0,283
Bordeaux .... 0,245 à 0,523
Paris (Dhuis)................... 0,293
Dijon........................... 0,260
Lyon............................ 0,230 à 0,265
Metz (Mouveaux)................. 0,170 à 0,214

Les eaux de rivière contiennent de 30 à 50 centimètres cubes de gaz formés d'environ 2/5 d'acide carbonique, 2/5 d'azote, 1/5 d'oxygène.

Eau des puits artésiens.

Les puits artésiens fournissent assez rarement de l'eau à l'industrie.

Voici le poids du résidu formé par l'eau de quelques puits artésiens :

Puits à Rouen.................... 0,133
  —   Passy 0,141
  —   Grenelle.................. 0,142
  —   Perpignan................. 0,230
  —   Tours 0,320
  —   Lille .... 0,394 à 0,711
  —   Roubaix................... 0,547 à 0,775
  —   Cambrai................... 0,605
  —   Elbeuf.................... 0,710
  —   Loudun .... 0,920 à 1,000

Eau des puits de mines.

On a employé les eaux de puits de mines, mais ces eaux, souvent très acides par suite de l'oxydation des sulfures, attaquent les chaudières, et par suite du dégagement d'hydrogène, elles donnent des explosions par l'approche d'un corps enflammé.

On peut continuer à s'en servir en les neutralisant avec de la chaux. Le sulfate de chaux se dépose à l'état de boues.

Eau des mares.

Les eaux des *mares* contiennent des impuretés provenant des fermentations, notamment de l'acide butyrique.

Voici l'analyse de quelques eaux de mares par M. J. Clouet :

	BOIS GUILLAUME près Rouen.	ÉPREVILLE près Fécamp.
Ammoniaque	0,001	0,0035
Carbonate de chaux..........	0,539	0,975
Sulfate de chaux............	0,212	1,326
— de potasse............	0,067	0,026
Chlorures de sodium et de calcium	0,008	0,059
Carbonate de magnésie.......	0,019	0,021
— de fer.............	0,015	0,008
Azotate de potasse..........	0,009	0,007
— de chaux	traces.	traces.
Silice.....................	0,026	0,060
Matières organiques.........	0,099	0,800
Résidu total	0,993	3,2855

Ces eaux ont quelquefois occasionné des accidents aux animaux.

Eau des puits, puisards et citernes.

Elle provient des couches souterraines.

La profondeur des couches souterraines qui fournissent l'eau des puits est très variable ; ces eaux sortent quelquefois presque à la surface du sol, et souvent de couches situées à plus de 100 mètres de profondeur.

Le tube de forage doit être parfaitement maçonné et cimenté pour éviter les infiltrations.

Les eaux de puits sont généralement peu oxygénées, très fraîches.

Elles contiennent souvent des matières organiques et des nitrates. La présence des nitrates est générale et tient à ce que la terre arable ne retient pas ces sels ; ils proviennent soit des engrais, soit de la nitrification naturelle, ces azotates passent par suite dans le sous-sol et se réunissent dans les nappes souterraines. On en a trouvé jusqu'à $2^{gr},21$ par litre.

Pour les autres matières salines, leur nature dépend, comme pour les eaux de rivières et de sources, de la composition des terrains traversés. Les eaux de puits des environs de Paris contiennent souvent beaucoup de sulfate de chaux, mais il ne faudrait pas en conclure, comme on le fait souvent, que toutes les eaux de puits en contiennent.

Voici le résumé de quelques analyses d'eau de puits par M. J. Clouet :

Acide sulfhydrique	De 0,000 à 0,04649	
Chlorure de sodium et de magnésium	0,116	2,160
Chlorure de calcium	0,010	0,1608
Azotate de potasse	0,003	0,019
Sulfate de chaux	0,615	3,010
— de potasse	0,040	
— de magnésie	0,017	0,070
Carbonate de chaux	0.031	1,043
— de magnésie	0,010	0,149
Silice, fer, alumine	0,006	0,010
Mat. organiques	0,0055	0,181
Résidu total	De 0,759 à 6,098	

Les eaux des puits creusés dans le voisinage des rivières ne sont pas toujours alimentées par l'eau de

la rivière ; ainsi, l'eau des puits de l'île Saint-Louis à
Paris est aussi mauvaise que celle des puits situés à
2 ou 3 kilomètres de la Seine.

Un puits à 100 mètres de la Seine, épuisé pendant
15 jours avec 2 pompes, marquait 54° hydrotimétriques,
alors que l'eau de la Seine ne marquait que 18°.

A Moulins, à 100 mètres de la rivière, l'eau d'un puits
creusé pour le chemin de fer marquait 36°, tandis que
l'eau de l'Allier marquait 7°.

A Nevers, l'eau d'un puisard creusé près de la berge,
à une centaine de mètres de la Loire, au lieu de recevoir l'eau de la Loire, reçoit une eau ferrugineuse qui
laisse déposer beaucoup de fer. Elle a été analysée par
MM. Robinet et Lefort ainsi que l'eau de la Loire : ils
ont obtenu les chiffres suivants :

Degré hydrotimétrique..	20 à 25°
Acide carbonique par litre............	17,5
Carbonate de chaux..........	0,139
Sulfate.............................	0,007
Oxyde de fer insoluble...............	0,060
Phosphate de chaux...................	
Sulfate de potasse...................	
— de magnésie......	0,073
Chlorure de potassium................	
Nitrate de potasse...................	
Matière organique azotée	0,040
	0,319

Eau de la Loire.

Degré hydrotimétrique.......	5 à 7°
Acide carbonique	2 à 7 c. c.
Carbonate de chaux..........	0,0175 à 0,0360
Chlorure de calcium..........	0,0148 à 0,0228
— de magnésium	0,0180 à 0,0180
	0,0503 à 0,0768

Le dépôt de l'eau du puisard est formé d'oxyde de
fer, de phosphate et d'arséniate de fer et de manga-

nèse, d'acide humique, de carbonates terreux. Les eaux des mares voisines ont la même composition.

Voici l'analyse hydrotimétrique de cinq puits creusés tous dans un même champ sur les bords de la Somme, à Montières, près d'Amiens :

	PUITS du Nord.	PUITS de l'Ouest.	Grand PUITS.	PUITS ancien.	PUITS près de la Somme.
Degré de l'eau.	22,5	32,0	22,0	34,5	22,5
— bouillie.	2,75	5,50	2,75	9,50	2,75
Degré de l'eau précipitée par oxalate......	0	0	0	0	0

On a retranché du degré de l'eau bouillie 3° pour le carbonate resté en solution (Guichard).

Au Crotoy (Somme), il existe des puits tout près de la mer dans un sol sablonneux; on pourrait supposer qu'ils doivent contenir de l'eau de mer, il n'en est rien. L'eau d'un puits situé rue des Moulins nous a donné 0,81 de chlore ; celle d'un autre puits, connu sous le nom de *puits Sucré*, n'en contient que 0,14. En même temps le premier contient 0,32 de chaux et 2,50 de résidu total, et le second 1,45 de résidu et 0,37 de chaux. A cause de l'influence du sel marin, le *puits Sucré* ne marque que 56° degrés hydrotimétriques et l'autre 60°, bien qu'ils contiennent presque la même quantité de chaux.

L'étude des eaux souterraines et de leur direction est toujours un problème difficile à résoudre, à étudier. L'analyse des eaux peut fournir souvent des données sur l'origine des eaux de puits, comme nous l'avons vu.

Dans quelques circonstances, d'autres procédés peuvent être employés. Voici un cas assez curieux :

Le Danube, après la Forêt-Noire, coule de l'ouest à l'est, à une hauteur de 650 mètres. D'un autre côté, l'Aach est une petite rivière qui se jette dans le lac de Constance et prend sa source au-dessus de Mohringen à 15 kilomètres du Danube, à 150 mètres de hauteur. La source de l'Aach, très considérable, débite 5,500 litres à la seconde. Le terrain de la vallée du Danube est un calcaire en courbes irrégulières, friables, stratifiées et fendues. Le terrain est tellement perméable que les ruisseaux se perdent dans le sol. Le Danube lui-même perd une partie de son eau entre Immendingen et Meiringen et disparait presque entièrement dans les années sèches. Les industriels du Danube faisaient boucher les trous dans lesquels se perd le Danube et les propriétaires des usines de l'Aach, de leur côté, réclamaient, prétendant que cette eau alimentait les sources de leur rivière. Le gouvernement badois fit faire des expériences pour savoir que penser de ces prétentions opposées. M. Knopp, le 24 septembre 1877, fit jeter dans le Danube, près des endroits où il se perd, 10 tonnes de sel marin, puis il analysa l'eau des sources de l'Aach pendant plusieurs jours : il y trouva bientôt le sel qu'il avait jeté.

M. Ten Brink fit jeter de la fluorescéine en solution, le 9 octobre 1877, à 5 h., dans un des trous du Danube ; le 12 octobre, au matin, c'est-à-dire au bout de 60 heures, on constata la coloration de l'eau de l'Aach. La coloration augmenta jusqu'au 12 octobre, puis disparut le 13 dans l'après-midi.

L'eau des puits, des puisards et des citernes doit être suspectée au point de vue alimentaire, elle peut, en effet, recevoir des infiltrations venant du sol environnant, surtout dans les villes.

M. J. Lefort (1) fait remarquer que le voisinage des cimetières peut produire l'infection des eaux souterraines, et qu'en temps de guerre particulièrement il y a des cimetières un peu partout. L'eau qui s'infiltre dans le sol s'imprègne des matières en décomposition, puis, rencontrant une couche imperméable, elle coule sur cette couche et forme bientôt une nappe souterraine ; ce sont ces nappes qui alimentent nos puits. Il cite le puits du presbytère de Saint-Didier (Allier), situé près du cimetière, qui donnait une eau d'une odeur repoussante qu'il était impossible de boire.

L'Académie de médecine a demandé la modification du décret du 7 mars 1808 ; elle a recommandé d'étudier les eaux souterraines avant l'établissement des cimetières, et d'entourer les cimetières de tranchées profondes et de drainages pour enlever les eaux et les conduire loin des puits des habitations voisines (2). Elle a recommandé en outre de faire faire fréquemment l'étude des eaux de puits par les conseils d'hygiène.

M. Robinet fils a fait une observation analogue pour les puits de la ville d'Épernay. L'eau contenait 1,955 de résidu sec contenant une quantité anormale de phosphate de chaux 0,070, ainsi que des autres matières minérales, et 0,80 de matières organiques azotées. Un autre puits plus éloigné du cimetière ne contenait plus que 1,290 de résidu et 0,075 de matières organiques azotées ; l'eau de la ville ne donne que 0,480 de résidu minéral par litre et des traces normales de matières organiques.

(1) J. Lefort, *Traité de chimie hydrologique*, 2º édition, 1873
(2) Voyez Brouardel et Du Mesnil, *Des conditions d'inhumation dans les cimetières* (*Ann. d'hyg.*, 1892, tome XXVIII, p. 27).

A Valenciennes, par suite d'infiltrations diverses, toutes les eaux souterraines qui avaient toujours été bonnes devinrent mauvaises, en quelques années, à cause du développement de l'industrie dans cette ville.

A Lille, le même fait se produisit.

A Naples, la ville s'étend en amphithéâtre sur les coteaux et sur la plage, la population était autrefois alimentée en partie par des puits plongeant dans une nappe très rapprochée du sol et souillée naturellement par des infiltrations des fosses d'aisances et des puisards, aussi les quartiers bas avaient une mortalité de 32 à 34 p. 100. tandis que, dans les quartiers hauts, elle n'était que de 21 à 24 p. 100. Pendant l'épidémie de 1884 elle a été de 21 à 38 dans les quartiers bas contre 3 dans les autres.

Il faut désinfecter les puits avant d'essayer d'y pénétrer. Le moyen le plus simple est d'y verser un lait de chaux qui purifie l'atmosphère ; on peut aussi y descendre de la chaux vive dans un seau, il se produira de la ventilation et du mouvement dans l'eau par la chaleur dégagée dans l'hydratation ; on peut enfin y descendre un seau contenant du fer ou du zinc avec un acide concentré ; nous préférons la chaux.

Le plus sûr, à notre avis, serait de supprimer, toutes les fois que cela est possible, l'usage des eaux de puits dans l'alimentation.

Eau de condensation.

Les eaux de condensation sont généralement presque pures, toutefois elles peuvent contenir des sels métalliques provenant des appareils et des matières grasses, ce qui, pour l'alimentation des machines à vapeur, n'est pas sans inconvénients.

On peut également employer les eaux de condensation pour d'autres usages industriels, par exemple pour faire des solutions, des infusions, des décoctions, des lavages ou d'autres opérations. Comme ces eaux sont presque pures elles peuvent présenter quelques avantages. Pour quelques-uns de ces usages, l'eau doit être chaude et peut être employée telle qu'elle est fournie par les condenseurs; d'autres fois, il faut la réchauffer, d'autres fois enfin il est nécessaire de la refroidir. On peut arriver à ce dernier résultat par plusieurs procédés. On la fait circuler dans un serpentin entouré d'eau froide à laquelle elle cède sa chaleur, ou bien on peut employer différents procédés que nous décrirons plus loin, tels que les procédés des bâtiments de graduation, la glace, les machines frigorifiques.

MM. Sée, constructeurs à Lille, viennent d'indiquer un procédé nouveau (fig. 13); ils projettent l'eau en pluie fine au moyen de lances : le contact de l'air et la volatilisation qui en résulte suffit pour enlever à l'eau de 18 à 25°, suivant la température de l'eau sortant du condenseur. L'appareil est très élégant et peut être employé même au point de vue décoratif dans une cour, un jardin ou un parc.

On ne perd que 1/10 de l'eau ; il en reste 9/10 qui peut être utilisée. Le prix de revient, paraît-il, est moins élevé que par les anciens systèmes.

Une autre forme de cet appareil donne des résultats encore meilleurs ; bien que l'appareil coûte un peu plus cher, il est plus avantageux dans certains cas, parce qu'il occupe moins de place et peut, par suite, présenter des avantages dans les industries installées dans l'inté-

Fig. 13. — Réfrigérant pulvérisateur de E. et P. Sée pour l'eau de condensation.

rieur d'une ville. Il est entièrement clos; on peut l'installer dans ce cas dans une chambre avec l'addition d'un ventilateur; l'eau est refroidie à plusieurs degrés au-dessous de la température de l'extérieur.

Eau des condenseurs de chauffage ou des serpentins. — Elle peut contenir également des sels métalliques et des matières grasses surtout.

Eau des condenseurs de distillation. — Cette eau n'est que de l'eau bouillie ou à peu près, elle a perdu une partie ou la totalité du carbonate de chaux et un peu de sulfate, mais elle a conservé tous ses sels solubles.

On emploie beaucoup, paraît-il, en Amérique, un petit appareil pour le retour à la chaudière des eaux de condensation (1).

CHAPITRE III. — EMPLOIS INDUSTRIELS DE L'EAU

L'eau peut être employée dans l'industrie sous ses trois états, *solide*, *liquide* et *gazeux;* il convient donc d'examiner le rôle qu'elle peut jouer dans les différents états.

ARTICLE PREMIER. — EMPLOI DE L'EAU A L'ÉTAT SOLIDE, LA GLACE

PRODUCTION DE LA GLACE. — MACHINES FRIGORIFIQUES

Les machines frigorifiques ont complètement remplacé la glace pour la production du froid employé à la conservation des substances alimentaires; il en est de même pour la fabrication de la glace elle-même,

(1) *La Nature*, 1891, t. I, p. 219.

qui se fabrique en grande quantité artificiellement
pour l'usage alimentaire ; au point de vue hygiénique,
on ne peut qu'approuver le développement de cette
fabrication, qui seule permettra d'obtenir de la glace
pure et sans danger.

Nous devons donc parler des diverses machines frigorifiques employées à la production de la glace ou
du froid.

MACHINES A AIR. — Dans les *machines à air* on comprime l'air au moyen d'une pompe. Cet air ainsi
comprimé s'échauffe ; on le refroidit par un courant
d'eau fraiche, et il est ramené à la température ambiante ; alors on le laisse revenir à la pression normale,
ce qui le refroidit beaucoup et permet soit de faire de
la glace, soit de refroidir un liquide incongelable.

Ces machines ont le grand avantage de trouver leur
matière première partout, aussi sont-elles très avantageuses à ce point de vue, mais il n'en est pas de même
pour le rendement. L'effet utile n'est pas proportionnel à l'augmentation de la pression, à cause des hautes
températures que la compression développe et qu'il
faut combattre.

La chaleur spécifique de l'air est très faible 0,237, ce
qui oblige à avoir des organes très volumineux
absorbant une force considérable et donnant lieu à
beaucoup d'espaces nuisibles.

L'abaissement de température au moment de la détente produit une grande quantité de neige provenant
de l'humidité de l'air, qui diminue le rendement de la
machine.

Aussi ce rendement est inférieur à celui des autres
machines (4 fois environ).

Le nombre des types de ces machines est considérable.

MACHINES A ACIDE SULFUREUX. — Imaginée par Raoul Pictet, de Genève, la machine à acide sulfureux a servi à l'auteur à liquéfier les gaz réputés jusqu'alors permanents, l'oxygène, l'hydrogène, l'azote, résultat scientifique considérable obtenu simultanément par M. Cailletet, en France.

M. Cailletet a construit à cet effet un appareil fort élégant (fig. 14), qui se compose d'une presse hydraulique P, à l'aide de laquelle on comprime de l'eau dans un cylindre creux d'acier B, renfermant du mercure. Dans le mercure plonge un tube de verre T de 1 centimètre environ de diamètre, rempli de gaz à liquéfier et qui se termine par un tube capillaire à parois épaisses. La partie supérieure du cylindre d'acier est fermée par une pièce métallique à travers laquelle passe le tube capillaire. Celui-ci est entouré d'un manchon de verre M qui permet de refroidir le gaz à l'aide d'un mélange réfrigérant et de chauffer le liquide une fois formé, pour l'amener à la température absolue d'ébullition. La cloche C est destinée à protéger l'opérateur contre une explosion possible. En comprimant de l'eau sur le mercure, on force celui-ci à pénétrer dans le tube T et à refouler le gaz dans sa partie capillaire. On a pu liquéfier ainsi tous les gaz. Quelques-uns exigent un refroidissement plus grand que celui qu'on obtient par les mélanges réfrigérants. On détermine un refroidissement considérable par la dilatation brusque (*détente*) du gaz préalablement comprimé et refroidi par l'ébullition d'un liquide bouillant à très basse température.

Dans la machine de M. Pictet, on emploie l'acide sulfureux anhydre qui est gazeux à la température ordinaire et à la pression atmosphérique, mais qui se liquéfie à une basse température et à une forte pression. Cette machine produit un refroidissement considérable et commence à être très employée.

L'acide sulfureux existe en solution dans l'eau à

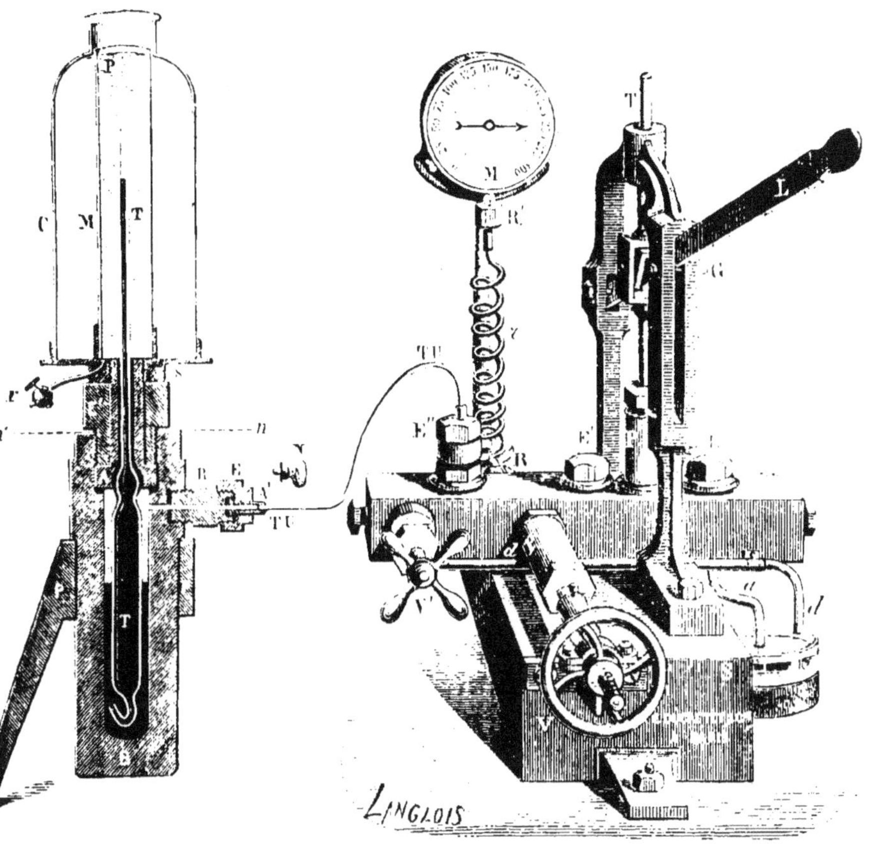

Fig. 14. — Appareil Cailletet.

l'état hydraté $SH^2O^3 = SO\begin{matrix}OH\\OH\end{matrix}$, il se combine alors avec les bases en formant les sels dans lesquels 1 ou 2 H sont remplacés par un ou deux métaux (sulfites et bisulfites). Il existe également à l'état anhydre :

$$SO^3H^2 - H^2O = SO^2$$

Il forme un gaz connu sous le nom de *gaz des allumettes*, d'une odeur suffocante, qui est incombustible, qui éteint les corps enflammés, et qui est indifférent en présence des oxydes basiques ; il ne forme pas de sels, comme son hydrate, ce qui fait qu'il n'attaque pas les métaux constituant les organes des machines.

Le poids du litre est 2,87 ; il se liquéfie sous la pression atmosphérique à la température de — 10°, et de — 15° sous la pression de 2 atmosphères.

Voici d'après Regnault les températures de liquéfaction du gaz sulfureux sous les pressions de

— 20°	— 10°	0°	+ 10°	+ 20°	+ 30°
0ath,63	1ath,03	1ath,52	2ath,26	3ath,24	4ath,51

à 6° au-dessus de 0, 1 kilo de liquide donne 650 litres de gaz. Le liquide est incolore, il fond à —8° et se solidifie à — 75°, sa densité est 1,45, sa chaleur latente de vaporisation est 91 calories.

Son évaporation détermine un grand abaissement de température, qui a été utilisée scientifiquement par M. Raoul Pictet, avant de l'être industriellement.

Voici quelques documents numériques utiles à connaître pour l'emploi industriel :

Coefficient de dilatation du gaz sulfureux.

Entre 0° et 10°......................	0,00413
A 25°......................	0,00394
50°......................	0,003846
100°......................	0,003757
150°......................	0,003718
200°......................	0,003695
250°......................	0,003685

Le coefficient de dilatation de l'air étant 0,00307.

Solubilité du gaz sulfureux dans l'eau.

Températures.	Volume dissous.
0°	68,8
8°	58,7
12°	49,6
16°	42,2
20°	36,4
24°	32,3
28°	28,9
32°	25,7
36°	22,8
40°	20,4
44°	18,4
48°	16,4

Dilatation de l'acide sulfureux liquide.

TEMPÉRATURE.	VOLUMES apparents.	COEFFICIENTS moyens.	COEFFICIENTS vrais.
0°	1,00000	»	0,001734
1°	1,01806	0,001806	0,001878
2°	1,03756	0,001878	0,002029
3°	1,05865	0,001955	0,002192
4°	1,08140	0,002035	0,002371
5°	1,10607	0,002121	0,002585
6°	1,13332	0,002218	0,002846
7°	1,16300	0,002329	0,003176
8°	1,19664	0,002456	0,003608
9°	1,23516	0,002613	0,004147
10°	1,27958	0,002796	0,004859
11°	1,33235	0,003021	0,005919
12°	1,39787	0,003316	0,007565
13°	1,48366	0,003720	0,009575

On peut le préparer par la combustion du soufre ou par la décomposition de l'acide sulfurique par les corps réducteurs.

Le charbon donne un mélange d'acide sulfurique et d'acide carbonique, ce qui n'a aucun inconvénient quand on veut faire une dissolution du gaz, l'acide carbonique ne se dissolvant pas en quantité notable en présence de l'acide sulfureux.

Le soufre, le cuivre et le mercure ne donnent comme produits gazeux que de l'acide sulfureux.

$$2SO^4H^2 + Cu = SO^4Cu + SO^2 + H^2O$$
$$2SO^4H^2 + Hg = SO^4Hg + SO^2 + H^2O$$

On peut l'obtenir également par la décomposition de l'acide sulfurique par la chaleur seule.

La liquéfaction peut se faire par le refroidissement ou la pression.

C'est une fabrication industrielle qui prend une importance de plus en plus grande.

MACHINES A CHLORURE DE MÉTHYLE. — Le chlorure de méthyle ou formène monochloré dérive du méthane ou formène CH^4 par substitution du chlore CH^3Cl; mais ce n'est pas ainsi qu'on le prépare, non plus que par l'action de l'acide chlorhydrique sur l'alcool méthylique; nous renvoyons pour sa préparation au chapitre de l'utilisation des vinasses de mélasse.

C'est un gaz incolore, d'une odeur éthérée, d'une saveur sucrée, dont le litre pèse $2^{gr},261$; il est un peu soluble dans l'eau (4 vol.), plus dans l'alcool (35 vol.) à 15° ; il brûle avec une flamme fuligineuse bordée de vert, en donnant de l'acide chlorhydrique et de l'acide carbonique :

$$CH^3Cl + 3O = CO^2 + ClH + H^2O$$

ce qui fait que la combustion s'arrête rapidement, ces deux corps étant incomburants.

Il est liquéfié dans un mélange réfrigérant et donne un liquide mobile bouillant à — 23° à la pression ordinaire ; en se volatilisant, il produit un froid intense.

Ses tensions de vapeurs aux différentes températures sont contenues dans le tableau suivant :

Températures.	Tensions.
— 23°.	$1^k,00$
0°.	2 ,48
+ 15°.	4 ,11
+ 20°.	4 ,80
+ 25°.	5 ,60
+ 30°.	6 ,50
+ 35°.	7 ,50

Il est employé dans les laboratoires pour produire du refroidissement.

C'est M. C. Vincent qui a créé l'industrie du chlorure de méthyle.

Le frigorifère se compose d'un vase cylindrique AA (fig. 15), à double paroi, entre les deux enveloppes duquel on place du chlorure de méthyle liquide ; ce dernier est introduit à l'aide d'un robinet à vis BC que l'on manœuvre avec la poignée D ; une vis S s'appliquant sur une rondelle en plomb, étant légèrement desserrée, laisse échapper l'air intérieur et permet au liquide de prendre sa place dans le vase A. Tout le système est entouré de matières isolantes maintenues dans une enveloppe métallique EE' afin d'éviter l'échauffement ambiant. Cette enveloppe porte trois pieds qui supportent l'appareil. Un conduit vertical K, traversant toutes les parois, permet pour certaines expériences de faire sortir un tube tel que celui qui est représenté sur la figure, ou bien de vider un liquide mis dans le vase intérieur M.

L'éther méthyl-chlorhydrique, liquéfié par compression, est conservé et transporté dans des cylindres de cuivre P, munis d'une fermeture à vis *b*, semblable à celle du frigorifère. Pour charger le frigorifère, on réunit à l'aide d'un tube de caoutchouc épais l'ajutage horizontal du réservoir avec l'ajutage du robinet B du

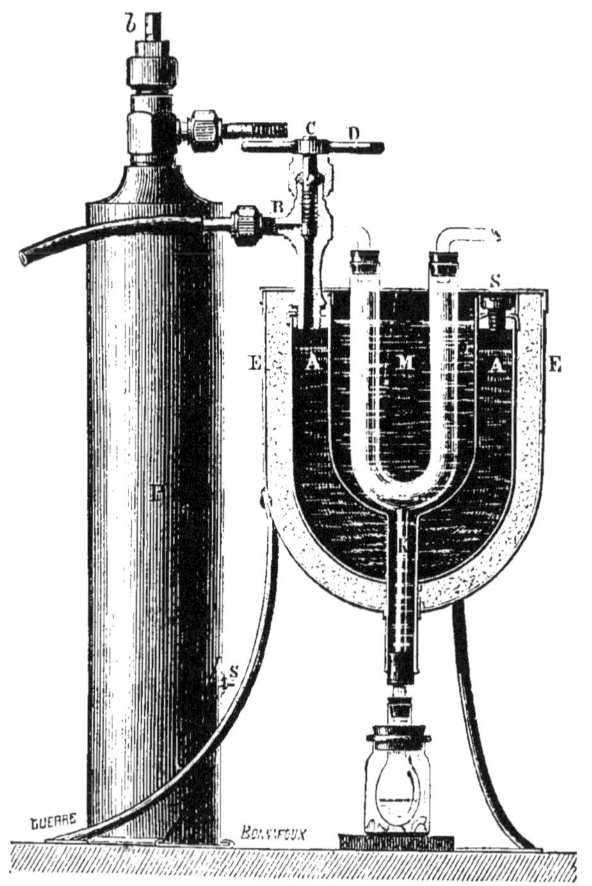

Fig. 15. — Frigorifère C. Vincent.

frigorifère, en maintenant les joints par un fil métallique; puis on desserre la vis S, on ouvre successivement les robinets B et *b*, et enfin on soulève le réservoir P en l'inclinant de façon à faire passer le liquide qu'il contient dans le vase AA, l'air s'échappant en S.

Le remplissage achevé, on referme les robinets *b* et B ainsi que la vis S et on enlève le tube de caoutchouc.

Lorsqu'on veut évaporer par ébullition du liquide sous la pression atmosphérique, il suffit de placer de l'alcool dans le vase M dont on a fermé par un bouchon l'orifice K et de desserrer légèrement la vis C du robinet ; le liquide intérieur, qui est à la température ambiante, entre énergiquement en ébullition, ne tarde pas à se refroidir, et à mesure que le jet gazeux se ralentit, on ouvre de plus en plus et enfin largement le robinet B. Lorsque l'alcool a atteint la température de — 23°, cette température se maintient tant qu'il reste du chlorure de méthyle liquide dans l'appareil. Il suffit alors de plonger dans l'alcool la masse à refroidir. La fermeture du robinet BC met fin à l'expérience.

Si l'on se propose d'atteindre une température plus basse encore, on provoque la volatilisation du liquide sous des pressions inférieures à celles de l'atmosphère. A cet effet, on relie par un tube de caoutchouc épais l'ajutage B avec une machine quelconque faisant le vide.

Il est indispensable de ne pas oublier que, le chlorure de méthyle étant combustible, sa vapeur ne doit pas être dirigée vers un corps enflammé (Jungfleisch).

Une machine construite par MM. Douane et Jobin est employée industriellement.

MACHINES A ACIDE CARBONIQUE. — L'acide carbonique se liquéfie également par le froid et la pression et en se volatilisant il produit aussi un froid considérable.

C'est un liquide incolore dont la densité est 0.9, il flotte sur l'eau, il n'attaque pas sensiblement les métaux, mais à cause de la pression énorme qu'il développe sur les parois des machines, elles doivent présenter une grande résistance.

L'acide carbonique liquide bout à $-78°2$ sous la pression atmosphérique, sa chaleur latente de vaporisation est 51 calories.

Sa dilatation est donnée par le tableau suivant :

Températures.	Volumes.
$- 10°$	0,9517
$0°$	1,0000
$+ 10°$	1,0585
$+ 20°$	1,1457

Les forces élastiques sont données dans le tableau suivant, d'après Regnault, Faraday, Mareska et Donny :

TEMPÉRA- TURES.	TENSION en millimètres de mercure.	TEMPÉRA- TURES.	TENSION EN ATHMOSPHÈRES	
			par Faraday.	par Mareska et Donny.
$- 25°$	13 007,02	$- 59°,4$	4,6	»
$- 20°$	15 142,44	$- 48°,8$	7,7	»
$- 15°$	17 582,48	$- 30°,6$	12,5	»
$- 10°$	20 340,20	$- 26°,1$	17,8	»
$- 5°$	23 441,34	$- 20°$	21,5	23,6
$0°$	26 906,60	$- 15°$	24,7	25,3
$+ 5°$	30 753,80	$- 10°$	»	27,5
$+ 10°$	34 998,65	$- 5°$	33,1	36,0
$+ 15°$	39 646,86	$0°$	36,5	42,0
$+ 20°$	44 716,58	$+ 6°,5$	»	46,0
$+ 25°$	50 207,32	$+ 10°$	»	52,0
$+ 30°$	56 119,05	$+ 15°,5$	»	57,0
		$+ 19°$	»	63,0
		$+ 30°$	»	80,0

Ces machines ne sont pas encore très employées, mais elles sont récentes ; elles méritent d'être utilisées davantage, surtout dans les industries où le gaz carbonique est produit en grande quantité, comme les industries de fermentation.

La plus employée est la machine Hallot, on l'emploie aussi comme force motrice.

Nous donnons plus loin des renseignements sur le gaz carbonique et sa production dans les industries de fermentation.

La fabrication de ce liquide est maintenant industrielle et il est appelé à rendre de grands services dans l'industrie.

MACHINES A AMMONIAQUE. MACHINE A GAZ LIQUÉFIÉ. — L'ammoniaque se retire industriellement des eaux vannes des égouts, des vidanges et des eaux ammoniacales du gaz. C'est un gaz qui se liquéfie à une température de — 40° sous la pression atmosphérique, ou à 0° sous une pression de 4 atmosphères et demie, ou à + 10° sous une pression de 6,4 atmosphères.

C'est un liquide incolore dont la densité est 0,63 à 0°.

Il se dilate beaucoup sous l'influence de la chaleur. Son coefficient de dilatation est 0,0015 entre 0 et 10° ; il bout à — 33°,7 d'après Bunsen, à — 35°,7 d'après Drion et Loir.

Le tableau suivant donne la force élastique de la vapeur à différentes températures :

Températures.	Pression.
— 78°,2	157,95
— 40°	528,61
— 30°	876,58
— 25°	1112,12
— 20°	1397,74
— 10°	2149,52
0°	3162,87
+ 10°	4612,19
+ 20°	6467,00
+ 30°	8832,20
+ 40°	11776,42

L'un des types de machines à ammoniaque part du même principe que les autres machines frigorifiques, c'est-à-dire du gaz d'ammoniac liquéfié.

Elle a été imaginée par un physicien français, Carré, en 1864.

Les deux figures 16 et 17 représentent l'appareil

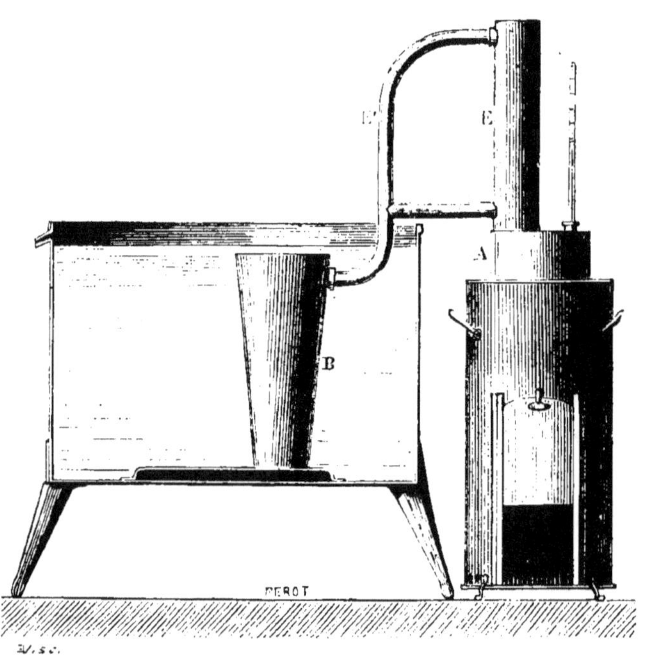

Fig. 16. — Congélateur F. Carré, à ammoniaque (première phase).

employé dans les laboratoires pour la fabrication de la glace.

L'appareil industriel est fabriqué par un grand nombre de constructeurs, notamment MM. Mignon et Rouart, Fixary, etc. ; le principe est le même que celui des autres machines. Une pompe de compression aspire le gaz et le refoule dans le condenseur, formé de serpentins refroidis par de l'eau où il se liquéfie sous l'influence de sa pression, il se rend alors dans le frigorifère où il se vaporise en produisant du froid. Le liquide incongelable est formé, comme dans les autres

Fig. 17. — Congélateur F. Carré, à ammoniaque (seconde phase).

machines, d'une solution de chlorure de calcium ou de magnésium.

MACHINE A ABSORPTION. — Un autre type de machine à ammoniaque, c'est la machine à absorption.

Elle est fondée sur la solubilité du gaz ammoniac dans l'eau.

Cette solubilité est considérable. Voici les chiffres donnés par Bunsen :

Températures.	Coefficients de solubilité.
$0^o,53$	1034,1
$4^o,63$	920,7
$9^o,54$	822,2
$14^o,41$	736,5
$19^o,71$	655,3
$25^o,01$	585,7

On a calculé la formule d'interpolation suivante à l'aide de ces chiffres :

$$C = 1049,63 - 29,496t + 0,67687t^2 - 00095621t^3$$

elle permet de déterminer les chiffres intermédiaires.

La pression a aussi une influence sur la solubilité. Voici les chiffres déterminés par MM. Roscoé et Dittmar :

Pression.	Poids de gaz dissous dans 1 gr. d'eau à 0°.	Pression.	Poids de gaz dissous dans 1 gr. d'eau à 0°.
$0^m,00$	0,000	$0^m,950$	1,001
$0^m,02$	0,084	$1^m,000$	1,037
$0^m,04$	0,149	$1^m,100$	1,117
$0^m,75$	0,228	$1^m,200$	1,208
$0^m,125$	0,315	$1^m,300$	1,310
$0^m,175$	0,382	$1^m,400$	1,415
$0^m,250$	0,465	$1^m,500$	1,526
$0^m,350$	0,561	$1^m,600$	1,645
$0^m,450$	0,646	$1^m,700$	1,770
$0^m,550$	0,731	$1^m,800$	1,906
$0^m,650$	0,804	$1^m,900$	2,046
$0^m,750$	0,872	$2^m,000$	2,195
$0^m,850$	0,937		

La dissolution du gaz ammoniac dans l'eau dégage une quantité de chaleur qui surpasse celle de liquéfaction.

La solution dégage également de la chaleur quand on l'étend d'eau jusqu'à ce qu'elle contienne $9H^2O$.

Sous l'influence de la chaleur, elle perd son gaz ; de même, si on la place dans le vide.

La solution ammoniacale du commerce marque 22°

Cartier; elle a pour densité 0,925; elle contient environ 240 volumes de gaz ou 183^{gr},23 par litre.

L'ammoniaque pour les machines à glace est plus concentrée; elle marque 28° à 29°; sa densité est 0,88 elle contient 305 grammes de gaz par litre.

On la chauffe à 150° environ, elle perd son gaz qui passe dans des récipients refroidis, où il se liquéfie par la compression qu'il exerce sur lui-même (10 atmosphères). L'ammoniaque liquéfiée se rend au congélateur où elle se détend; en se volatilisant, elle produit un froid considérable qui peut atteindre — 35°; les vapeurs se rendent ensuite dans le réservoir où se trouve une solution d'ammoniaque pauvre marquant 20° Cartier, et dans laquelle le gaz ammoniac se dissout. Cette solution, qui marque alors 28 à 29°, est ramenée à la chaudière pour recommencer la même opération.

RENSEIGNEMENTS COMPARATIFS SUR LES MACHINES FRIGORIFIQUES. — Le rendement maximum des machines frigorifiques est 20 à 25 kilogrammes de glace par kilogramme de charbon brûlé (1).

Les machines à absorption paraissent atteindre ce résultat; les autres restent bien au-dessous.

Voilà la consommation d'eau à 10° exigée par différents types de machines pour produire 500 kilogrammes de glace :

	Hectolitres.
Pictet (acide sulfureux comprimé)	150
Linde (gaz ammoniac comprimé)	60
Fixary (gaz ammoniac comprimé)	100
Imbert (absorption du gaz ammoniac)	150
Vincent (chlorure de méthyle comprimé)	150
Giffard (machine à air)	300

(1) *Encyclopédie chimique* de Frémy.

Voici la dépense de force motrice pour produire 100 et 1000 kilogrammes de glace à l'heure :

	100 kil. de glace à l'heure. Chev.-vap.	1000 kil. de glace à l'heure. Chev.-vap.
Rouart (absorption de gaz ammoniac).....	1	»
Joubert (absorption de gaz ammoniac).....	2	»
Fixary (compression de gaz ammoniac) . .	5	35
Linde (compression de gaz ammoniac).....	5	35
Pictet (compression d'acide sulfureux).....	6	53

On peut avoir besoin, pour le choix de la machine à employer, de déterminer la puissance de la machine ; le tableau suivant indique le nombre de calories contenues dans 1 mètre cube d'air saturé d'humidité, depuis —10 jusqu'à +40° :

TEMPÉ-RATURE.	TENSION de la vapeur d'eau en millim	1 MÈTRE CUBE D'AIR SATURÉ CONTIENT :				SOMME des calories.
		En grammes.		En calories.		
		Air sec.	Vapeur.	Dues à l'air sec.	Dues à la vapeur.	
— 10°	2,0	13,37	2,2	83,33	1,94	85,27
0°	4,6	12,85	4,9	83,14	4,36	87,50
+ 10°	9,2	12,32	9,4	82,63	8,46	91,09
+ 20°	17,4	11,77	17,1	81,75	15,56	97,31
+ 30°	31,5	11,77	30,1	80,20	27,69	107,89
+ 40°	54,9	10,46	50,7	77,59	46,50	124,09

Les chiffres ainsi obtenus sont toujours un peu trop forts, l'air n'étant jamais saturé d'humidité.

Voici quelques renseignements fournis par la pratique, et qui peuvent servir à corriger les chiffres du tableau précédent :

QUANTITÉS D'AIR EN MÈTRES CUBES REFROIDIS PAR HEURE POUR PRODUIRE LES QUANTITÉS DE GLACE SUIVANTES A L'HEURE.

Aux températures de :	25 à 30 kil.	50 à 65 kil.	100 à 125 kil.	200 à 250 kil.
De 30° à 10°	750 à 850	1 800 à 2 500	3 000 à 3 600	7 200 à 7 500
15° à 5°	1 000 à 1 500	2 200 à 2 400	4 000 à 4 800	9 600 à 10 000
5° à 0°	1 800 à 2 000	3 600 à 4 000	7 200 à 8 000	16 000 à 18 000
5° à — 10°..	500	1 000	2 000	4 000
5° à — 5°. .	750	1 500	3 000	7 500

Aux températures de :	300 à 350 kil.	500 kil.	1 000 à 1 200 kil.	1 500 à 2 000 kil.
De 30° à 10°	10 500	15 000 à 18 000	30 000 à 36 000	50 000 à 60 000
15° à 5°	14 000	20 000 à 24 000	40 000 à 48 000	65 000 à 80 000
5° à 0°	21 000	36 000 à 40 000	72 000 à 80 000	120 000 à 144 000
5° à — 10°..	6 000	10 000	20 000	30 000
5° à — 5°...	10 000	15 000	30 000	60 000

Le Pole Nord. — Comme application des machines frigorifiques à la fabrication de la glace, nous citerons l'installation des pistes de patinage sur glace artificielle.

La première, la Compagnie des machines Pictet à acide sulfureux, a installé une piste à Manchester, en 1877 ; elle a 700 mètres, et la glace a une épaisseur de 10 centimètres.

A Paris, une première installation faite rue Pergolèse, sur une piste de 2,000 mètres carrés, construite dans un autre but, ne réussit pas : le liquide fuyait du bassin comme à travers les pores d'un filtre.

Une deuxième installation fut faite dans un local aménagé exprès, mais malheureusement de dimensions plus modestes, rue de Clichy, au *Pôle Nord*.

La piste est établie sur une sole formée de briques de liège goudronnées, recouvertes d'une couche de bitume et d'une feuille de plomb de 3 millimètres d'épaisseur. Sur cette piste, on fait couler une nappe d'eau qui se congèle en eau courante, et donne une surface parfaitement lisse. Pour arriver à ce résultat, le liquide incongelable, formé d'une solution de chlorure de calcium refroidie, circule d'une manière continue sous la couche d'eau, dans des tuyaux de fer de 33 millimètres de diamètre, espacés de 150 millimètres, formant une longueur de 4,000 mètres ; le liquide arrive tantôt d'un côté de la piste, tantôt de l'autre, de façon à avoir une température uniforme dans les tuyaux. Le liquide entre à la température de — 15° et sort à la température de — 12°.

Chaque jour, on enlève la glace pulvérulente formée par les patineurs, et on coule une nouvelle couche d'eau qui se congèle et rétablit la surface unie de la glace.

L'épaisseur de la glace varie de 10 à 12 centimètres au-dessus du plomb. La température de la salle est constamment maintenue à $+15°$ par un calorifère.

Cette installation fonctionne convenablement, mais ses dimensions sont restreintes ; elle n'a que $15^m,5$ sur 40 mètres de long ou 620 mètres carrés.

ACTION DE LA GLACE ET DU FROID

La question au point de vue physiologique ou pathologique, relativement à l'action des boissons glacées sur l'économie animale, a été étudiée par Guérard (1), Fonssagrives (2), Arnould (3).

(1) Guérard, *Mémoire sur les accidents qui peuvent succéder à l'ingestion des boissons froides lorsque le corps est échauffé* (*Annales d'hygiène*, 1842, tome XXVII, p. 43).
(2) Fonssagrives, *Hygiène alimentaire*, 2e édition, Paris, 1881.
(3) Arnould, *Nouveaux éléments d'hygiène*, 3e édition, Paris, 1894.

Les effets du froid sur les organismes vivants viennent d'être étudiés avec soin par M. Raoul Pictet, de Genève (1). Les expériences ont été faites en plongeant un animal vivant dans une enceinte dont la température peut varier de + 10 à — 165° ou — 200°, l'auteur a noté les effets produits dans la série animale et végétale ; nous reproduisons les conclusions de ces expériences *in extenso* d'après le mémoire de l'auteur :

Mammifères supérieurs. — Le chien a été l'animal choisi pour quelques recherches.

Un chien de taille moyenne pesant 8 kilogrammes et demi environ, à poils ras, est placé dans le puits frigorifique refroidi à —90°, —100°. Les appareils fonctionnent de telle sorte que cette température est constante.

Le chien est placé sur un fond de bois garni d'un sac de toile. Sa queue et son museau ne touchent pas les parois métalliques du puits, tendues à l'intérieur d'un cylindre de toile formé par les parois d'un grand sac relevées tout autour de l'animal.

Dans cette expérience, un thermomètre est fixé dans l'aine du chien, dont la patte de derrière est solidement fixée contre l'abdomen avec plusieurs doubles de flanelle.

La peau ayant été rasée, un excellent contact est établi entre le réservoir du thermomètre, ayant une forme cylindrique, et la circulation générale de la bête ; la flanelle et la position du chien font que le réservoir du thermomètre occupe à peu près la position centrale du puits frigorifique et qu'elle se trouve très protégée contre le rayonnement. La tige du thermo-

(1) Raoul Pictet, *Société helvétique des sciences naturelles,* septembre 1893. — *Revue scientifique,* novembre 1893.

mètre est assez longue pour permettre des lectures continues à 35 centimètres au-dessus du chien.

Voici maintenant les observations générales recueillies. Nous ne donnons pas de chiffres de détails, nous en tenant seulement à la marche des phénomènes :

La température du chien étant normale et l'animal ayant mangé deux heures avant le début de l'expérience, on introduit le chien dans le puits refroidi à — 92°.

Dès la première minute, on observe une augmentation progressive de la rapidité de la respiration et de la fréquence du pouls.

Ces accélérations vont en s'accusant pendant douze à treize minutes ; à mon étonnement, je constate d'abord au thermomètre une augmentation de température d'environ *un demi-degré*.

L'animal donne des signes d'agitation.

Après vingt-cinq minutes, la température est lentement revenue à son point de départ.

Le chien mange *avec avidité* du pain qu'il refusait péremptoirement avant le début de l'expérience.

La respiration est toujours très active, fréquente et profonde.

Après quarante minutes, les extrémités des pattes sont très froides, mais la température s'est maintenue à peu près constante, oscillant à deux à trois dixièmes de degré près autour de — 37°.

Après une heure dix minutes, le chien ne marque plus d'agitation sensible, mais respire fort et tend à faire quelques mouvements avec les pattes maintenues par les cordes, efforts suivis de calmes complets, sauf la respiration.

La circulation est un peu plus rapide que précédemment ; on sent les pulsations du cœur bien nettes à l'artère carotide.

Les extrémités se refroidissent encore plus.

Pendant la demi-heure suivante, la bête a mangé environ 100 grammes de pain, et les conditions générales indiquées plus haut ont peu varié. La température s'est abaissée d'un demi-degré tout au plus.

Tout à coup, en quelques instants, la respiration se ralentit, le pouls devient fuyant et la température s'abaisse avec rapidité.

Vers 22°, on retire l'animal sans connaissance du puits et tous les soins pour le rappeler à la vie sont inutiles.

L'extrémité des pattes est déjà gelée.

Le chien est mort en moins de deux heures par rayonnement de sa chaleur, et par les effets perturbateurs causés par ce refroidissement excessif.

D'autres animaux, chiens et cochons d'Inde, ont toujours manifesté, dès leur entrée dans le puits frigorifique, cette augmentation dans la fréquence de la respiration et des battements du cœur ; dans les cas observables, une légère élévation de la température intérieure s'est toujours produite.

Nous pouvons conclure de là que *l'équilibre stable* des mammifères vivants provoque dans l'organisme normal, en face de ce facteur subit, une réaction formidable. Lorsque *l'individu menacé* perd sa chaleur par rayonnement avec une telle énergie, il semble que la conservation automatique de l'animal provoque une absorption d'oxygène plus que normale ; les fonctions de la digestion repartent avec vigueur et, à la menace des effets du froid, les organes répondent par un travail inverse : une surproduction de chaleur et d'énergie.

Il est probable que les tissus connectifs, les graisses, etc., se réabsorbent rapidement pour donner au sang les principes hydrocarburés attaqués par l'oxygène ; l'apparition de la *faim* a toujours été signalée après un quart d'heure d'expérience.

Lorsque la déperdition de chaleur devient toujours plus considérable, l'*individu organisé inconscient* fait le sacrifice des membres périphériques. La circulation s'arrête dans toutes les extrémités, elles sont mortes les premières.

Puis, presque tout à coup, la circulation centrale s'arrête elle-même, lorsque l'abaissement de la température est à 8° à 10° au-dessous de la normale. La chute finale brusque indique et prouve l'énergie du combat engagé par l'*individu vivant* contre le facteur qui vient perturber l'*équilibre vital*.

Une étude approfondie de ces phénomènes reste à faire, car elle est d'un enseignement capital relativement à certaines fonctions du système nerveux central, et sur les causes de la combustion lente dans la circulation sanguine.

Refroidissement d'un organe. — J'ai essayé sur moi-même l'effet du refroidissement de la main par rayonnement.

J'ai plongé le bras nu jusqu'au-dessus du coude dans le puits frigorifique maintenu à — 105° sans toucher les parois métalliques. On sent sur toute la peau et dans toute l'épaisseur des muscles une impression tout à fait caractéristique et spéciale qu'aucune description ne peut faire entendre. On éprouve une sensation, pas désagréable d'abord, mais qui le devient peu à peu et dont le siège semble être l'os central ou le périoste.

Le mot *se refroidir jusqu'à la moelle* semble prendre une signification nouvelle et vécue. Au bout de trois à quatre minutes, la peau du bras est un peu violacée, mais la douleur devient forte et gagne surtout les parties profondes. Au bout de dix minutes, après avoir sorti le bras du puits frigorifique, on éprouve en général une forte réaction avec cuisson superficielle de la peau.

En maniant longtemps de la neige avec les bras nus, la réaction cutanée subséquente ressemble, en faible, à cette cuisson qui apparaît à la fin de l'expérience décrite.

Expériences sur les poissons. — Les poissons rouges, les tanches et généralement les poissons d'étangs d'eau douce peuvent être complètement gelés puis dégelés sans mourir. L'expérience demande cependant à être faite avec ménagement.

Si l'on congèle lentement, dans une atmosphère de —8° à —15°, des poissons de cette catégorie, en ayant eu la précaution de laisser ces poissons quelque vingt-quatre heures dans de l'eau à 0°, on peut former un seul bloc compact de cette eau et des poissons qu'elle contient.

En brisant une partie de la glace et mettant à nu un de ces animaux, on constate qu'on peut le casser en petits morceaux comme s'il était lui-même fait de glace.

On peut donc admettre que tous les poissons du même bloc ont la même apparence intérieure et qu'ils sont tous gelés au même degré.

En laissant lentement fondre cette glace et les poissons qu'elle renferme, on voit ceux-ci nager après comme avant, sans aucun signe de malaise apparent.

Au-dessous de — 20° l'expérience ne réussit plus avec les poissons rouges et les tanches.

Nous n'avons pas examiné encore la série des poissons à cet égard.

Expériences sur les batraciens. — Les grenouilles subissent un refroidissement et une congélation de — 28° sans crever.

A — 30° et — 35° la plupart cessent de vivre.

Expériences sur les ophidiens. — J'ai refroidi un serpent commun des champs, appelé vulgairement lanwoui, à — 25° ; il a survécu, mais, refroidi une seconde fois à — 35°, il est mort.

Expériences sur les scolopendres. — J'ai refroidi à — 40° trois scolopendres qui ont parfaitement résisté au traitement et ont vécu une fois dégelés.

Soumis à — 50°, ils ont aussi résisté.

Refroidis une troisième fois à — 90°, ils sont morts tous les trois.

Expériences sur les escargots. — Ayant refroidi trois escargots, fournis par M. le prof. E. Yung, de l'Université de Genève, dont deux présentaient quelques fissures à la plaque fermant leur coquille, nous les avons refroidis à — 110°, à — 120°, pendant bien des jours.

Les deux escargots légèrement fendus sont morts ; celui qui était intact a survécu au traitement et a échappé à la mort.

Expériences sur les œufs d'oiseaux. — Tous les œufs d'oiseaux refroidis au-dessous de — 2° à — 3° meurent et ne peuvent être couvés ; si on ne les refroidit que jusqu'à — 1°, ils survivent.

Expériences sur les œufs de grenouille. — Ces œufs,

refroidis lentement à — 60°, peuvent revivre et donner éclosion aux têtards. Si le refroidissement est brusque, ils meurent. Il est très essentiel de mettre au minimum plusieurs heures pour obtenir l'abaissement complet de la température.

Expériences sur les œufs de fourmis. — Ces œufs, pris pendant la saison chaude, sont très sensibles au froid.

Suivant l'état d'avancement de la larve de l'insecte dans l'œuf, le refroidissement peut être plus ou moins grand.

Entre 0 et — 5°, tous les œufs ont été tués. Nous avons eu aussi des œufs avancés tués par une température de + 5° maintenue quelques heures.

Expériences sur les œufs de ver-à-soie. — Nous avons fait un très grand nombre d'expériences grâce à une installation industrielle que nous avons organisée en Italie septentrionale pour la conservation des graines de ver-à-soie.

Ces œufs sont assez résistants, surtout si dès la ponte ils n'ont jamais eu de commencement de développement. Lorsque ces œufs pondus sont placés immédiatement dans la chambre froide, on peut les refroidir à — 40° sans compromettre leur développement. Il se passe même dans ce cas un phénomène intéressant : les œufs refroidis, puis soumis aux conditions de température normale pour leur éclosion dès que le printemps a garni les mûriers de leurs feuilles, ne présentent presque jamais les maladies si fréquentes aux œufs de ver-à-soie abandonnés à eux-mêmes et subissant plusieurs mois durant les fluctuations des températures ambiantes.

Les parasites de toutes espèces, vrais microbes des œufs du ver, ne trouvent pas dans ces conditions un terrain favorable à leur culture, et la chenille sort indemne de tous ces accidents si redoutables pour elle et si redoutables par toute l'industrie de la soie.

Le refroidissement artificiel des œufs de ver-à-soie est entré dans la grande industrie, vu ces avantages bien positifs.

Expériences sur les infusoires. — Des rotifères et toute la série ordinaire des infusoires qui se développent normalement par le séjour de quelque durée de végétaux dans l'eau stagnante, ont été gelés dans l'eau où ils pullulaient, puis abaissés à — 80° et — 90°. A cette température, maintenue pendant près de vingt-quatre heures, une grande partie des habitants sont morts.

A — 60°, au contraire, ils ont tous vécu. autant que leur dénombrement était possible.

Une dernière expérience faite à — 150°, — 160°. n'a plus laissé dans l'eau dégelée que des cadavres.

Expériences sur les protozoaires, les microbes et les graines des diatomées, etc., etc. — Grâce à l'obligeance de M. Casimir de Candolle et de quelques autres naturalistes, j'ai pu me procurer à différentes reprises des graines sèches en bon état d'une foule de plantes diverses.

De même, grâce à quelques naturalistes : MM. Fol, Miquel, E. Yung, MM. Pasteur et Roux, de Paris, M. le prof. Koch, de Berlin, etc., etc., j'ai pu rassembler une collection complète de microbes, de diatomées, de microcoques, de bacilles, de spores, dont la nomenclature serait ici fastidieuse.

Plus de 30 à 35 microbes, un plus grand nombre de diatomées, etc., ont été soumis, dans une série d'expériences, à des températures de plus en plus basses.

Une partie de ces recherches ont déjà été publiées dans les *Archives des sciences physiques et naturelles;* les dernières expériences faites à Berlin sont encore inédites.

Dans toutes ces recherches, sans exception aucune, les refroidissements les plus excessifs et les plus prolongés ont donné des *résultats négatifs;* c'est-à-dire que les germes, graines, microbes, spores, bacilles, diatomées, microcoques, etc., etc., se sont tous développés après ces refroidissements comme ils le font normalement, sans aucune différence appréciable. Les spores ont donné naissance à toute la série de leurs bacilles; les diatomées ont émis leurs filaments protoplasmiques ou pseudopodes ; les graines ont germé et poussé des bourgeons et des plantes vigoureuses, etc., etc. En un mot, les graines et les œufs des animaux qui leur servent de parallèles dans l'autre règne, semblent défier les froids les plus intenses.

Dans la dernière série d'expériences, les graines et les bacilles ont été placés à près de —200° dans l'*air liquéfié* et se sont développés de la même façon que les mêmes graines et les germes conservés aux températures extérieures.

Les *cils vibratiles* du palais des grenouilles soumis aux mêmes expériences ont cessé de vibrer lorsque le froid a dépassé —90°. Jusque-là, une fois réchauffés et dégelés, ils recommençaient à exécuter leur mouvement pendulaire.

Les vaccins seuls et les poisons connus sous le nom de ptomaïnes, à l'exception de toutes les substances organisées, semblent beaucoup souffrir des grands froids. Les vaccins deviennent stériles. On sait du reste que certains vaccins ne contiennent ni microbes ni spores. L'influence des basses températures trace ainsi une ligne de démarcation intéressante entre ces grandes classes de substances virulentes : les microbes et les vaccins.

Il se dégage de cette première série d'observations, encore bien incomplète et remplie de lacunes, quelques conséquences générales que nous essaierons de résumer ici.

1° Il est certain que, plus on prend les phénomènes vitaux à leur *origine*, dans les organismes les plus simples et les plus primitifs, plus le refroidissement peut être poussé loin, sans amener plus tard de modifications appréciables dans le développement des individus refroidis.

2° En formant une échelle des êtres, depuis les plus inférieurs jusqu'aux mammifères, on constate qu'une échelle analogue établit les *températures minima* que ces êtres peuvent supporter. Au fur et à mesure que l'organisation se complique, les froids intenses deviennent plus à redouter pour l'individu.

3° Chez les animaux supérieurs, le refroidissement brusque dans un bain d'air froid provoque une réaction énergique, très caractéristique et qui pourra peutêtre conduire à des méthodes thérapeutiques utiles à l'homme dans certaines maladies.

4° Enfin une conclusion d'ordre philosophique se dégage de cet ensemble de faits relativement aux idées générales qu'on peut se faire sur la *vie*.

Nous avons démontré qu'aux basses températures voisines de — 100°, tous les *phénomènes chimiques*, sans aucune exception, sont anéantis et ne peuvent plus se produire. Donc les actions chimiques qui, *par principe même* et *définition*, doivent se manifester dans la profondeur des tissus, pour que nous puissions y reconnaître la présence de la vie, *sont supprimées ipso facto* à — 200° dans tous les germes, graines, spores, etc., etc.

Nous nous trouvons ainsi, au moment où l'on *réchauffe* ces organismes refroidis à —200°, dans d'excellentes conditions pour caractériser un des côtés principaux de la vie, à savoir si elle prend naissance *spontanément* dans un *organisme mort préexistant*.

Si la vie, semblable au feu des vestales, devait disparaître à jamais de l'organisme une fois qu'on l'aurait laissée s'éteindre, ces germes une fois morts et ils le sont à —200°) devraient *rester morts!* Au contraire, *ils vivent*, ils se développent comme si ce refroidissement n'avait pas eu lieu.

Donc la *vie* est une manifestation des lois de la nature au même titre que la *gravitation* et la *pesanteur*. Elle est toujours là, elle ne meurt jamais, elle demande pour se manifester l'*organisation préexistante*. Celle-ci obtenue, *chauffez, mettez l'eau, la lumière*, et de même qu'une machine à vapeur dans ces conditions se met à fonctionner, le *germe vivra* et *se développera*. On sait que jusqu'à ce jour, ni *spontanément*, ni *artificiellement*, l'homme n'a jamais vu sous ses yeux se former ce *premier organisme* où la vie jaillit comme d'un puits artésien. Pour créer cet *organisme*, il faut jusqu'à ce jour s'adresser à la *vie* et voilà pourquoi le cercle est encore vicieux ; la question reste ouverte.

Si l'on pouvait créer de *toutes pièces* une *structure organisée morte*, les conditions physico-chimiques suffiraient pour y développer tous les *phénomènes vitaux* de la *vie végétative*.

Ajoutons immédiatement que tous les phénomènes

de l'*ordre psychique* ne sauraient jamais être produits ni expliqués par le seul mouvement de la *matière organisée*.

L'étude des phénomènes vitaux par l'emploi méthodique des basses températures permet donc de faire *rentrer la vie* au nombre des *forces constantes* de la nature.

EMPLOI DE LA GLACE DANS L'ALIMENTATION

Le premier emploi de la glace, c'est son emploi dans l'alimentation.

M. Riche (1), dans un rapport présenté au conseil d'hygiène de la Seine au nom d'une commission composée de MM. Colin, A. Gautier, Brousse, Jungfleisch, Bezançon, Drujon. a exposé avec beaucoup de détails la question de la composition chimique et bactériologique de la glace des grandes villes.

La glace de Paris est empruntée : à l'étang de la Briche, près de Saint-Denis, qui est alimenté par le rio d'Ormesson, le trop-plein du lac d'Enghien, les eaux ménagères de 2 communes et l'eau des routes. La glace de cet étang contient 0,146 de matières organiques et 0,125 de matières minérales. Cette glace n'est donc pas alimentaire, puisque l'eau potable ne doit contenir que 20 milligrammes de matières organiques par litre.

(Cette glace a été abandonnée par ordre préfectoral.)

L'étang de Chaville, qui reçoit les eaux du bois de Meudon, fournit 2,000 tonnes de glace ;

L'étang de Tourvois, anciens fossés d'un château, peut fournir 1,000 tonnes ;

(1) Riche, *Emploi de la glace dans l'alimentation* (*Annales d'hygiène*, 1893, tome XXX, p. 47).

Les étangs du château Frayet, 2,000 tonnes ;

La pièce d'eau des Suisses, à Versailles, 600 tonnes ;

Les grands bassins du parc de Saint-Cloud, 1,000 tonnes ;

Les lacs du bois de Boulogne, 18,000 tonnes ;

Ceux du bois de Vincennes, 20,000 tonnes.

Toutes ces eaux sont souillées, soit par l'adduction des eaux qui ont lavé les routes et les champs, soit surtout par le mauvais état des rives et le mauvais entretien.

La glace distribuée dans Paris et examinée par le Laboratoire municipal a été trouvée souillée d'une quantité très considérable de matières organiques et a donné un nombre de colonies microbiennes considérable.

Outre la glace provenant des pièces d'eau ci-dessus, on emploie en outre à Paris, quand la saison l'exige, de la glace de Suisse, recueillie dans un lac près de Pontarlier, et de la glace de Norwège ; enfin de la glace artificielle, fabriquée à Paris.

Au Havre, à Nantes, à Bordeaux, la glace vient de Norwège ; à Toulouse on fait usage de la glace artificielle ; à Marseille, à Lyon, la glace provient d'étangs situés au pied des Alpes.

A Genève, on emploie la glace récoltée sur les lacs de Sylans près Nantua (Ain) et sur le lac de Joux (Suisse).

A Anvers, on ne fait usage que de glace artificielle fabriquée avec de l'eau de puits, purifiée puis distillée.

A Bruxelles, les hôpitaux exigent de la glace d'eau bouillie transparente ; cette glace se vend également dans la ville.

Nulle part il n'y a de surveillance. Le conseil d'hygiène de la Seine a émis, sur la proposition de sa commission, le vœu qu'à Paris une surveillance soit établie sur la glace vendue aux consommateurs ; que les fabricants et les détaillants soient tenus d'avoir chez eux deux réservoirs de glace, l'un avec une étiquette fond rouge (*glace non alimentaire*) pour la glace qui n'est employée qu'industriellement ou pour rafraîchir sans être mise en contact avec les matières alimentaires ; l'autre, étiquetée sur fond blanc (*glace alimentaire*), pour la glace destinée à l'alimentation. Cette glace devra être fabriquée artificiellement avec l'eau des sources qui alimentent Paris. Cette glace par fusion doit donner de l'eau potable. Les voitures servant au transport de la glace devront porter les mêmes inscriptions et ne servir qu'au transport de la glace indiquée.

Pour la glace, plus encore que pour l'eau, il faut surveiller la composition bactériologique, puisqu'il est démontré que la congélation ne tue pas les microbes ; le microbe de la fièvre typhoïde, en particulier, résiste très bien à l'action même prolongée du froid ; on sait de plus que les matières organiques congelées sont plus altérables que les autres après le dégel. Des analyses bactériologiques de la glace employée comme boisson ont démontré qu'elle est souvent infectée et il est impossible de la stériliser comme l'eau.

MM. Ch. Girard et Bordas (1) ont étudié la nature des microbes contenus dans la glace et ils concluent que les glaces consommées à Paris contiennent des

____

(1) Ch. Girard et F. Bordas, *Analyses chimique et bactériologique des glaces consommées à Paris* (*Ann. d'hyg.*, juillet 1893, t. XXX, p. 86).

quantités énormes de matières organiques, et à ce seul
titre elles devraient être prohibées. De plus, les glaces
contiennent des germes pathogènes comme le *Coli
commune*, le *Mesentericus vulgaris*, le spirille de Frinkler et de Prior (fig. 18), le bacille des matières
fécales, ce qui les rend absolument dangereuses.

M. Bordas pense donc qu'il serait urgent d'appeler

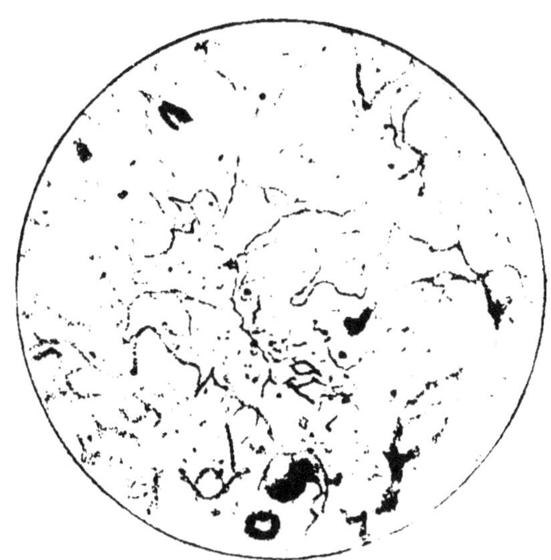

Fig. 18. — Spirille de Frinkler et Prior, trouvé dans un échantillon de glace du lac Daumesnil, d'après une photographie
de M. Bordas.

l'attention de l'administration compétente sur ce sujet,
car la Ville de Paris vend à un fermier la glace des
lacs Daumesnil et du bois de Boulogne.

Il est de toute nécessité de faire cesser au plus tôt un
état de choses si préjudiciable à la santé publique, et
d'adopter des mesures beaucoup plus radicales et plus
conformes aux lois de l'hygiène.

Il ne devrait être fait usage pour l'alimentation que
de glace artificielle fabriquée avec des eaux stérilisées.

Il est important, à d'autres points de vue, d'employer des eaux très peu salines, afin d'avoir une glace transparente ; de plus l'eau chargée de sels produit des dépôts boueux qui donnent à la glace un aspect peu agréable.

Conservation des substances alimentaires.

Tant que les animaux et les végétaux sont gelés, ils se conservent sans altération, mais aussitôt qu'ils dégèlent la décomposition commence. Cela tient à ce que la congélation ne tue pas les germes, mais qu'elle arrête seulement leur développement.

Cette action de la glace explique les phénomènes observés sur les bords de la mer Glaciale, à plusieurs reprises.

En 1799, un pêcheur avait trouvé sur les bords de la mer Glaciale, près de l'embouchure de la Léna, un bloc de glace où était un cadavre de mammouth ; cinq ans plus tard, cette masse fut dégagée peu à peu et le cadavre vint échouer sur la côte.

En 1804, le pêcheur de la Léna enleva les défenses de l'animal, et en 1806, Adams, naturaliste russe, vint le voir, mais trop tard : il était dépecé ; les chiens avaient mangé la chair. Il vit toutefois le squelette, la peau, les poils et les crins ; le squelette fut transporté à Saint-Pétersbourg au Musée.

Joseph de Maistre raconte avec enthousiasme qu'il a vu l'animal.

« Au moment où je vous parle, écrit-il, les hommes qui savent admirer peuvent admirer à l'aise le mammouth trouvé l'année dernière sur les bords de la Léna, par le 74° degré de latitude. Cet animal était incrusté (notez bien) dans une masse de glace et élevé de plusieurs toises au-dessus du sol.

« Cette glace s'étant mise à diminuer par je ne sais quelle cause physique, on a commencé à voir l'animal. Hélas ! dans un pays fertile en connaisseurs actifs, nous posséderions une merveille qu'on serait venu voir de toutes les parties du monde : *un animal antédiluvien conservé jusque dans ses moindres parties et susceptible d'embaumement !* On aurait pu tenir dans ses mains un œil qui voyait. un cœur qui battait *il y a 1,000 ans !* (sic.) *Quis talia fando temperet a lacrymis ?* Mais lorsqu'il s'est trouvé entièrement dégagé, l'animal a glissé au bord de la mer ; là il est devenu la pâture des ours blancs, et les sauvages ont scié les défenses qu'il n'a plus été possible de retrouver.

« Tel qu'il était cependant, c'est encore un trésor qui ne peut être déprécié que par l'idée de ce qu'on aurait pu avoir. J'ai soulevé la tête pour ma part : c'était un poids pour deux maîtres et deux laquais. J'ai touché et retouché l'oreille *encore tapissée de poils*. J'ai tenu sur une table et examiné tout à mon aise le pied et une portion de la jambe. La peau est parfaitement conservée. Les chairs raccornies ont abandonné la peau et se sont durcies autour de l'os ; cependant l'odeur est encore très forte et très désagréable. Cinq ou six fois de suite j'ai porté le nez sur cette chair. Jamais l'homme le plus voluptueux n'a humé les délicieux parfums de l'Orient avec la suavité du plaisir que m'a donné l'odeur fétide d'une chair antédiluvienne putréfiée. »

En 1800, un naturaliste russe, Gabriel Sarystchew, rencontra, sur le bord de la rivière Alasœia, le corps entier d'un mammouth enseveli dans les glaces depuis des millions d'années; le cadavre était encore pourvu de sa chair et de ses poils ; par suite du mouvement des flots, il était debout sur ses pieds.

En 1805, Blumenbach reçut un faisceau de poils d'un autre mammouth, trouvé également sur les bords de la mer Glaciale.

Enfin, en 1864, un mammouth fut trouvé par un Samoïède près de la baie du Tas, golfe de l'Obi. En 1865, de Baer en reçut la nouvelle.

Les pêcheurs purent manger, en 1877, la chair d'un mammouth trouvé dans les glaces d'un fleuve en Sibérie.

Le froid conserve la chair des animaux en arrêtant l'activité des ferments, non seulement pendant quelque temps, mais indéfiniment. A tel point que cette chair conservée depuis, non point des milliers d'années, comme le dit de Maistre, mais depuis des milliers de siècles, fut dévorée par les chiens et les hommes.

On peut conserver ainsi la viande, le poisson, le gibier pendant une grande partie de l'été. Le poisson peut être transporté à de grandes distances enveloppé de glace.

On peut de même conserver les fruits.

L'industrie n'a pas tardé à s'emparer de ce procédé.

Cette industrie a même pris un développement considérable, la viande ainsi conservée est bien supérieure à la viande salée ou fumée.

Le but principal poursuivi par l'industrie a été de transporter en Europe les viandes de boucherie qui abondent et sont souvent perdues dans les immenses plaines de l'Amérique et de l'Australie.

Des tentatives sont faites depuis plusieurs années pour introduire en France des viandes américaines transportées par des navires frigorifiques (1).

Dans la conservation des substances alimentaires, qui emploie en certains cas la glace toute faite, cette glace n'est généralement pas appliquée directement sur la matière alimentaire. Elle n'est donc qu'un générateur de froid ; par suite, sa pureté n'a pas une grande importance dans ce cas.

On emploie directement les appareils frigorifiques sans passer par la glace.

La viande abattue est conservée dans des chambres frigorifiques à $+4°$; on la transporte, quand le navire est prêt à partir, dans les appareils réfrigérateurs. La viande est renfermée dans des compartiments refroidis par un courant d'air froid, et entourés de plusieurs cloisons de bois recouvertes de papier goudronné, et laissant entre elles des espaces vides remplis d'air, et par suite très mauvais conducteurs. Le courant d'air froid est obtenu au moyen d'un ventilateur ; l'air traverse une chambre contenant de la glace ; la température de l'air est maintenue entre $+2$ et $+3°$. L'air, après avoir circulé dans les compartiments à viande, retourne à la glacière pour recommencer le même parcours pendant tout le voyage. Enfin, les viandes arrivent à Paris dans des wagons aménagés de la même façon, et sont conservées jusqu'à la vente dans des chambres frigorifiques.

On substitue quelquefois à la glace un mélange réfrigérant de glace et de sel, et l'air circule autour des chambres frigorifiques et non à l'intérieur.

Sur le navire *le Frigorifique*, la glace était complè-

____

(1) Voyez Du Mesnil, *Des différents procédés de conservation des viandes, leurs avantages et leurs inconvénients* (*Ann. d'hy.*, 1874, t. XLII, p. 357).

tement supprimée, et l'air froid obtenu par des machines à chlorure de méthyle, avec lesquelles on refroidissait une solution de chlorure de calcium à —10°. Cette solution servait à refroidir l'air injecté dans les chambres; mais le mauvais aspect des viandes transportées ne les fit accueillir qu'avec répugnance.

Le problème n'a été résolu complètement que par la *Compagnie Sansinena*, qui a réussi à conserver à la viande l'aspect de la viande fraîche.

Le froid est obtenu, non plus avec la glace, mais par la compression de l'air; on le refroidit ensuite en lui faisant traverser des tubes entourés d'eau froide; enfin, on le laisse se détendre, c'est-à-dire revenir à la pression ordinaire; cette détente produit un grand abaissement de température.

La *Compagnie Sansinena* importait annuellement à Paris trente-sept mille moutons par an; actuellement, ce chiffre est beaucoup plus considérable.

Ces viandes sont vendues comme viandes fraîches à Paris.

Nous pensons devoir nous borner à ces renseignements sommaires sur cette question, qui s'éloigne un peu de notre sujet, puisque la glace n'est plus la base de cette exploitation, et nous renvoyons nos lecteurs aux ouvrages spéciaux, notamment à celui de M. de Brévans (1), et aux rapports de MM. Deligny, de Freycinet, etc. Cette question, on le sait, a une grande importance pour l'approvisionnement de Paris, et en général des places fortes en temps de guerre.

(1) Brevans, *Les conserves alimentaires*. Paris, J.-B. Baillière et fils, 1894.

EMPLOI DE LA GLACE DANS LES INDUSTRIES ALIMENTAIRES

Glace dans les distilleries, sucreries et brasseries.

Dans les industries où les blocs de glace sont ou peuvent être introduits directement dans les liquides, il peut être utile que la glace soit pure, car certains microbes, la *Beggiatoa alba* et le *Crenothrix Kuhniana*, par exemple, se développent très rapidement et peuvent nuire à la fabrication en développant des fermentations secondaires; de plus, si le produit est consommé sans être stérilisé après l'introduction de la glace (bière, levure), ces microbes peuvent déterminer, dans le produit, des ferments et des moisissures qui nuiront à sa conservation.

Pour ces raisons, il serait préférable de refroidir en faisant fondre la glace dans un vase plongé dans le liquide, sans y laisser introduire l'eau de fusion.

Dans les distilleries, les sucreries et les brasseries, le froid pourrait être obtenu par les produits de la fabrication. Ces usines, en effet, produisent une quantité considérable d'acide carbonique qui est perdu, tandis qu'il serait très facile de le recueillir et de le liquéfier. Cet acide liquide permettrait de refroidir toute l'usine, sans même passer par la fabrication de la glace.

On pourrait ainsi entretenir un froid très utile à la conservation des grains, du malt, dans les silos, dans les greniers, dans les salles de fermentation, de distillation et dans les magasins à alcool, etc.

EFFETS ET EMPLOIS DIVERS DE LA GLACE

Nous avons déjà mentionné l'emploi de la glace comme support pour le glissage et le patinage (p. 121).

Citons encore son emploi comme matériel de construction dans les pays polaires, grâce à sa mauvaise conductibilité. Une application en a été faite sur la Néva, à Saint-Pétersbourg; le palais construit a duré plusieurs années.

La force expansive de glace a pour effet de faire éclater les obstacles qui s'opposent à son expansion, les pierres gélives sont un effet de cette propriété.

Dans les plantes gelées, les vaisseaux éclatent par la congélation des liquides qu'ils contiennent.

Les murs, les pavés des rues se fendent ou se soulèvent sous l'influence de la congélation de l'eau qu'ils renferment.

ARTICLE II. — EMPLOIS DE L'EAU A L'ÉTAT LIQUIDE

EMPLOI DE L'EAU DANS LES INDUSTRIES ALIMENTAIRES

L'emploi de l'eau dans les industries de l'alimentation a un rôle important.

Eau potable.

Nous rappellerons la définition de l'*eau potable* : elle doit être fraîche, limpide, aérée, sans odeur, d'une saveur faible, ni fade, ni salée, ne pas contenir beaucoup de matières minérales, pas ou des traces de matières organiques dissoutes; enfin, elle ne doit pas contenir de microbes en quantité appréciable et pas du tout de microbes pathogènes. Pour répondre à cette dernière condition, elle doit être stérilisée, comme nous le verrons plus loin.

Enfin, elle doit dissoudre le savon sans former de gros grumeaux et bien cuire les légumes sans les durcir.

En Angleterre, Frankland dit que l'eau potable doit se rapprocher le plus possible de l'eau distillée (sauf, sans doute, la présence de l'air).

En France, nous demandons, au contraire, une petite quantité de matières salines, utiles, à notre avis, surtout au point de vue de la saveur qu'elles donnent à l'eau.

Les propriétés pathologiques ou physiologiques attribuées à la chaux ou à ses différents sels nous paraissent bien problématiques, nous croyons que la chaux qui existe dans l'eau est insignifiante, en présence de la quantité qui se trouve dans les matières alimentaires, et les inconvénients pathologiques du chlorure de calcium, du sulfate de chaux, de la magnésie, des nitrates, de la silice, eu égard à la quantité qui se trouve dans les eaux potables, nous semblent avoir besoin de plus qu'une confirmation expérimentale.

Les eaux chargées de matières humiques solubles sont utilisées sans inconvénients dans certains pays (eaux noires de l'Amérique du Sud); quand elles ne contiennent pas de microbes, elles peuvent être utilisées sans danger; toutefois, ce nous paraît être une singulière source de matière azotée : un morceau de bifteck nous semble plus appétissant.

Eaux gazeuses.

L'eau, au point de vue alimentaire, forme la base de plusieurs industries importantes.

La fabrication des eaux minérales artificielles, et notamment des boissons gazeuses, doit employer une eau de bonne qualité, ayant tous les caractères des eaux potables.

On voit souvent dans les siphons se former des matières floconneuses qui montrent le peu de soin d'un grand nombre d'industriels.

On peut y trouver souvent, aussi, du plomb qui provient de l'attaque des appareils étamés à l'étain impur ; il est en dissolution et aussi quelquefois en suspension à l'état de carbonate de plomb. L'acide carbonique favorise sa dissolution. On peut aussi supposer qu'il existait préalablement dans l'eau employée pour la fabrication.

Les mêmes observations s'appliquent aux autres eaux gazeuses et aux limonades gazeuses. Ces limonades contenant un acide énergique doivent encore être plus surveillées, surtout au point de vue du plomb.

Eau dans les boissons alcooliques.

L'eau entre dans le vin, la bière, le cidre et toutes les boissons alimentaires.

Toutes les boissons qui sont notablement acides ou alcooliques n'exigent pas de grandes précautions au point de vue des microbes, qui sont tués s'il s'écoule un peu de temps entre le mélange et le moment de la consommation.

On cite même l'emploi en brasserie, dans certaines villes de Hollande, d'eau recevant des vidanges des maisons, et la bière est, paraît-il, très estimée.

Le paysan normand coupe ses cidres avec l'eau de la mare voisine, sans se préoccuper de sa qualité.

Il en est de même du vigneron bourguignon ou bordelais, pour la fabrication des piquettes ou des seconds vins. Si cette pratique est sans inconvénient, il n'en est pas moins vrai qu'elle n'est nullement recommandable.

La présence des sels de chaux et surtout du sulfate doit être évitée pour les coupages d'alcool, qui peuvent ainsi devenir troubles. On doit employer pour ces opérations des eaux distillées ou de l'eau de pluie.

Eau dans les brasseries et distilleries.

Pour la brasserie, une eau sulfatée ou calcaire ne paraît pas avoir d'inconvénients. La bière de Burton se fait avec un eau qui contient 0,21 de carbonate de chaux. En Wurtemberg, on emploie des eaux séléniteuses, mais les auteurs prétendent qu'il ne faut pas qu'il y en ait plus de 3 grammes ; à part ce fait, il faut que l'eau ait toutes les qualités des eaux potables. Basset propose de les purifier par l'addition d'un peu de phosphate de chaux.

Un certain nombre de microbes jouent un rôle important en brasserie :

Le *Crenothrix Kuhniana*, dit *peste des eaux*, qui ressemble à une algue et qui se reproduit avec vigueur, se trouve en abondance dans les eaux stagnantes ou courantes, dans les citernes, les réservoirs et les puits, et en général partout où il y a de l'eau contenant des matières organiques.

La *Beggiatoa alba*, qui est la sulfuraire, la barégine, la glairine des eaux minérales sulfureuses, se trouve aussi très fréquemment dans l'eau, où grâce à son rapide développement, elle pullule très vite; elle réduit le sulfate de chaux, car elle est très avide de soufre ; les eaux dégagent rapidement une odeur d'hydrogène sulfuré.

Le *Micrococcus oblongus*, qui est en cellules isolées réunies par deux ou plus, et qui se trouve dans les bières âgées, en longs filaments : il provoque la *fermentation glyconique*.

Le *Micrococcus viscosus* est la cause de la maladie de la *graisse;* le liquide devient filant comme du blanc d'œuf.

La *Sarcina cerevisiæ*, qui rend la bière trouble et lui donne un très mauvais goût, est introduite par l'eau et la glace. Elle est en globules réunis par quatre ou par paquets.

Le *Bacillus pasteurianus*, qui vit dans les bières légères peu alcoolisées, transforme l'alcool en acide acétique et ressemble beaucoup au ferment acétique, auquel il est peut-être identique.

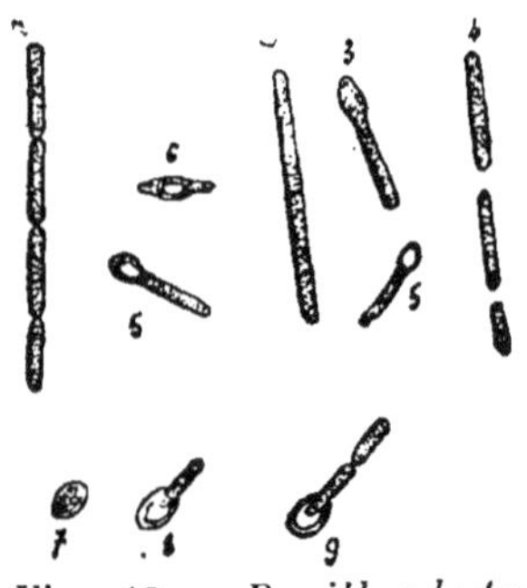

Fig. 19. — *Bacillus butyricus*, 1200/1.

Le *Bacillus lacticus*, le *Bacillus butyricus* ou *amylobacter* (fig. 19) se rencontrent également.

Le *Bacillus viscosus* se trouve dans les bières filantes sous forme de bâtonnets.

On ne peut se préserver de l'invasion de ces microbes que par les plus grands soins de propreté et, en cas d'invasion, par un nettoyage général.

Eau dans les distilleries de mélasses.

Dans les distilleries de mélasses, c'est certainement au développement de ferments de dénitrification qu'il faut attribuer les fermentations nitreuses.

L'eau qui sert à refroidir les appareils distillatoires doit être aussi pure que possible ; autrement elle laisse déposer sur les tuyaux du carbonate de chaux, qui diminue la conductibilité du métal et nuit à la réfrigération. Ce dépôt a surtout de l'importance dans la rectification. On est obligé de nettoyer fréquemment ces appareils, soit par le burin, soit par l'action de l'acide chlorhydrique étendu.

Cette observation s'applique à toutes les usines qui emploient l'eau pour refroidir.

Eau dans les malteries.

La nature de l'eau, pour le maltage, n'a pas une très grande importance ; il faut craindre cependant toujours les moisissures et les bactéries.

L'eau doit être oxygénée pour que la germination se fasse bien. Une eau contenant un peu de matières salines vaudra mieux qu'une eau trop pure, car elle enlèvera moins des sels de la graine en germination.

Eau dans les sucreries.

On emploie peu maintenant en sucrerie le noir animal. Il devait être lavé avec une eau pure pour conserver sa puissance décolorante, parce que les sels calcaires sont absorbés par lui.

La sucrerie, depuis l'emploi de la diffusion et de l'osmose, ne peut plus se contenter d'une eau purifiée par les procédés ordinaires, c'est-à-dire par le remplacement des sels terreux par les sels alcalins. Il faut une eau aussi pure que possible : les sels, en effet, nuisent à la cristallisation du sucre, et comme on consomme de grandes quantités d'eau, la somme d'impuretés introduites est toujours considérable. De plus, dans l'osmose, les sels calcaires se déposent sur les papiers et empêchent l'osmose de se faire. On est obligé de les nettoyer et de les changer, ce qui entraîne une grande dépense et une grande perte de temps.

On trouve quelquefois le *Leuconostoc mesenteroides* (fig. 20) ou gomme de sucrerie dans les réservoirs où on obtient les jus sucrés de betteraves : il forme des masses gélatineuses, grosses comme une noisette ou comme le poing, mamelonées, fermes et élastiques en même temps. Son développement peut être très rapide : 50 hectolitres de mélasses à 10 p. 100 ont été transformés en une masse gélatineuse en douze heures environ. Il intervertit le sucre à l'aide d'un ferment soluble qu'il sécrète, l'*invertine*. C'est un microbe formé à l'état jeune d'un tube gélatineux dont l'axe est formé d'un chapelet de petits grains, ces chapelets se pelotonnent ensemble et forment les masses de zooglées connues sous le nom de *gomme de sucrerie*, en France, et *frai de grenouilles*, en Allemagne.

La *Sarcina paludosa* se trouve dans les eaux de déchets des sucreries.

Eau dans les boulangeries.

Il est évident qu'il faut toujours employer, dans les

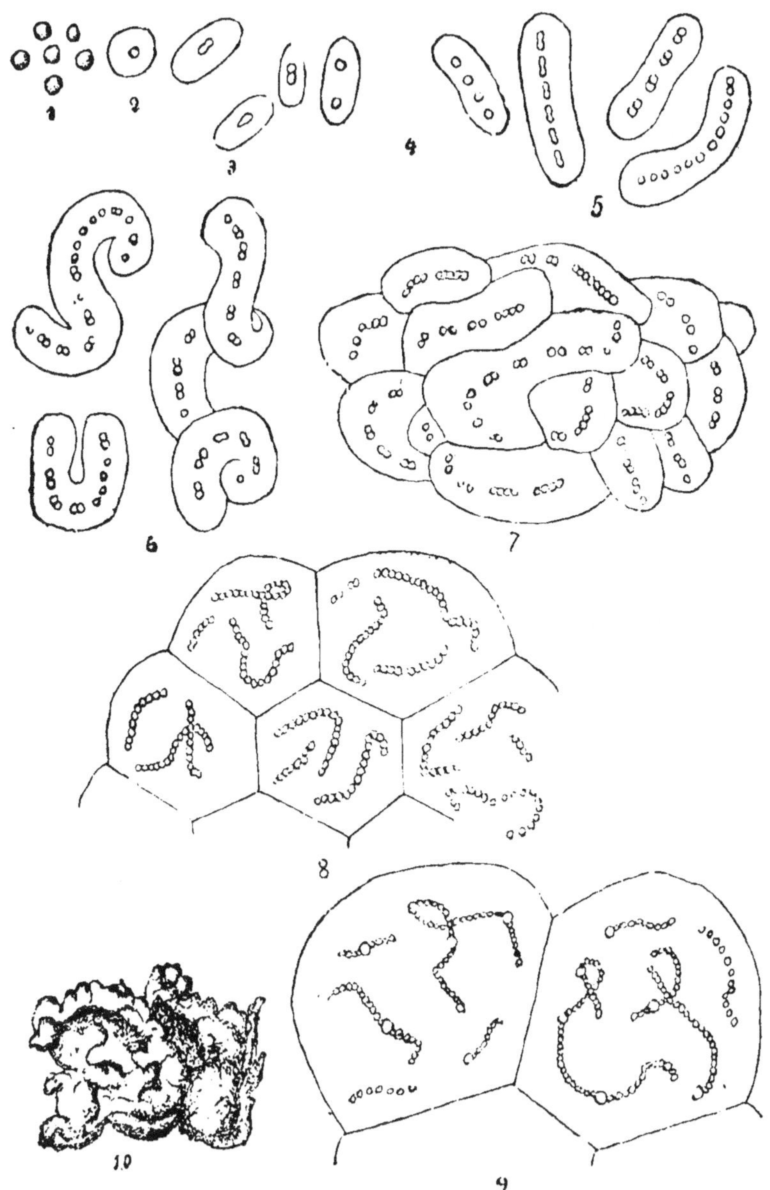

Fig. 20. — *Leuconostoc mesenteroides.*

1-9, détails de la zooglée; 10, aspect d'une zooglée (grandeur naturelle), (d'après Van Thieghem).

9.

boulangeries, une eau potable comme pour toutes les industries de l'alimentation.

Il ne faudrait pas, dans ce cas particulier, compter sur la chaleur pour détruire les microbes; on sait, en effet, que la température de l'intérieur d'un pain n'atteint pas 100°. Les moisissures qui se forment dans l'intérieur des pains en sont la preuve.

La pureté bactériologique a, dans ce cas, une autre importance encore. Comme les levures de fermentation sont en petite quantité dans la farine, il en résulte que l'influence des ferments étrangers aurait pour effet de troubler la fermentation. Cette fermentation est, on le sait, une fermentation alcoolique, accompagnée de quelques fermentations secondaires, notamment de la fermentation lactique. On conçoit donc que l'introduction d'un ferment butyrique ou d'une moisissure pourrait singulièrement gêner son développement normal.

Il n'en est pas de même dans le cas de l'emploi de la levure pressée, qui, étant toujours employée en quantité notable, détermine immédiatement comme dominante la fermentation alcoolique.

EMPLOI DE L'EAU DANS LES INDUSTRIES DIVERSES

Eau dans les teintureries.

En teinture, l'eau agit comme dissolvant; elle dissout d'autant mieux les couleurs naturelles qu'elle est plus oxygénée, sa composition modifie ses propriétés dissolvantes.

Pour les matières colorantes artificielles, en général, l'eau distillée est la meilleure.

Habituellement, on se sert d'eau purifiée par le

savon. C'est pour cela que les vieux bains de teinture sont quelquefois meilleurs que les neufs : ils sont faits. La chaux a été précipitée dans les opérations précédentes soit par le savon ou les produits chimiques employés, soit par fixation sur les tissus. Une eau marquant 29^d ne marque plus que 17^d hydrotimétriques après une demi-heure d'ébullition avec de la laine. L'eau ordinaire, par son carbonate de chaux, précipiterait une notable quantité de matière colorante.

Il en est de même pour la cochenille.

Les sels calcaires ne sont pas toujours nuisibles, ils sont même souvent utiles et nécessaires.

Pour la teinture au campêche, on ne peut obtenir de belles couleurs qu'avec une eau chargée de bicarbonate de chaux.

Girardin (1) cite le cas d'une teinturerie près de Rouen qui, par suite de l'adoption du chauffage à la vapeur, diminua tellement la quantité de chaux dans son eau, qu'elle fut obligée de remettre de la craie dans ses eaux pour les rendre calcaires.

La chaux est indispensable aussi pour la teinture en alizarine.

Elle ne nuit pas à la teinture en indigo ; du reste, la cuve à indigo en contient un grand excès.

La chaux, au contraire, est très nuisible pour la plupart des matières colorantes artificielles, qui sont précipitées par la chaux.

Les sels métalliques, notamment de fer, peuvent être nuisibles pour la pureté des teintes à obtenir.

(1) Girardin, *Traité de chimie.*

Eau dans les papeteries.

Pour les beaux papiers, il faut des eaux pures : pour les papiers blancs ou de couleurs claires, il faut éviter la présence des sels de fer.

Le *papier à filtres suédois* doit sa réputation à la pureté de l'eau employée, qui ne laisse qu'un résidu insignifiant. Ces papiers devant donner très peu de cendres et être formés de cellulose presque pure, ne peuvent être fabriqués qu'avec de l'eau pure ou de l'eau distillée. Ils sont employés dans l'analyse chimique; on en prépare maintenant en France qui sont satisfaisants.

Les papeteries qui emploient la paille donnent des eaux de couleur brun foncé.

Eau dans les tanneries.

Dans ces industries, les peaux imprégnées de chaux, lavées à grande eau pour être privées de cette chaux, en excès, doivent être lavées avec une eau aussi pure que possible, autrement la chaux précipitera dans le tissu de la peau le carbonate de chaux qui, étant insoluble, restera emprisonné.

Il en est de même pour les eaux ferrugineuses.

Eau dans le lavage des laines.

Les eaux calcaires ont, pour cette opération, de grands inconvénients : la laine se charge d'une grande quantité de chaux qui forme soit un savon calcaire poisseux avec les matières grasses de la laine, soit une combinaison avec les principes de la laine elle-même. Ces produits calcaires sont très gênants pour le travail et la teinture.

De plus, on consomme en pure perte une grande quantité de savon.

L'eau ainsi purifiée par le savon ne convient pas pour le lavage de la laine aussi bien qu'une eau purifiée par la voie chimique.

Eau dans les blanchisseries, lavoirs, bains.

Les eaux calcaires sont mauvaises, à cause du savon de chaux qui, se fixant sur les fibres, empêche le blanchiment complet.

Les eaux salées s'opposent aussi à la dissolution du savon.

Pour l'opération du blanchissage au chlore, la nature de l'eau n'a aucune importance.

Pour le blanchissage domestique, il en est de même.

On peut purifier l'eau, comme nous le verrons.

D'une manière générale, toutes les industries qui emploient beaucoup de savon ont intérêt à se servir d'eau aussi pure que possible.

Pour les bains, l'eau est employée telle qu'elle est ; moins elle est calcaire mieux elle vaut : cela est évident.

L'emploi de l'eau pour les bains est des plus importants au point de vue de l'hygiène. La propreté du corps, l'élimination des impuretés qui adhèrent à la surface de la peau constituent une des conditions indispensables de la santé.

L'emploi de l'eau a, en outre, une action stimulante très favorable au développement des forces de l'individu. On ne saurait donc pousser trop activement les populations à user le plus possible de ce moyen hygiénique, auquel se joint, du reste, une gymnastique aussi utile qu'agréable, la natation.

Les animaux, à l'état de liberté, en font un grand usage, leur instinct leur a révélé son utilité.

L'homme de même, dans les villes et dans les campagnes, fait pendant la belle saison un grand usage des bains en rivière. Il est remarquable, du reste, qu'autant l'homme du peuple, l'ouvrier, a du goût pour le bain en eau courante, autant il en a peu pour le bain en baignoire; sans doute à cause de l'exercice gymnastique que lui procure la natation (1).

C'est donc ce genre de bain qu'il convient d'encourager et de développer au moins pour commencer. De nombreuses tentatives ont été déjà faites dans cette voie, soit en France, soit surtout à l'étranger.

Nous empruntons à un rapport de M. le Dr du Mesnil au Comité consultatif d'hygiène publique de France (1893) d'intéressants renseignements sur cette question (2):

En 1818, à Paris, un bassin de natation fut installé près de la pompe de feu du Gros-Caillou, ce bassin fut exproprié pour l'agrandissement de la manufacture de tabacs.

En 1845, un ingénieur, M. Philippe, avait proposé de créer un bassin de natation de 1,200 mètres dont l'eau eût été fournie par la pompe à feu de Chaillot.

(1) Napias, *les Établissements de bains froids à Paris* (*Ann. d'hyg.*, 2e série, tome XLIX).

(2) Du Mesnil, *Recueil des travaux du Comité consultatif d'hygiène*. Paris, 1880. — Voyez aussi : Arnould, *Vulgarisation des bains* (*Ann. d'hyg.*, 1880, tome III) et *Nouv. éléments d'hygiène*, 3e édition. Paris, 1894. — Bex, *Des établissements de bains publics* (*Ann. d'hyg.*, 3e série, 1880, tome IV).

J.-B. Dumas, ministre de l'agriculture, en 1851, envoya en Angleterre une commission pour examiner les installations de bains. L'effort de Dumas n'eut pas de succès.

M. Philippe, fils de l'ingénieur, auteur du projet de 1845, a repris cette idée ; après avoir étudié les installations existantes, il a installé à Paris, à Lille et à Armentières, des établissements dans les conditions suivantes :

1° Concession gratuite du terrain pendant trente ans, après quoi il fera retour à la ville avec les bâtiments ;

2° Concession gratuite de l'eau froide de la ville ;

3° Concession du gaz au prix réduit municipal ;

4° Droit d'établir une canalisation pour aller recueillir les eaux chaudes de condensation des usines.

M. Philippe abandonne 25 p. 0,0 des bénéfices de l'exploitation de l'établissement en faveur de la ville, qui lui donne chaque année une subvention de 11,000 francs et qui reçoit en échange 26,000 cachets de bains pour les enfants des écoles.

C'est sur la demande d'appui adressée par cet ingénieur au Ministre de l'intérieur que le Comité d'hygiène a été appelé à donner son avis.

Le Dr du Mesnil étudie d'abord les installations faites, soit en France, soit à l'étranger. Nous allons les signaler, en suivant le savant rapporteur :

Le 13 juin 1883, le Préfet de la Seine concéda les eaux de condensation des usines municipales du quai de Billy, de la Villette et du quai d'Austerlitz, et trois piscines furent installées rue de Château-Landon(1884), boulevard de la Gare (1886) et rue Rochechouart(1886).

La température de l'eau est de 17° à 22° en hiver, 25° à 30° en été.

Le bassin de natation de l'établissement de la rue de Château-Landon (1) a 44 mètres de long et 10^m,25 de large, la profondeur varie de 3 mètres à 0^m,80. Il est construit en béton enduit de ciment. L'eau se renouvelle constamment. On y reçoit 120,000 baigneurs par an. Le prix des bains est de cinquante centimes compris le linge et costume. Les baigneurs ont, en outre, droit aux douches sans prix supplémentaire.

Les recettes moyennes sont de 55,000 francs, les dépenses 46,000 francs. Les bénéfices par conséquent sont de 9,000 francs.

D'autres établissements moins importants existent sur divers points de Paris.

En 1889, la ville de Lille fit installer par M. Philippe un bassin de natation dans la cour de Cysoing, quartier populeux habité surtout par des ouvriers.

En 1890, Armentières installa deux piscines, l'une pour bains populaires, l'autre pour bains de luxe.

Diverses autres villes de France, Bordeaux, Lyon, Nantes, Marseille, Reims, Rouen, possèdent également des établissements de ce genre.

En Angleterre, des établissements avec piscines sont établis dans un grand nombre de villes.

Il en existe également en Allemagne, en Autriche, en Belgique, en Suisse.

Aux établissements de bains sont annexés des lavoirs populaires.

Il résulte du travail de M. du Mesnil que nous sommes très en retard sur ce sujet, aussi le Comité d'hygiène a adopté et renvoyé au Ministre les conclusions du rapport ; nous les reproduisons :

____

(1) Voy. Paul Gahery, *les Piscines de natation* (*Science et nature*, 1884, t. II, p. 113).

1° Il y a lieu de recommander aux municipalités, aux administrations publiques et aux industriels la création de bains populaires (piscines, bains-douches) et lavoirs publics ;

2° Ces bains publics devront autant que possible être distincts des hôpitaux où sont donnés des bains médicamenteux ;

3° Dans toutes les écoles, collèges, lycées, gymnases publics à construire, on devra installer un service de bains-douches permettant le lavage hebdomadaire de tous les enfants. Au fur et à mesure des ressources budgétaires, tous les établissements existants en seront pourvus.

4° Chaque année le Gouvernement accordera, 1° des encouragements à ceux qui voudront créer des établissements de ce genre ; 2° des primes ou récompenses aux industriels, aux municipalités qui auront obtenu la fréquentation la plus considérable des bains et lavoirs populaires (1).

Enfin dans un rapport à la *Commission d'assainissement et de salubrité de l'habitation de Paris*, le Dr du Mesnil préconise l'installation de bains-douches dans les écoles de la Ville de Paris (2).

En Allemagne ces installations existent depuis quelques années dans un grand nombre de villes, grâce à la propagande active du Dr Lassar à Munich, Nuremberg, Altona, Carlsruhe, Francfort, Leipsig, etc.

De même, en Angleterre, où cette installation est très développée.

(1) Du Mesnil, *Recueil du Comité d'hygiène*, séance du 19 décembre 1892.
(2) Du Mesnil, *Des bains-douches dans les écoles de la ville de Paris* (*Annales d'hygiène publique*, juin 1893, tome XXIX, p. 546).

En France, tout est à faire sur ce point, et le Dr du Mesnil propose qu'à l'avenir chaque école soit munie d'une salle de bains-douches et d'une piscine.

Chaque cabine de douche doit avoir les dimensions suivantes : 0^m,80 de largeur sur 1 mètre de profondeur, c'est-à-dire couvrir une surface de 5 mètres sur 3 mètres pour dix cabines.

La durée du bain d'aspersion étant de huit minutes environ, y compris le temps nécessaire pour s'habiller, en trois heures, une heure et demie le matin, une heure et demie le soir, il serait possible de donner de 100 à 110 bains par jour, et, par conséquent, de nettoyer deux fois par mois tous les enfants de l'école.

En établissant dans ces cabines le système de bains par aspersion de M. Herbet (fig. 21), fonctionnant sous une pression de 10 mètres et qui donne 10 litres d'eau à 35 degrés par minute, il ne nous semble pas téméraire de penser que, pour une dépense d'installation maxima de 5,000 francs, il serait facile de faire fonctionner un système de bains d'aspersion permettant de nettoyer deux fois par mois tous les enfants d'une école.

M. Leroux, architecte, membre de la Commission des logements insalubres de Paris, a étudié un projet d'installation de bain scolaire en restreignant la dépense au minimum. Le devis de cette installation ne dépasse pas trois mille francs.

Ce petit bâtiment serait adossé au mur mitoyen dans le préau découvert, et en communication directe avec le préau couvert, afin que les élèves puissent y accéder facilement.

Il aurait 3^m,50 de hauteur, 2^m,50 de largeur et 7^m,75 de longueur. Il se composerait, ainsi que le plan l'indique (fig. 22), de la salle de douches séparée par

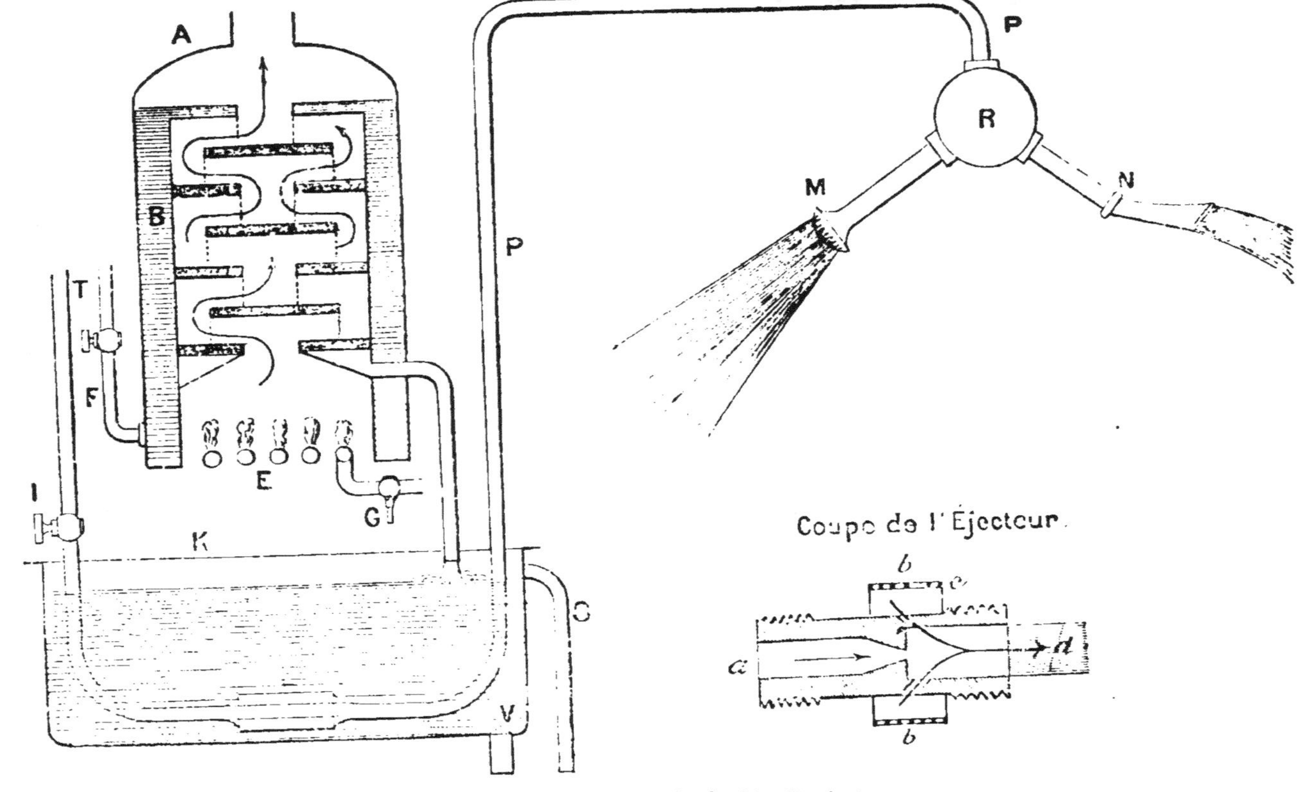

Fig. 24. — Appareil de M. Herbet.

A, arrivée de l'eau motrice ; B, eau à aspirer : C, grille annulaire : D, mélange refoulé.

cinq divisions en face desquelles serait un banc sur lequel les élèves se déshabilleraient (fig. 23), et d'une autre

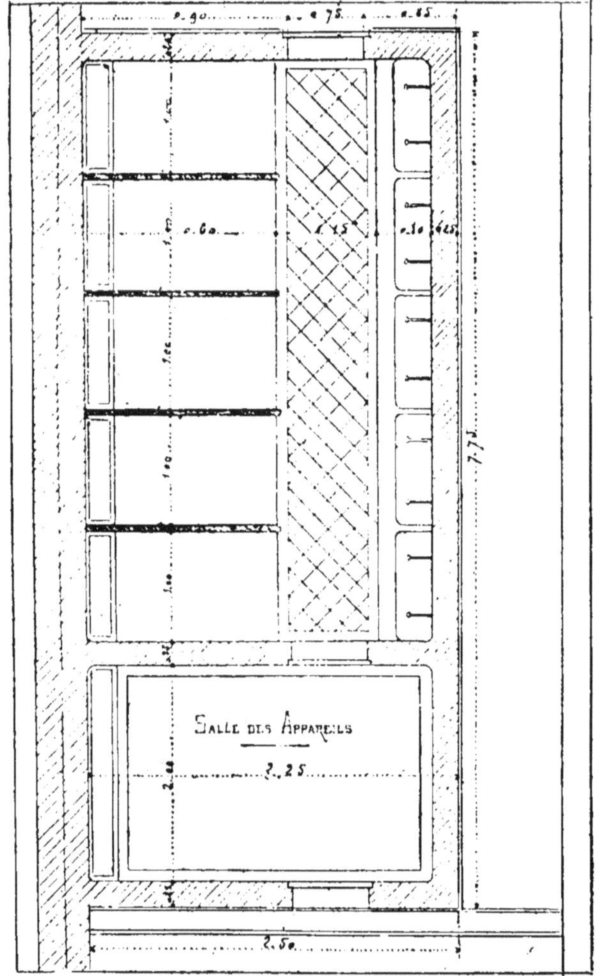

Fig. 22. — Plan de la salle de douches pour neuf élèves
(projet de M. Leroux).

pièce dite *salle des appareils*, où se trouverait placé un appareil permettant de doucher quatre enfants à la fois. Le sol de la salle de douches et de la pièce annexée serait fait par un dallage en ciment. La partie de dallage comprise dans la longueur des séparations aurait une pente vers un caniveau placé le long du mur de clôture et recouvert de plaques de fonte striée. Les enduits intérieurs sur les murs seraient aussi en ciment et les angles seraient arrondis. Afin d'éviter les regards curieux, il ne serait pas pris de jours dans les murs. L'éclairage se ferait par la couverture qui serait entiè-

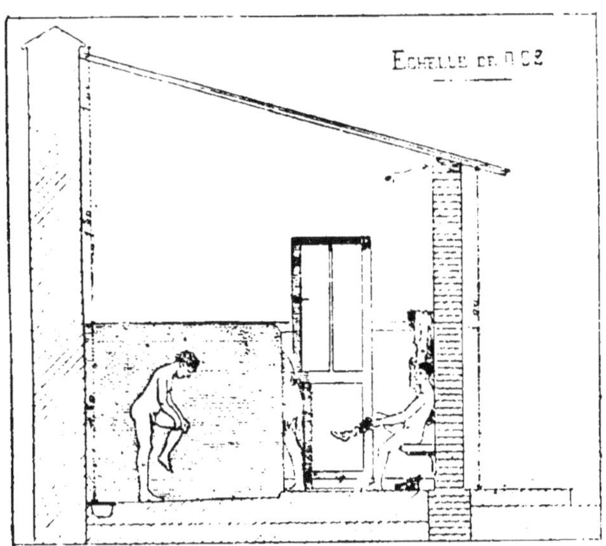

Fig. 23. — Coupe de la salle de douches.

rement vitrée de verres cannelés, afin que si les élèves lancent des pierres elles ne puissent pénétrer dans l'intérieur; pour plus de sûreté on pourrait placer au-dessus de ce vitrage un châssis grillagé. La ventilation de cette salle se ferait par des jours laissés entre les briques du dernier rang dans le haut du mur de façade longitudinale sur le préau découvert et en laissant 2 centimètres de jeu sous les portes; l'air exté-rieur y pénétrerait, serait appelé par ces petites meurtrières et empêcherait la condensation de la vapeur d'eau de se former sous le vitrage.

En attendant, les élèves seraient conduits dans les piscines publiques.

Eaux dans les industries chimiques et pharmaceutiques.

Dans la fabrication des produits chimiques quels qu'ils soient, on doit employer l'eau distillée, même pour les produits industriels, dont les impuretés de l'eau viennent augmenter le poids.

Les éléments d'impureté de l'eau se trouveraient dans les produits.

La même observation s'applique, à plus forte raison, aux produits pharmaceutiques, extraits, pâtes, sirops, etc.

Dans le cas du sirop de Tolu, nous avons signalé une altération par l'eau; l'acide benzoïque était transformé en benzine. Un auteur attribue cette réaction à l'action de la chaux des eaux, mais cette action de la chaux n'a lieu qu'à une haute température; nous croyons pouvoir l'attribuer à un phénomène de fermentation. Toutefois nous n'avons pu reproduire le phénomène à volonté avec les cellules trouvées dans le sirop.

Eau dans l'économie domestique.

Dans l'économie domestique, l'eau doit être peu calcaire.

L'eau calcaire consomme d'autant plus de savon qu'elle contient plus de chaux.

Il faut au plus 1,4 de savon pour se laver les mains avec l'eau pure. Il faut 3 grammes avec l'eau de Seine et 12 grammes avec l'eau des puits de Paris.

A Londres, si l'eau douce remplaçait l'eau ordinaire il en résulterait 7 à 8 millions d'économie par an.

Il faut un tiers de temps de plus pour cuire les légumes avec une eau dure marquant 26^d qu'avec une eau marquant 4^d à 5^d.

La préparation du thé ne peut pas se faire avec des eaux dures; la première infusion ne vaut rien et la deuxième encore moins.

Eau pour le lavage des villes.

L'eau sert aux lavages des rues des villes.

Cet emploi se développe de plus en plus; nous reproduisons *in extenso* un rapport récent de M. Bechmann, ingénieur de la ville de Paris, qui résume la situation actuelle et les progrès de cette question si importante pour l'hygiène (1).

M. Bechmann a commencé une enquête dans le but de savoir comment sont alimentées, en eau, les villes de France.

Dans une première communication, faite à la Société de médecine publique (2), l'auteur a fait connaître les résultats fournis par les premières réponses faites à son questionnaire par 691 villes. Ces résultats sont les suivants :

Au point de vue des eaux de boissons :

    112 villes boivent de l'eau de rivière;
    219   —   —   de source;
    215   —   —   de nappe;
    144   —   ont une alimentation mixte (eau de source et eau de nappe).

(1) Bechmann, *Revue scientifique*, 28 octobre 1893.
(2) Bechmann, *Alimentation en eau des villes* (*Ann. d'hyg.*, 1892, tome XXVIII, p. 76).

Ces différences dans la provenance de l'eau n'entraînent pas de différence sensible dans le chiffre de la mortalité, qui est de 25,5 p. 1000 pour les villes alimentées en eau de rivière; 25,5 p. 1000 en eau de source; 23 p. 1000 en eau de nappe; 25 p. 1000 pour les villes qui ont une alimentation à l'eau mixte.

Au point de vue du traitement qu'on fait subir à l'eau avant sa distribution :

| 18 villes emploient la décantation; |
| 20 — — les galeries filtrantes; |
| 20 — — les puits-filtres; |
| 15 — — les filtres à sable, gravier, charbon; |
| 32 — — des procédés divers. |

En ce qui concerne la qualité des eaux, les degrés hydrotimétriques sont : de 10 à 15^d pour les eaux de rivière; de 20 à 25^d pour les eaux de source.

L'examen bactériologique montre notamment que 17 villes (eaux de source), 22 villes (alimentation mixte) ont de l'eau qui contient moins de 500 microbes.

Les travaux exécutés dans le but de distribuer l'eau ont suivi une progression ascendante. C'est ainsi qu'il y a eu :

| 7 distributions d'eau avant l'année 1700; |
| 8 — — de 1700 à 1800; |
| 4 — — de 1800 à 1820; |
| 94 — — de 1820 à 1870; |
| 74 — — de 1870 à 1880; |
| 92 — — de 1880 à 1892; |

Et aujourd'hui, sur 691 villes, il y en a 449 qui ont des distributions régulières.

Au point de vue du volume consommé :

Pour 78 villes (eau de rivière), la consommation est de 113 litres par tête; pour 114 (mixtes), de 114 litres par tête; pour 284 villes (eau de source), de 102 litres.

Si l'on recherche le mode d'exploitation qui a la préférence, on trouve que l'exploitation par la commune elle-même est réalisée par 284 villes ; il y a 129 villes qui dépendent d'une compagnie fermière ; 23 où il y a exploitation par un particulier.

Quant au mode de distribution, on compte 126 villes distribuant à robinet libre, 29 au robinet de jauge et 48 au compteur.

Égouts. — 448 villes accusent des égouts ; c'est approximativement le même nombre que celles qui ont des distributeurs d'eau. Sur ce nombre, 27 font l'épandage en prairies ; 337 conduisent les eaux d'égout à la rivière et 40 à la mer.

Il y a donc, au moins, 337 cours d'eau transformés en dépotoirs.

Vidanges. — 294 villes ont exclusivement des fosses fixes, 2 ont exclusivement des fosses mobiles, 261 appliquent les deux systèmes de vidanges, et 17 le tout à l'égout.

On voit qu'il y a encore à travailler, en France, à l'assainissement des villes.

Cette eau qui s'écoule dans les égouts et les rivières produit des effets que nous étudierons plus tard.

Eau chaude automatique.

On distribue depuis quelque temps dans les rues de Paris de l'eau chaude au moyen d'appareils automatiques.

L'eau arrive dans l'appareil par un tuyau en serpentin placé sur un fourneau à gaz. Quand la pièce de monnaie du client est introduite dans l'appareil, elle fait ouvrir la conduite du gaz qui s'allume avec un bec allumé en permanence et en même temps elle ouvre le robinet de sortie de l'eau, qui coule chaude, à peu près bouillante ; le robinet se ferme quand la quantité voulue s'est écoulée.

Eau pour le chauffage des maisons, des voitures.

L'eau chaude sert également au chauffage des maisons par circulation dans des tuyaux ; elle sert également au chauffage des wagons de chemins de fer et des voitures publiques (1).

Eau comme force motrice.

Les usages les plus importants de l'eau consistent dans son emploi comme source de force.

Les chutes d'eau, les courants des rivières fournissent une grande somme de forces et pourraient être utilisées encore plus complètement. La quantité de force hydraulique ainsi négligée est considérable et pourrait maintenant, grâce au transport électrique de la force, être employée utilement.

Pour la production même de l'électricité et spécialement de la lumière électrique, il est prouvé que les forces hydrauliques sont le seul moyen de produire économiquement l'électricité nécessaire.

Les machines hydrauliques se divisent en deux groupes :

1° *Machines à mouvement alternatif*, telles que les machines de Schlemintz, le bélier hydraulique ;

2° *Machines à mouvement de rotation continu*, telles

(1) Regray, *Chauffage des voitures de toutes classes sur les chemins de fer* (*Ann. d'Hyg.*, 1877, tome XLVII, p. 58) et Schoeller, *les Chemins de fer*. Paris, 1892.

que les roues hydrauliques, les turbines et les roues à réaction.

L'eau peut aussi être employée pour comprimer, au moyen de la presse hydraulique, en profitant de sa propriété d'être incompressible.

Dans beaucoup de circonstances, l'industriel a besoin d'élever l'eau à une certaine hauteur; il se sert pour cela de pompes, de vis d'Archimède, de norias, de roues à godets, etc.

Eau pour l'alimentation des machines à vapeur.

Dans cet emploi de l'eau, il faut considérer les impuretés en suspension qui, dans certaines eaux, sont considérables, mais, en général, beaucoup moins qu'on ne l'imagine.

Il faut tenir compte surtout des dépôts des sels en dissolution: une partie se dépose par l'ébullition; ce sont les carbonates de chaux et de magnésie qui deviennent insolubles par l'ébullition. Ces carbonates se déposent en formant un dépôt boueux.

Le sulfate de chaux se dépose aussi plus lentement, parce qu'il est moins soluble à chaud qu'à froid. A la longue, il forme des croûtes dures, cristallines et adhérentes.

Dépots boueux et pulvérulents. — Les dépôts boueux et pulvérulents sont habituellement peu dangereux, car ils se détachent facilement quand on vide la chaudière. Mais après un arrêt de la machine, ils se déposent et alors nuisent à la transmission de la chaleur, car ils sont moins conducteurs que le métal.

Ils peuvent aussi être entraînés par la vapeur et

rayer les cylindres des machines ou les robinets.

Les eaux de condensation ou les eaux grasses peuvent donner un dépôt boueux, léger, gris qui ne se laisse pas mouiller par l'eau.

Cette poudre est formée de savon de magnésie; elle recouvre la tôle, qui ne se laisse plus mouiller, s'échauffe, et peut faire prendre à l'eau l'état sphéroïdal et déterminer des accidents : coups de feu et explosions, en tous cas détérioration rapide des chaudières, la tôle se trouvant chauffée trop fortement, puis refroidie subitement par l'eau qnand le savon calcaire est brûlé.

D'après les observations faites sur cette action des matières grasses, cette cause de détérioration est fort importante et très rapide; au bout de quelques jours des chaudières neuves donnent des fuites et sont hors de service.

Les sels de chaux donnent un savon mou et insoluble mais non pulvérulent; la présence de ce savon de chaux paraît même corriger l'effet funeste du savon magnésien; enfin, les acides gras attaquent aussi les tôles des chaudières.

Les poudres et les savons terreux forment quelquefois des écumes à la surface de l'eau. Ces écumes peuvent également être nuisibles.

INCRUSTATIONS. — Les sels qui sont surtout dangereux sont les sels insolubles ou peu solubles.

Les sels alcalins sont sans inconvénients au point de vue des dépôts, mais ils peuvent quelquefois attaquer les chaudières comme nous l'avons vu.

Le sulfate de chaux devient totalement insoluble à 150° et se dépose très lentement par le refroidissement. Le dépôt est cristallin.

Les incrustations dures contiennent toujours beaucoup de sulfate de chaux, qui leur donne de la dureté.

Au contraire les incrustations molles contiennent surtout des carbonates terreux. La température de la chaudière a aussi une grande influence.

A une basse température, par exemple dans les réchauffeurs, on a des dépôts lents, cristallins et très durs de carbonate de chaux.

Si l'eau est chauffée rapidement le carbonate se dépose pulvérulent.

Le carbonate de chaux resté en dissolution et le sulfate se déposent ensuite et forment des concrétions dures.

Si on chauffe rapidement à la température maxima de 150° on a des dépôts rapides pulvérulents.

Les dépôts adhérents produisent une augmentation considérable de consommation de combustible, à cause de la mauvaise conductibilité du dépôt, jusqu'à 40 p. 100 dans les chaudières ordinaires.

Par la surchauffe qu'ils produisent en isolant la tôle et l'eau, ils sont cause de l'usure rapide des chaudières par les gaz des charbons et d'explosions par les coups de feu auxquels ils exposent les chaudières par suite de la rupture des incrustations.

Voici quelques analyses de concrétions :

Concrétions grasses, grisâtres, poreuses (Renner).

Densité.......................	1,45
Matières grasses.................	75,2
Chaux.........................	8,4
Oxyde de fer...................	3,6
Sulfate de chaux................	0,2
Silice.........................	1,8
Eau...........................	10,8
	100,0

10.

Concrétions d'un brun clair (Edwards).

Densité.	2,82
Sulfate de chaux.	78,00
Eau.	14,00
Sulfate de magnésie.	3,20
— de potasse.	1,60
Silice.	2,20
Mat. organiques et chlorures.	1,00
	100,00

Concrétions blanches sans adhérence (H. Mangon).

Silice.	4,75
Alumine, fer.	0,06
Carbonate de chaux.	84,01
— de magnésie.	10,80
Eau, perte.	0,38
	100,00

MM. Gaillet et Huet donnent l'analyse de plusieurs concrétions de chaudières à vapeur :

Incrustations produites par une eau de forage :

Chaux.	19,93
Magnésie.	2,07
Potasse.	0,00
Soude.	
Alumine et fer.	0,97
Acide carbonique.	8,40
— sulfurique.	8,53
Chlore.	traces
Silice.	54,05
Graisse.	2,70
Matières organiques.	2,48

Incrustations produites par une eau de forage à Bordeaux, de couleur jaunâtre, épaisseur 0,015 :

Sulfate de chaux.	98,76

Incrustations noires, très dures, épaisseur 0,015, provenant d'une eau de forage :

Carbonate de chaux.	94,27
Sulfate.	traces

Incrustation lamellaire, grise ; épaisseur 0,002 :

Carbonate de chaux.................... 92,50
Sulfate............................... traces

Incrustations formées par une eau de forage :

Silice................................ 27,12
Carbonate de chaux.................... 39,70
Sulfate de chaux...................... 30,02
Mat. organiques....................... 3,05

Incrustations formées par une eau de forage, fournie par l'eau de l'Helpe Mineure, à Fourmies, dans un peignage de laines, épaisseur, 0,05 :

Matières grasses...................... 59,40
    —   minérales.................... 39,50
Eau................................... 1,10
                                       ———
                                       100,00

Incrustations cristallines, grenues, mamelonnées, formées de *carbonate de chaux pur.*

Incrustations pulvérulentes jaunes :

Carbonate de chaux.................... 93,70
Silice................................ traces

Il est difficile, d'après ces analyses, de savoir quelle est l'influence du carbonate et du sulfate sur la dureté des concrétions ; il est probable qu'il faut tenir grand compte des conditions dans lesquelles elles se sont formées, conditions qui ne sont généralement pas indiquées par les auteurs.

ALTÉRATIONS DE L'EAU AVANT SON UTILISATION

Il ne suffit pas que l'eau soit pure à la source pour être bonne à boire.

ALTÉRATIONS PAR LES INFILTRATIONS. — Des infiltrations et des accidents peuvent survenir en route soit dans la rivière, soit dans les tuyaux de conduite, incomplètement fermés.

ALTÉRATIONS SPONTANÉES. — Quelquefois, il peut survenir normalement des altérations.

C'est ainsi qu'on a constaté que l'eau de la Vanne, distribuée dans les fontaines Wallace à Paris, pouvait être contaminée. Elles sont ou vont être munies de filtres Chamberland, qui sont placés dans le sol au pied de la fontaine par batterie de 21 bougies. On a trouvé 212,000 microbes par centimètre cube avant la filtration, il n'y en avait plus que 42,000 après la pose de l'appareil et 500 seulement quarante-huit heures après la mise en marche.

ALTÉRATIONS DANS LES CONDUITES MÉTALLIQUES. — Les conduites d'eau métalliques peuvent être aussi des causes d'altération.

Les *conduites en fer* sont rapidement altérées par la rouille qui envahit l'eau, cette altération est due à l'oxygène et à l'acide carbonique de l'air et surtout, parait-il, à l'action de l'azotate d'ammoniaque contenu en petite quantité dans l'eau. Les matières alcalines s'opposent à l'attaque des tuyaux de fonte.

Pour éviter cette attaque, on enduit quelquefois l'intérieur des tuyaux avec un *lait de chaux*.

Les *tuyaux en fer* sont plus facilement attaqués que ceux en fonte et la fonte grise est plus facilement attaquée que la fonte blanche.

On emploie à Paris les *tuyaux en tôle bitumée*.

On emploie également un enduit de goudron ou de minium si l'eau n'est pas destinée à l'alimentation. Cette pratique doit être rejetée, on ne sait jamais si accidentellement une telle eau ne sera pas bue.

D'après l'abbé Vassart, l'eau contenant un alcali peut attaquer certaines tôles, surtout en présence du chlorure de sodium. Certaines eaux naturelles produisent le même effet.

On emploie également des *tuyaux de plomb*. L'eau pure les attaque facilement, surtout si le plomb n'est pas pur, ce qui est le cas général; il se fait un couple électrique au point non homogène et du plomb se dissout; les carbonates favorisent l'attaque au premier moment, mais il se forme ensuite du carbonate de plomb insoluble qui forme un vernis protecteur et empêche l'altération consécutive.

Les eaux sulfatées, chlorurées, nitrées, attaquent facilement, ainsi que celles qui contiennent des matières organiques. Le sulfate de chaux seul n'attaque pourtant pas beaucoup le plomb; il est probable que le sulfate de plomb forme des sels doubles avec les autres sulfates, mais s'il y a du bicarbonate de chaux le sulfate ne se dissout pas, il se fait un sulfate basique.

A la longue, l'attaque du plomb par les eaux potables donne néanmoins une quantité appréciable de plomb et un tuyau doit être vidé quand l'eau a séjourné longtemps. Les résultats de l'action des sels sont contradictoires, mais dans tous les cas on voit que l'influence de divers sels a une action très grande sur les tuyaux de plomb, aussi il serait à désirer que leur emploi soit abandonné.

A Vienne, on se sert de plomb doublé d'étain ou intérieurement sulfuré.

On a proposé aussi des tuyaux en tôle recouverts de zinc à l'intérieur. Ils ne sont pas employés et ne méritent guère de l'être. Le zinc est très facilement attaqué par l'eau distillée, surtout si elle contient de l'oxygène; l'eau ordinaire l'attaque encore plus facilement.

Le cuivre, le plomb et le zinc sont très peu attaqués quand ils sont purs, mais comme ils sont toujours impurs ils sont attaqués, il se forme un couple voltaïque. Les dépôts boueux sont formés d'oxydes, de carbonates et de silicates. L'acide carbonique et l'oxygène jouent un grand rôle dans l'attaque du plomb. La proportion la plus favorable est 2 volumes d'acide carbonique pour 1 volume d'oxygène. L'action de l'acide carbonique augmente jusqu'à la dose de 1 p. 100, puis elle diminue et le plomb n'est plus attaqué avec 1.50 p.100. L'ammoniaque empêche l'attaque de l'acide carbonique mais elle augmente celle de l'oxygène. Les carbonates et bicarbonates alcalins et terreux n'attaquent pas le plomb s'il y a de l'acide carbonique, ils l'attaquent s'il n'y en a pas. Les sulfates empêchent l'action, les matières organiques sont sans influence si elles ne dégagent pas d'ammoniaque.

OBSTRUCTION DES CONDUITES D'EAU PAR LES ALGUES. — Les tuyaux de conduites d'eau sont quelquefois obstrués, ou à peu près, par des amas de *Cladothrix dichotoma* (fig. 24), elle se fixe sur les parois et détermine la précipitation des sels de chaux autour de ses longs filaments.

On y trouve aussi la *Beggiatoa alba* (fig. 25) et quelques autres beggiatoacées, ainsi que le *Crenothrix Kuhniana* (fig. 26).

A Lille, lorsqu'on voulut alimenter la cascade du jardin Vauban avec l'eau de la ville, l'ancienne conduite de 0 mètre 25 de diamètre, dans laquelle on refoulait l'eau de la Deule avec une forte locomobile, fut démontée et on la trouva presque remplie *d'une sorte d'éponge moins douce que celle de la mer, mais paraissant douée d'une végétation très active :* c'était probablement l'un des microbes ci-dessus, le *Crenothrix Kuhniana.*

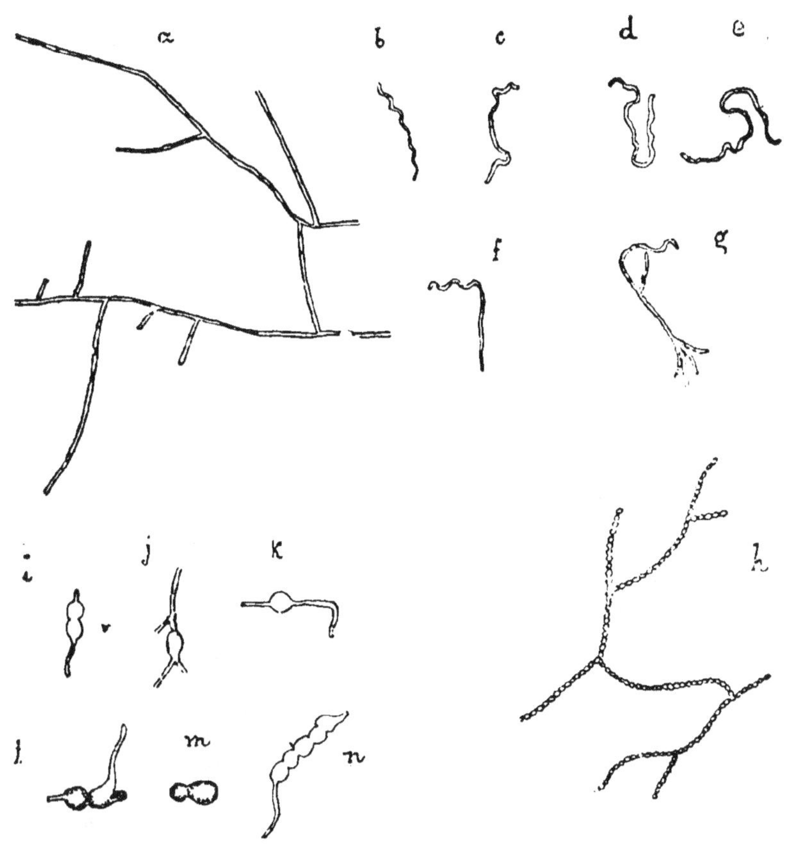

Fig. 24. — *Cladothrix dichotoma,* 900.

a, Portion du filament ramifié ; *bcdefg,* parties des filaments diversement contournés ; *h,* filament segmenté en arthrospores ; *ijklmn,* formes anormales (formes d'involution).

ATTAQUE DES CHAUDIÈRES PAR RÉACTION CHIMIQUE. — Cette attaque peut avoir lieu par suite de la dissociation du chlorure de magnésium sous l'influence de la chaleur ; l'acide chlorhydrique, devenu libre, attaque les tôles et les cylindres. Cette décomposition peut avoir lieu, soit dans la dissolution aqueuse, soit sur les parois échauffées où peut se trouver du sel solide provenant de l'eau évaporée ou projetée.

Le chlorure de fer a la même propriété. Enfin l'acide carbonique en présence de l'oxygène attaque rapidement le fer. Cette action cesse quand tout l'oxygène

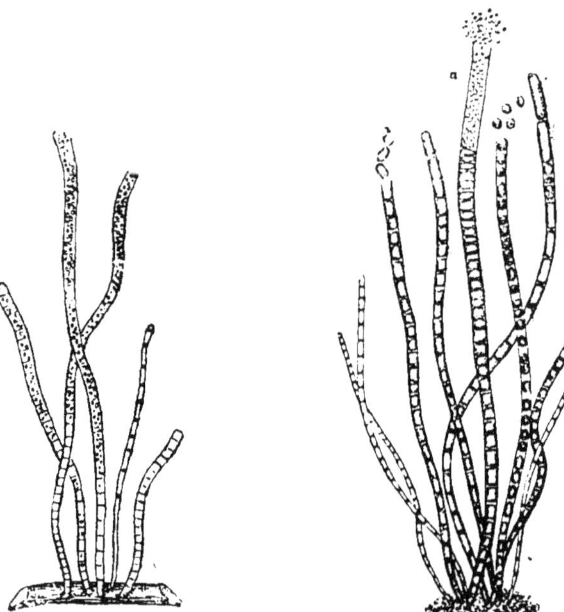

Fig. 25. — Groupe de filaments fixés de *Beggiatoa alba*, 540, d'après Zopf.

Fig. 26. — *Crenothrix Kuhniana*, 600, d'après Zopf.

est absorbé, les sels calcaires n'empêchent pas complètement cette action, ils la retardent seulement.

Les désincrustants contiennent souvent des matières astringentes ou du tannin qui attaquent rapidement la tôle, ainsi que l'a constaté M. Léo Vignon dans ses expériences sur l'emploi de ces produits.

Dans les eaux qui proviennent de mines où se trouvent des pyrites, l'eau contient du sulfate de protoxyde de fer formé par l'influence de l'oxygène de l'air et de l'eau, le sulfate est réduit par le fer des chaudières et de l'acide sulfurique devient libre et attaque le métal. Dans la réduction, il se forme quelquefois des sous-sulfates insolubles. Le sulfate d'alumine se comporte de même. Le mieux pour ces eaux est de les neutraliser par la craie, qu'on peut introduire dans la chaudière et qui précipite le fer et l'alumine, ou bien d'introduire dans la chaudière de la tournure de fer ou du zinc.

ARTICLE III. — EMPLOI DE L'EAU EN VAPEUR

Comme l'eau liquide, l'eau en vapeur est employée soit par l'utilisation de ses propriétés physiques, soit comme force motrice.

Elle est employée aussi comme agent de chauffage.

Elle sert d'intermédiaire en emmagasinant la chaleur employée pour transformer l'eau en vapeur, chaleur qui sera ensuite restituée au moment du besoin. Ce système permet d'avoir un foyer unique et de transporter la chaleur où on en a besoin. 1 gramme d'eau absorbe pour se transformer en vapeur 537 calories à la température de 100°, et cède cette même quantité de chaleur en se refroidissant. Cette chaleur est utilisée pour chauffer les habitations, et en industrie pour échauffer les liquides, soit en faisant arriver la vapeur, par un tuyau percé de trous, dans le liquide qui s'échauffe par la condensation de la vapeur, l'eau résultant de cette condensation s'ajoute au liquide échauffé; soit en faisant circuler la vapeur dans un serpentin au milieu du liquide, la vapeur échauffe alors par conductibilité à travers le serpentin sans se mêler au liquide.

QUATRIÈME PARTIE

LES EAUX RÉSIDUAIRES. — COMPOSITION, EMPLOIS ET INCONVÉNIENTS

Voici, d'après le Dr Proust, la liste, d'ailleurs incomplète, des principales industries qui infectent les cours d'eau ; nous n'en étudierons que quelques unes qui serviront de types pour les usines similaires :

1º *Mines.*

Houillères.
Lavage des charbons.
Mines de fer, de plomb, de cui-vre, de zinc, d'arsenic, d'étain, de manganèse, de baryte, etc.

2º *Usines métallurgiques.*

Usines où se travaillent le fer, le nickel, le cuivre.
Coutelleries.
Fils de fer.
Galvanisation.
Usines de maillechort.
Poterie d'étain.

3º *Usines à résidus minéraux.*

Produits chimiques.
Fabriques de couleurs.
Teintureries.
Fabrique de papiers peints.
Impression sur étoffes.
Raffineries de pétroles ethuiles minérales.
Travail de la laine. Lavage. Teinture. Peignage.

4° Usines à résidus organiques.

Fabriques de drap, couvertures, flanelles, tapis.	Amidonneries.
Travail de la soie. Dévidage et nettoyage de cotons. Teintures, etc.	Sucreries.
	Raffineries.
	Papeteries.
Blanchisseries.	Fabriques de colles de gélatine.
Rouissage de lin et de chanvre.	Tanneries.
Distilleries.	Fabriques d'engrais.
Féculeries.	Abattoirs.
	Voirie, dépôts de vidange.

Puits des mines de houille.

Ces eaux sont très riches en sels, d'une odeur nauséabonde, due à des produits de la houille, et très acides.

Elles font mourir rapidement les poissons et les arbres.

Elles sont nuisibles même à l'homme, chez qui elles produisent des irritations : urticaires, eczémas, etc.

Usines métallurgiques.

Les eaux des fabriques où sont traités des minerais de plomb, d'arsenic, ont causé des accidents graves dans divers pays.

Lavage du kaolin.

Cette industrie souille les rivières par les parties argileuses entraînées par les eaux de lavage; ces poussières n'ont évidemment aucun danger pour la salubrité publique; mais l'eau est salie, malpropre, l'argile se dépose difficilement et comble peu à peu le lit des rivières.

Résidus de distilleries de grains et brasseries.

Les distilleries emploient le malt, le maïs, quelquefois malté en partie, l'orge, le seigle.

On obtient comme résidus en distillerie, la drèche, les vinasses et l'acide carbonique. On obtient en même temps la levure, dans les usines qui ne l'utilisent pas ou qui ne l'utilisent qu'en partie.

Les brasseries emploient le malt.

Levure. — C'est une matière azotée de premier ordre, comme le montre sa composition.

Si elle est altérée, elle peut être employée comme engrais, soit seule, soit mêlée au fumier de ferme, ou aux engrais chimiques.

Si elle est en bon état, elle peut être utilisée avec la drèche, dont elle augmente beaucoup la teneur en azote.

Elle pourrait avec plus d'avantage être employée seule comme matière alimentaire.

Quand elle est passée au four, un peu torréfiée, elle est mangée avec avidité par les animaux, notamment par les chiens. Elle contient 40 p. 100 de matières azotées.

	Lev. pure.	Lev. sèche calcinée.	Lev. sèche.
Eau....................	68,02	»	»
Mat. azotées.............	13,10	40,70	47,00
— grasses	0,90	2,80	5,00
Cellulose................	1,75	5,50	37,00
Mat. amylacées..........	14,00	44,00 Mat. ⎫	4,00
Acides organiques........	0,34	1,10 non az. ⎭	
Mat. minérales..........	1,77	5,50 ⎫	7,00
Sable	0,02	0,06 ⎭	
	100,00	100,00	100,00
	(Belohoubeck).		(Nægeli et Löwe).

Elle pourrait certainement être aussi utilisée pour l'alimentation de l'homme, non pas mélangée au pain dans son état naturel, peut-être aurait-elle alors un goût peu agréable, mais après torréfaction, quand elle a acquis la couleur de la croûte du pain. Elle pourrait alors être un aliment précieux pour les diabétiques, et même un aliment condensé de bonne conservation pour l'armée, soit pure, soit mêlée avec d'autres farines.

Dans l'analyse ci-dessus, Belohoubeck comprend sous le nom de *matière amylacée* des matières qui sont attaquées par les acides étendus mais non par la diastase. C'est une expression impropre : ce ne sont pas des matières amylacées, mais plutôt des produits analogues aux celluloses dites de réserve, c'est-à-dire des dérivés mannosiques ou xylosiques.

La levure pure ne contient comme amidon vrai que 0,88 d'amidon pour la levure humide à 72 p. 100 d'eau, et 2,78 p. 100 pour la levure sèche.

Les cendres de la levure sont très riches en matières minérales utiles : acide phosphorique, potasse, magnésie : moitié de leur poids d'acide phosphorique, le reste en potasse avec une petite quantité de magnésie et d'autres éléments.

Acide phosphorique	51,09
Silice	1,60
Potasse	38,68
Soude	1,82
Magnésie	4.16
Chaux	1,99
Chlore et soufre	0,03
Oxyde de fer	0,06
Acide sulfurique	0,57
	100,00

(Belohoubeck).

DRÈCHE. — Ce n'est pas un résidu proprement dit : ce n'est qu'accidentellement qu'elle est perdue, c'est une matière alimentaire appréciée des cultivateurs pour leurs animaux. C'est ce que montre la composition de ce produit :

	BRASSERIE	DISTILLERIE ALFORT		DISTILLERIE MONTIÈRES.		
	Drèches.	Drèches liquides.	Drèches pressées.	Drèches liquides.	Drèches pressées.	Boues.
Eau...............	94,400	93,50	77,44	92,47	74,20	90,40
Amidon..........	3,500	»	»	0,15	2,19	2,50
Cellulose	2,220	4,39	14.87	5,(0	10,50	2,40
Mat. grasses......	0,630	0,37	2,02	0,60	6,4	0,13
— azotées......	1,540	'075	5.12	1,60	5,5	3,34
— minérales ...	0,340	0,99	0,55			
		(Grandeau).		(Guichard).		

VINASSES. — La vinasse est le véritable résidu de la distillerie, il est le plus encombrant et aussi c'est celui dont il est le plus difficile de se débarrasser.

L'écoulement direct à la rivière est interdit, bien que les arrêtés préfectoraux à ce sujet soient un peu lettre morte.

Les vinasses des distilleries de grains ne paraissent pas avoir un grand inconvénient pour les cours d'eaux.

Les distillateurs en emploient, à la place d'eau, dans leurs fermentations le plus que possible : ce n'est pas, en effet, un liquide sans valeur : il contient outre des traces de matières amylacées et de glucose, des quantités très appréciables de matières azotées et minérales.

On y trouve des matières en suspension formées surtout de cellules de levures et autres ferments (lactique, acétique, etc.).

Composition d'un litre (Guichard).

Eau.......................................	979,30
Maltose...................................	4,00
Amidon, dextrine..........................	7,48
Acide lactique............................	6,66
Matières azotées solubles.................	3,12
— minérales......................	2,30
— non dosées (glycérine, ammoniaque, mat. cristallines diverses, mat. colorantes)....	10,54
Poids du litre............................	1013,14
Matières solides	34,1

Composition d'après MM. Girard et Müntz.

Azote.....................................	2,5
Acide phosphorique........................	2,5 à 4,5
Potasse...................................	2,6

Elles apportent donc dans les fermentations où elles rentrent, des aliments précieux pour la jeune levure, mais en même temps elles apportent des ferments étrangers dont quelques-uns peuvent être nuisibles au début de la fermentation. C'est pourquoi il est bon de mettre de la vinasse dans les fermentations, bon aussi de ne pas en mettre trop. Peut-être pourrait-on la mettre toute, mais à la condition de la stériliser, c'est-à-dire de la chauffer à 110° au moment de l'employer et la refroidir immédiatement; là interviendrait utilement le refroidissement par l'acide carbonique liquéfié.

Peut-être serait-ce là la solution la plus sûre de l'utilisation des vinasses, car on les supprimerait presque en opérant ainsi.

Nous étudierons plus loin un autre mode d'utilisation par l'irrigation, mais disons de suite que l'emploi des agents chimiques pour précipiter la matière organique ne donne que des résultats incomplets et ne précipite qu'une partie de la matière organique. C'est ce qui résulte des essais que j'ai faits pour l'emploi des sels de fer, proto et peroxyde, et du phosphate de chaux. En opérant ainsi, on ne donnerait qu'une apparente satisfaction à l'opinion publique, et une fausse sécurité au point de vue de l'hygiène.

Levain. — On a conseillé également d'ajouter de la vinasse aux levains.

Le succès n'a pas été constant, peut-être les échecs tiennent-ils à ce que les vinasses étaient remplies de ferments étrangers, il faudrait peut-être les stériliser comme je l'ai dit ci-dessus.

Théoriquement, il est évident que la vinasse d'après sa composition devrait donner de bons résultats.

Saccharification. — Pour les saccharifications diastasiques, on peut également remplacer une partie de l'eau par la vinasse ; dans des expériences inédites avec parties égales d'eau et de vinasse, la saccharification s'est faite aussi bien qu'avec l'eau, une plus grande proportion a légèrement diminué la quantité de sucre obtenue.

Acide carbonique. — Il se produit abondamment dans les fermentations alcooliques, l'équation de la fermentation montre que 100 kilos d'amidon donnent en poids 53,88 d'alcool et 51,90 d'acide carbonique ; on voit quelle quantité énorme en perd le distillateur, soit pour 1 hectolitre d'alcool 76 kilos d'acide carbonique.

Les brasseries ne donnent pas lieu à beaucoup de plaintes.

Les eaux ont déjà déposé leurs matières en suspension avant d'arriver à la rivière.

Cependant ces eaux ont la propriété de donner abondamment une algue particulière, le *Plomitus niveus*, qui par sa décomposition dégage une odeur nauséabonde.

Distilleries à saccharification par les acides.

Les drèches contiennent une trop grande quantité de sulfate de chaux, si on a travaillé par l'acide sulfurique.

Quand on opère avec l'acide chlorhydrique qu'on sature par la chaux ou la soude, on obtient une drèche liquide qui contient une trop grande quantité de sels solubles. On peut cependant faire consommer par les animaux la partie solide sous forme de tourteaux, mais le liquide est inutilisé.

Il en est de même pour le travail des betteraves, les cossettes sont consommées par les animaux ; quant au liquide, une partie peut rentrer dans la fabrication pour épuiser de nouvelles betteraves par macération ou diffusion ; il faut seulement tenir compte de l'acide contenu dans la vinasse employée.

Distilleries de mélasses.

Les résidus des distilleries de mélasses sont utilisés industriellement pour la fabrication de la potasse, de la méthylamine et des engrais.

La méthylamine convertie en chlorure de méthyle sert dans la fabrication de la glace, en médecine et dans la fabrication des matières colorantes.

Composition de la vinasse de mélasse.

Densité : 9,7 p. 100 au saccharimètre.

Eau...	90,9
Matières organiques....................	5,3
Cendres...................................	3,0
Azote	0,38
Potasse...................................	1,30
	100,88

(Stammer).

Azote......................................	1,5 à 3,0
Acide phosphorique.................	0,1 à 0,2
Potasse..................................	1,8 à 9,0

(Ch. Girard et Müntz).

TRAITEMENT DES VINASSES DE BETTERAVE POUR L'EXTRACTION DE LA POTASSE. — Les vinasses des mélasses de betteraves marquent 4° Baumé ; 100 kilos de mélasses donnent environ 410 litres de vinasse, on les évapore après les avoir quelquefois saturées par la craie, puis on les évapore dans un four, où la vinasse, par un mouvement de palettes, est projetée en pluie fine à la rencontre du courant de gaz chauds venant du foyer ; c'est ce qu'on nomme un *four Porion*. La vinasse est concentrée à 25° Baumé, on l'évapore sur la sole des fours en remuant avec des ringards, elle s'incinère peu à peu, on laisse l'incinération se continuer lentement à l'air, on obtient ainsi 11 à 13 kilos de salin brut, qui titre 40° alcalimétriques.

Le salin a une composition variable suivant les betteraves, voici la composition :

Carbonate de potasse........	26,89	10,79
— de soude	19,31	31,05
Phosphate de potasse........	0,21	0,19
Chlorure de potassium......	20,41	18,97
Sulfate.....................	13,60	15,40
Mat. insol., eau, pertes......	19,58	23,60
	100,00	100,00 (1)
Titre alcalimétrique.........	37,00	36,25

(1) Payen, *Chimie industrielle.*

On voit qu'il ne faut pas se fier au titre alcalimétrique, puisque la soude se comporte comme la potasse.

On lessive ce salin avec de l'eau à 80°, en traitant plusieurs portions par la même eau pour la saturer ; on a des liqueurs marquant 27° Baumé ; on épuise ensuite les salins dans une chaudière, jusqu'à ce que l'eau marque 0°. Le résidu est répandu sur les terres.

On évapore l'eau jusqu'à 40° Baumé ; le sulfate de potasse cristallise, par refroidissement ; le chlorure de potassium cristallise à son tour jusqu'à la température de 30°, on concentre alors à 46° Baumé ; elle donne encore du chlorure de potassium jusqu'à 30° ; on la concentre de nouveau à 52° Baumé. Du carbonate de soude cristallise pendant l'évaporation, les liqueurs à 52° donnent encore du chlorure de potassium jusqu'à 30° ; on les concentre encore à 57° pour faire déposer le reste du carbonate de soude avec un peu de carbonate de potasse. Cette dernière cristallisation rentre dans le travail et le liquide est évaporé sur la sole d'un four et calciné ; on a du carbonate de potasse ferrugineux impur, qu'il suffit de raffiner pour le livrer au commerce.

Voici la composition de ce carbonate de potasse :

Sulfate de potasse	0,70
Chlorure	1,70
Carbonate de potasse	95,24
— de soude	2,12
Acide phosphorique	0,24
	100,00 (1)
Degré alcalimétrique	69,5

Calcination des vinasses en vases clos. — Par M. C. Vincent.

(1) Payen, *Chimie industrielle.*

Quand on calcine les vinasses dans un four, il se dégage des gaz et des vapeurs combustibles. Si on fait cette calcination en vases clos on peut recueillir ces gaz et ces vapeurs, et on obtient un salin poreux, plus facile à épuiser que celui des fours. Le produit de la distillation (25 litres pour 100 kilos de mélasse) est un liquide jaune ambré renfermant des matières goudronneuses, le liquide est très alcalin, il marque 5° Baumé et contient des sels ammoniacaux.

Par l'acide sulfurique il se fait du sulfate d'ammoniaque, et par distillation on obtient de l'acide cyanhydrique, du cyanure et du sulfure de méthyle, des carbures et surtout de l'alcool méthylique. On redistille sur l'oxyde de fer hydraté et la chaux, on sature par l'acide sulfurique, et par une distillation nouvelle on obtient de l'alcool méthylique commercial assez pur (1 lit. 4 pour 100 kilos de mélasse).

La liqueur sulfurique est concentrée et donne divers acides gras, volatils, puis une matière pâteuse qu'on purifie par cristallisation plusieurs fois, pour séparer du sulfate d'ammoniaque, puis on distille avec un alcali fixe, on obtient de la triméthylamine qu'on peut transformer en sels. En faisant passer la triméthylamine et l'acide chlorhydrique gazeux dans un tube chauffé, on obtient du chlorure de méthyle $Az(CH^3)^3 + 4HCl = AzH^4Cl + 3CH^3Cl$. Le goudron donne des sels ammoniacaux, un brai particulier, et des produits huileux formés de phénol et d'alcaloïdes huileux.

Il se dégage, en outre, des gaz formés d'acide carbonique, oxyde de carbone, hydrogène, hydrogène protocarboné.

M. Pagnoul a proposé de transformer la vinasse en un engrais.

Au sortir des fours Porion elle a pour densité 1,16, elle contient 7^{kil},15 de salin avec 1^{kil},03 d'argile. On la mêle avec un phosphate de chaux naturel; pour 72 centimètres cubes on met 42 grammes de phosphate et on dessèche à 50 grammes. On a alors une masse :

Eau	3,50
Azote	1,28
Matières organiques	17,92
Acide phosphorique	12,75
Potasse	1,91
Matières minérales	62,64
	100,00

Cet engrais aurait une valeur de 5 francs le kilo. Une usine qui fait 92 hectolitres d'alcool et consomme 400 quintaux de mélasse, produit 3,000 hectolitres de vinasse ou 600 hectolitres de vinasse concentrée ou 400 quintaux engrais, valant 2,000 francs. En déduisant le phosphate il reste 7 à 800 francs pour la potasse et l'azote.

Autres analyses de vinasses diverses :

	Vinasse		
	de betteraves.	de pommes de terre.	de topinambour.
Azote	0,7 à 2,0	1,5 à 2,5	1,20
Ac. phosphorique	0,2 à 0,8	0,3 à 1,0	0,02
Potasse	1,5 à 3,0	2,5 à 3,5	2,87

(Ch. Girard et Müntz).

Sucreries.

Nous résumons cette question d'après un mémoire présenté à l'Association des chimistes de sucrerie par M. Robert.

Dans la sucrerie, il y a plusieurs sortes d'eaux comme résidus :

1° Eaux de lavage des betteraves ;

2° Eaux de diffusion ;

3° Eaux de presses à cossettes ;

4° Eaux du laveur à acide carbonique (insigni-fiantes) ;

5° Eaux de condensation des évaporateurs (pures mais chaudes, elles font fermenter les autres) ;

6° Eaux de lavage du noir (le noir est à peu près abandonné).

Voici la composition de ces eaux :

I

Matières organiques.........	De 1,792 à 2,652
— minérales...........	De 1,680 à 1,685

II

Matières organiques en suspension.....	0,200
— en dissolution.....	2,050
Matières minérales en suspension......	0,005
en dissolution......	0,670
	2,925

III

Matières organiques en suspension.....	4,225
— en dissolution.....	2,550
Matières minérales en suspension......	2,375
— en dissolution......	0,750
	9,900

Eau d'ensemble d'une sucrerie (Gaillet et Huet).

Matières organiques en suspension....	1,620
— en dissolution....	1,480
Matières minérales en suspension.....	24,730
— en dissolution.....	1,540
	29,370

En général on met à part les eaux de lavage des betteraves qui ne contiennent que des débris de betteraves ou de la terre en suspension et qui après décantation ne contiennent plus rien.

Féculeries.

Ces eaux contiennent de l'alcool ordinaire, de l'alcool propylique normal, qui par oxydation fournit de l'acide propionique et de l'alcool butylique qui donne de l'acide butyrique.

Les matières organiques en décomposition, qu'entraînent les eaux, empoisonnent les rivières; les animaux, les herbes, les arbres périssent rapidement.

Rouissage du lin et du chanvre.

Dans cette opération, le chanvre et le lin sont placés dans une rivière ou mieux dans des pièces d'eau en communication avec une rivière dont l'eau circule dans l'étang.

Tous les poissons meurent; des fièvres intermittentes se répandent dans le pays (1).

Les eaux de Roubaix et de Tourcoing sont si infectées par le rouissage, qu'il est impossible, en été, de s'en servir même pour l'arrosage de la ville.

Eau de désuintage des laines.

Dans beaucoup d'usines, on fait bouillir les laines avec l'urine putréfiée pour les dégraisser.

A Fourmies, l'industrie de la laine a pris un grand développement depuis cinquante ans; les eaux se ren-

(1) Voyez Roucher, *Du Rouissage considéré au point de vue de l'hygiène publique* (*Ann. d'hyg.*, 1864, 2ᵉ série, tome XXII, p. 278).

daient dans une petite rivière, l'Helpe Mineure, qui n'est alimentée que par des étangs et se jette dans la Sambre près de Landrecies, la rivière s'altéra à mesure que l'industrie augmentait, les poissons y mouraient jusqu'à la hauteur de Maroilles et les animaux refusaient de la boire. Toutes les mesures prises, au lieu d'atténuer le mal, l'augmentaient ; aussi la rivière devint un réceptacle d'eaux savonneuses en fermentation putride.

Dans le voisinage des barrages, l'eau se couvrait d'une écume noire, épaisse, infecte, sur laquelle les *oiseaux marchaient facilement*.

Ces eaux sont très nuisibles, elles contiennent de grandes quantités de matières organiques et de matières grasses.

L'eau de l'Espierre, rivière qui traverse Roubaix et Tourcoing, est souillée à un tel point que des réclamations ont été formées non seulement par les riverains, mais aussi par le Gouvernement Belge (1).

MM. Gaillet et Huet ont fait l'analyse des impuretés de cette eau. Voici les résultats obtenus :

Ammoniaque		0,02602
Matière grasse		0,905
— organique		0,267
Matières minérales.	Carbonate de potasse	0,0595
	Chlorure de sodium	0,137
	Sulfate de soude	0,395
	Carbonate de soude	0,234
Matières insolubles.	Chaux, alumine, fer	} 1,042
	Argile, sable	
		3,0375

On ne peut pas songer à l'irrigation, à cause de la

(1) Voyez O. du Mesnil, *Épuration des eaux de l'Espierre* (*Ann. d'Hyg.*, 1886, tome XV, p. 62).

matière grasse qui encrasserait rapidement le sol.

On utilise ces eaux dont on retire soit la matière grasse soit les sels de potasse et d'ammoniaque, suivant l'abondance de l'une et des autres.

On peut d'après M. Griffin retirer tous les éléments par le procédé suivant : On concentre les eaux, puis on les mélange avec 20 p. 100 d'une substance absorbante pulvérisée (phosphate acide de chaux). On fait bouillir pour évaporer toute l'eau. La pâte comprimée laisse couler la graisse et le résidu est un engrais d'une grande valeur.

TRAITEMENT DES EAUX DE LAVAGE DES LAINES. — Les toisons sont lavées méthodiquement de façon à obtenir une eau de suint, marquant 10 à 12° Baumé. Cette eau est concentrée dans un four Porion et l'on en retire la potasse brute qui a pour composition (1) :

Carbonate de potassium	80
Sulfate	60
Chlorure	4
Carbonate de sodium	3
Résidus insolubles	5
Pertes	2
	100

Les laines sont ensuite lavées dans de grands bacs, les eaux servent trois fois de façon à être très chargées : ce sont les *eaux vannes*. On les fait déposer dans des citernes ; le sable qui se dépose est riche en ammoniaque et en matière minérale. Dans une autre citerne, on les additionne d'acide chlorhydrique ou de perchlorure de fer brut : les acides gras surnagent et sont écumés. On les rend ensuite alcalines par un lait de chaux,

(1) Delattre, *Académie des sciences*, t. XCVI, 1883, p. 1480.

puis elles s'écoulent après dépôt dans la rivière. Ce dépôt est une bonne terre à brique ou un sol végétal riche. Les acides gras donnent une huile qu'on transforme en gaz d'éclairage et le résidu est formé de détritus de laine et de matières azotées.

TRAITEMENT DES EAUX DE PEIGNAGE DE LAINE. — On a essayé pour ces eaux un grand nombre de procédés. On a dû renoncer après de nombreuses tentatives à traiter les eaux des rivières, à cause de la grande quantité d'eau à traiter.

Il est évident qu'il était préférable d'appliquer les traitements à la source des impuretés, c'est-à-dire à l'usine ; le problème est déjà très difficile.

Le perchlorure de fer et la chaux ont été essayés par MM. Gaillet et Huet ; l'argile bleue, par M. de Mollins ; MM. Declercq et Godine ont traité les eaux par la chaux, puis par le sulfate aluminicoferreux avec décantation dans un appareil Howatson.

Le dépôt ne peut pas être filtré.

Le dépôt est employé, soit comme engrais (il n'a pas grande valeur), soit pour l'extraction de la matière grasse, de la potasse, soit enfin pour la fabrication du gaz d'éclairage. La matière grasse est employée comme graisse à voiture, pour les allumettes-bougies et les savons communs.

MM. Maumené et Rogelet, en régularisant le lavage méthodique des laines, sont arrivés à obtenir une potasse très pure.

En Allemagne, l'administration a imposé aux usines le traitement de ces eaux. A Molmerspach, on emploie le procédé suivant : On fait passer les eaux d'abord dans des bassins munis de chicanes où elles déposent leurs impuretés insolubles, puis on ajoute de

0,3 à 0,5 p. 100 du volume des eaux, d'acide sulfurique des chambres à 52 ou 60° B°. On envoie un jet de vapeur, puis on laisse déposer : les graisses surnagent, on laisse écouler l'eau, on recueille la graisse sur des filtres en toile de coco, on laisse égoutter, on porte les graisses dans une étuve où elles fondent et s'écoulent, on comprime peu à peu pour faciliter l'écoulement. Ces graisses sont vendues sous le nom de *suintine*.

Les eaux sont encore troubles ; on les additionne d'un sulfate (kiésérite des sels de Stassfurth) et de chaux, il se forme du sulfate de chaux qui entraine la graisse avec les savons de chaux.

L'eau est envoyée à la rivière, le dépôt se dessèche peu à peu et sert à faire du gaz d'éclairage.

La nature du produit employé comme précipitant dépend des usines voisines, auxquelles on peut quelquefois emprunter un résidu à bon marché (résidu de chlore, etc.).

On a essayé aussi de retirer la graisse par les dissolvants neutres : benzine ou autres carbures, etc.

Blanchisseries, lavoirs.

D'après des expériences de M. Miquel, les eaux d'essangeage des lavoirs contiennent de nombreuses bactéries, c'est par plusieurs millions par centimètre cube qu'il faut les dénombrer, ce qui suffirait pour empoisonner rapidement la Seine. Elles sont beaucoup plus impures que les eaux d'égout. Ces dernières contiennent 6,000,000 de bactéries par mètre cube, alors que les eaux d'essangeage en contiennent 26,000,000.

Teinture.

Les bains de teintures conservés sont quelquefois le siège de fermentations dues au développement de microbes divers. Les baquets doivent être parfaitement nettoyés et au besoin désinfectés, il faut également dans ce cas examiner l'eau, qui peut être le véhicule de ces ferments.

Ces eaux jetées dans les rivières peuvent y déterminer des fermentations putrides.

De plus elles contiennent souvent des sels métalliques provenant des mordants ou des matières tinctoriales, elles peuvent même contenir des matières arsenicales, de l'émétique, etc.

Certaines matières tinctoriales ont un effet très funeste sur les animaux : le brun Bismarck, par exemple.

D'autres, à cause des matières arsenicales qu'elles contiennent, ont produit sur la peau des éruptions.

On ne peut donc pas considérer ces résidus comme inoffensifs.

CINQUIÈME PARTIE

LA PURIFICATION DES EAUX NATURELLES

Les eaux employées par l'industrie ont très souvent besoin d'être purifiées. On y arrive par de nombreux procédés qu'il convient d'examiner successivement.

La purification de l'eau s'applique à deux natures d'impuretés, les *impuretés en suspension* et les *impuretés en dissolution*.

Les premières n'ont besoin que d'une *purification mécanique :* elle se fait par trois méthodes : la *décantation*, la *précipitation par entraînement*, la *filtration ordinaire et bactériologique*.

Les autres impuretés peuvent être enlevées par des méthodes physiques ou chimiques.

Méthodes physiques. — Elles comprennent la *congélation*, l'*ébullition*, la *cuisson sous pression* et la *distillation*.

Ces méthodes ne donnent pas des purifications complètes, excepté la distillation ; elles donnent des purifications partielles et relatives quelquefois à une seule impureté (cuisson sous pression).

Méthodes chimiques. — Pour bien comprendre ces derniers procédés de purification et se rendre compte de leurs effets, il faut classer les diverses impuretés des eaux. Il y en a de deux espèces :

Les impuretés qui sont *momentanément en dissolution*, comme les carbonates terreux, et qui ne sont solubles qu'à la faveur de l'acide carbonique.

Et les impuretés qui sont *en dissolution d'une façon permanente*, telles que les sulfates, les chlorures alcalins et terreux et les matières humiques.

Les premières sont assez facilement enlevées. L'ébullition prolongée pendant quelque temps les enlèvent à peu près complètement, il ne reste que la petite quantité de carbonate de chaux et de magnésie soluble dans l'eau pure.

Les autres impuretés ne peuvent être enlevées que par double décomposition c'est-à-dire en substituant une impureté à une autre. En général, on remplace les sels de chaux et magnésie par des sels alcalins, qui n'ont pas d'inconvénients industriellement, parce qu'ils sont très solubles.

PURIFICATION PAR LES MÉTHODES PHYSIQUES.

Impuretés en suspension.

Matières solides....... | Décantation.
Précipitation par entraînement.
Filtration ordinaire.

Bactéries .... | Ébullition.
Filtration bactériologique.

Impuretés en dissolution.

Impuretés momentanément dissoutes. | Ébullition...... Purification partielle.

Impuretés   en \ Congélation .... Purification partielle.
dissolution   { Ébullition, cuis- Purification bactériologi-
permanente.   { son sous pres-   que.
                 { sion.,........
                 (Distillation ..... Purification complète.

PURIFICATION PAR LES MÉTHODES CHIMIQUES.

Impuretés momentanément dissoutes.

Carbonate de chaux, (Eau de chaux.
  de magnésie........ / Lait de chaux, magnésie.

Impuretés dissoutes d'une façon permanente.

Sulfates alcalins.......)
Chlorures alcalins..... |
    —   terreux..... | Procédés chimiques par double décom-
Sulfates terreux.......) position : Carbonate de soude ou
    —   de chaux..... | phosphates, silicates, savons, etc.
Sels métalliques.......
Matières organiques... Permanganate, aluns, sels de fer, etc.

Désincrustants et antiseptiques. Purification partielle.

Les procédés de purification de l'eau que nous allons
étudier s'appliquent les uns plus spécialement à l'eau
ordinaire, d'autres aux eaux qui forment les résidus de
la fabrication ; enfin d'autres peuvent être employés
d'une manière générale pour toutes les eaux.

Par suite de son emploi industriel, la composition de
l'eau a été nécessairement modifiée dans sa composition. Tantôt la modification a porté sur la matière
minérale pour l'augmenter ou la diminuer, en y joignant les produits de l'usine, tantôt sur la matière
organique ou bien sur les deux à la fois.

On conçoit combien le problème se trouve ainsi compliqué, mais aussi combien sa solution importe, soit à
l'industriel pour lequel ce résidu constitue une perte et
un embarras, soit à l'hygiène publique, car c'est géné-

ralement dans les cours d'eau que les usiniers écoulent leurs résidus liquides.

Comme nous le verrons, le sol est le grand purificateur de l'eau; mais l'emploi que nous faisons très fréquemment des eaux souterraines, même pour l'usage alimentaire, force le législateur à interdire l'écoulement des eaux résiduaires dans les puisards.

Au point de vue hygiénique, il serait peut-être préférable de faire l'inverse, c'est-à-dire d'écouler les eaux industrielles dans le sol et d'interdire l'usage des eaux souterraines pour l'alimentation; car ces eaux doivent être suspectées même dans l'état normal. Mais il est souvent difficile, surtout dans les campagnes, de se procurer d'autres eaux que les eaux de puits.

Nous suivrons dans notre étude l'ordre que nous avons adopté dans notre tableau.

ARTICLE PREMIER. — OPÉRATION PRÉLIMINAIRE

Solution.

Pour dissoudre une substance saline le meilleur moyen consiste à placer cette substance sur un double fond percé plongeant à la partie supérieure du vase contenant l'eau; le sel se dissout rapidement, parce qu'il se trouve constamment en contact avec de l'eau nouvelle, l'eau saturée étant plus dense tombe à la partie inférieure. La dissolution se fait ainsi automatiquement et sans surveillance.

La dissolution est régie par un certain nombre de lois qu'il est bon de connaître. Le phénomène est accompagné d'une absorption ou d'un dégagement de chaleur, quelquefois considérable : c'est ainsi que l'azotate d'ammoniaque refroidit assez l'eau pour faire de la glace : 100 parties d'eau et 60 d'azotate d'ammoniaque à 13° donnent une solution à — 13° environ. Les effets calorifiques semblent indiquer une combinaison entre le corps dissout et le dissolvant, c'est alors cette combinaison qui se dissout et la chaleur constatée est la différence entre la chaleur produite par la combinaison et le refroidissement dû à la dissolution.

La dissolution simple est toujours accompagnée d'un refroidissement, d'une absorption de chaleur, comme la fusion. C'est un véritable changement d'état des corps.

Par l'évaporation du dissolvant, on retrouve la matière dissoute avec toutes ses propriétés.

Quand un corps privé d'eau est mis en contact avec l'eau, il forme d'abord généralement une sorte de combinaison nommée *hydrate ;* si on évapore avec précaution, on obtient cette combinaison qui se dépose sous forme de cristaux, quand la dissolution est suffisamment concentrée.

Lorsqu'on dissout un corps dans l'eau, il se dissout jusqu'à un certain moment où il refuse de se dissoudre davantage ; à ce moment, on dit que la solution est *saturée.* Le poids dissous varie avec la nature des substances depuis 0 pour les corps insolubles jusqu'à l'infini pour les corps qui n'ont pas de limite de solubilité.

La solubilité varie avec la température ; tantôt elle augmente, tantôt elle diminue. On peut en portant sur une feuille de papier les poids dissous sur des parallèles verticales et la température sur une ligne horizontale, construire une courbe que l'on appelle la *courbe de solubilité du corps;* tantôt c'est une ligne droite quand la solubilité est proportionnelle à la température, tantôt une ligne courbe concave ou convexe. On remarque pour certains corps un fait singulier. La solubilité augmente jusqu'à une certaine température; puis brusquement elle diminue à mesure que la température augmente ; beaucoup de sels de chaux ont cette propriété, notamment le sulfate. Le sulfate de soude également. On attribue cette variation à un changement dans l'hydratation du sel dissous. Le point où se fait le changement de solubilité s'appelle le *point du maximum de solubilité du corps.*

Lorsqu'on fait dissoudre plusieurs corps dans la même quantité de dissolvant, s'il y a formation d'une combinaison chimique, le premier corps pourra se dissoudre en nouvelle quantité. C'est ce qui arrive pour les sels de magnésie qui se dissolvent en bien plus grandes proportions dans les solutions contenant des sels ammoniacaux avec lesquels il se forme des sels doubles. Quoiqu'il n'y ait pas combinaison, en apparence du moins, la solubilité peut néanmoins être influencée, l'expérience seule peut guider à ce point de vue (Voir des exemples pages 78-79). En général, on admet que deux corps sans action chimique l'un sur l'autre se dissolvent comme s'ils étaient seuls, mais on ne peut savoir s'il y a combinaison qu'après l'avoir essayé.

Un autre phénomène utile à connaître, c'est la *sur-saturation :* certains sels peuvent se dissoudre dans l'eau en quantité bien supérieure à leur solubilité, sans cependant donner de cristaux ni de dépôt par le refroidissement.

Cette solution pourra se conserver claire aussi long-temps qu'on n'y laissera pas tomber une parcelle solide du corps qui est dissous ou d'un corps ayant la même forme cristalline ; mais alors la solution se prend immédiatement en une masse de cristaux. Le phénomène peut se produire accidentellement par le simple contact de l'air ou d'une baguette, s'il s'y trouve la moindre parcelle, même invisible, du corps en expérience. Le sulfate de soude est un des principaux sels qui donnent lieu à ce phénomène. En faisant dissoudre 750 grammes de sulfate de soude bien cristallisé non effleuri dans 250 grammes d'eau distillée, on aura une solution qui, bien que trop riche en sel, restera liquide jusqu'à ce qu'un fragment de sulfate de soude vienne, accidentellement ou non, faire cesser la sursaturation. La liqueur se prend alors en masse.

Les appareils employés pour obtenir la purification par solution peuvent servir pour préparer les réactifs ; ils seront décrits plus loin dans les appareils industriels.

ARTICLE II. — PURIFICATION DE L'EAU PAR LES MÉTHODES PHYSIQUES

Décantation.

Cette méthode consiste à laisser reposer l'eau dans des réservoirs et à séparer le liquide clair en laissant le dépôt réuni à la partie inférieure.

Si on laisse déposer un corps, on voit que la couche supérieure s'éclaircit et que le dépôt gagne peu à peu le fond, il y a une surface de séparation très nette entre les deux couches du liquide trouble et du liquide clair.

Si on divise un vase en plusieurs couches horizontales, la purification se fera dans chaque couche à la fois et bien plus rapidement que dans un autre vase de même hauteur totale. Le dépôt se fait d'autant plus vite que la couche de liquide est moins épaisse.

La décantation est rarement employée ; elle exige, en effet, la construction de réservoirs de grandes dimensions et très coûteux.

De plus elle est quelquefois très longue. Certaines eaux limoneuses se déposent très mal. Après plusieurs jours et même plusieurs semaines, le dépôt argileux se fait très lentement ; en temps de crues surtout, la clarification par le repos est très difficile. De même, au moment du dégel. Cela s'explique, comme nous l'avons dit, par la diminution des matières salines dans l'eau. L'eau distillée trouble contenant de l'argile, ne dépose que très lentement ou même pas du tout ses matières argileuses ; au contraire, elle s'éclaircit très vite si on y ajoute un peu de sels, c'est ce qui explique les phénomènes ci-dessus.

Ce fait se produit dans la nature, quand les fleuves mêlent leurs eaux à l'eau de la mer ; aussi il se forme souvent aux embouchures des fleuves des dépôts limoneux, connus sous le nom de *deltas*.

La décantation parfaite n'est jamais pratiquée dans l'industrie : elle l'est pour les eaux d'alimentation des villes qui séjournent toujours dans des bassins de dépôt. Mais, même dans ce cas, elle est combinée avec la filtration.

Il y a deux sortes de décantation : la *décantation intermittente* et la *décantation continue*.

La première n'est employée que dans de très petites exploitations.

La deuxième l'est plus fréquemment surtout pour

séparer des précipités opérés par voie chimique, comme nous le verrons.

Certains précipités se déposent très vite et se prêtent très bien à ce procédé : ce sont les précipités lourds ou cristallins; on peut faciliter ce dépôt en chauffant le liquide trouble, les précipités deviennent plus cohérents et plus denses : le carbonate de chaux, le sulfate de baryte sont dans ce cas, de même l'oxyde de fer. Les bassins de décantation ne doivent pas être très profonds. L'écoulement de l'eau doit être très lent.

Lorsque l'eau est destinée à l'alimentation, les bassins de décantation doivent être maintenus dans l'obscurité et la décantation durer le moins longtemps possible, afin de ne pas donner trop de temps au développement des microbes.

On peut favoriser la décantation par divers moyens : comme nous l'avons dit plus haut, en ajoutant certains sels solubles, ou bien en formant un précipité chimique qui entraîne les impuretés en suspension.

Parmi ces procédés, les sels d'alumine et de fer sont les plus fréquemment employés : l'alun, le perchlorure de fer, soit seuls, soit additionnés de chaux. L'addition de chaux, en excès, forme un précipité d'alumine ou d'oxyde de fer qui active encore le dépôt.

Les phosphates, les tannates, la terre de pipe, l'argile, le charbon en poudre, sont également employés.

La décantation n'est généralement qu'une opération accessoire, qui précède et facilite, comme nous l'avons dit, la filtration ou bien qui suit une précipitation chimique.

Cependant il est établi que la décantation purifie l'eau des microbes; après huit jours de repos l'eau ne contient plus que 6 p. 100 des microbes qu'elle renfermait ; on pourrait donc purifier l'eau ainsi, en puisant par un robinet à la surface et laissant à la partie inférieure le dépôt.

Nous décrirons également les appareils pour la décantation en décrivant les appareils industriels pour l'épuration de l'eau.

Précipitation par entraînement.

Beaucoup de précipités, en se formant, entraînent en même temps non seulement les matières en suspension, mais des corps solubles qui s'unissent au précipité en formant sans doute des combinaisons analogues aux laques de teinturiers (voir notamment des exemples dans l'article précédent).

Nous ne croyons pas devoir insister ici sur cette question, qui sera étudiée plus loin, en même temps que les procédés de purification.

Filtration.

La filtration est plus rapide et plus efficace que la décantation, mais, dans la pratique, on la fait toujours précéder d'une décantation partielle continue, pour enlever la plus grande partie des précipités et diminuer d'autant la rapidité d'obstruction des filtres.

La filtration a pour objet de faire passer le liquide à travers une matière poreuse qui retient les matières solides et se laisse traverser par les liquides. Cette faculté n'est pas absolue ; elle dépend de la nature du filtre et de celle du précipité.

La nature de la matière filtrante a de l'influence non seulement sur la perfection de la filtration, mais aussi sur sa rapidité. Les principales matières filtrantes sont : le papier non collé, la pâte à papier, les étoffes : ouate, molletons, flanelles, tissus d'amiante, feutres ; les éponges ; des agglomérés de matières végétales ou animales fibreuses, copeaux de fibres de bois, les fibres minérales : amiante, coton de verre, laine de scories ; enfin le sable, gravier, grès fin, scories, coke, mâchefer, pierre ponce ; pierres poreuses, grès, pierre de liais, pierres poreuses artificielles formées de sable aggloméré avec des silicates, porcelaine dégourdie, porcelaine d'amiante

Un certain nombre de matières filtrantes exercent, en outre, une action physique ou chimique, soit en déterminant des combinaisons entre leurs éléments et les produits du liquide, soit par simple affinité capillaire : noir animal, charbon de bois, charbons artificiels agglomérés.

Les filtres formés par des matières animales peuvent entrer en putréfaction, il faut les changer plus souvent.

Certains précipités passent parfaitement à travers les filtres. Tous les chimistes savent que le sulfate de baryte, par exemple, n'est retenu que très imparfaitement par les filtres, si l'on n'a pas fait bouillir l'eau un instant ou laissé déposer la plus grande partie du précipité.

La première partie filtrée est souvent louche ; ce n'est qu'après avoir servi un peu qu'un filtre fonctionne régulièrement ; puis les matières qui se déposent dans ses pores et sur la surface arrêtent peu à peu la filtration, le filtre a alors besoin d'être nettoyé ou changé.

Un moyen pour retarder cet encrassement des filtres c'est de les imprégner d'eau antérieurement filtrée. Les pores remplis d'eau s'obstruent moins vite.

Il est avantageux d'agiter fortement les précipités avant de les passer au filtre pour donner plus de cohésion aux molécules, ou de disposer le filtre de façon à exercer cette agitation par des plaques transversales ou disposées en chicane. Du reste les matières filtrantes exercent le même effet par l'obstacle qu'opposent leurs pores à la circulation du liquide.

Le liquide à filtrer peut arriver soit par *le haut* du filtre, soit par *le bas ;* ce dernier moyen doit être plus avantageux, au point de vue de la plus grande durée du filtre, une partie du précipité doit tomber à la partie inférieure du vase et obstruer moins les pores du filtre. Il y a aussi des filtres disposés horizontalement.

On peut aussi faire intervenir la pression, on augmente ainsi le débit du filtre. La pression peut être obtenue, soit par la hauteur de la colonne d'eau, soit par l'action mécanique d'une pompe. C'est le procédé le plus fréquemment employé dans l'industrie : *filtres-presses.*

Enfin on peut également filtrer en diminuant la pression par un vide, plus ou moins complet, fait à la sortie du liquide.

Quand les pores sont obstrués, on opère le nettoyage en faisant passer un courant d'eau en sens inverse pour laver le filtre, qui alors peut encore servir jusqu'à ce qu'il devienne nécessaire de le renouveler.

Les filtres retiennent les corps en suspension, ils exercent souvent aussi une action sur les sels et les gaz dissous. Cette action, à peu près nulle pour le sable pur, plus considérable pour la terre, est très énergique pour le charbon animal.

Cette action dépend du filtre comme nous venons de de le dire et aussi de la nature des matières dissoutes:

on sait que la terre retient énergiquement les phosphates, les sulfates ; elle ne retient presque pas les chlorures et surtout les nitrates. Cette action doit être en rapport avec la quantité de matières ulmiques contenues dans le sol.

Le charbon animal agit de même : il retient facilement les phosphates, les alcalis, les sels de chaux, les sels métalliques, les matières organiques azotées et les matières colorantes. Le phosphate de chaux qu'il contient joue, à ce point de vue, le rôle des mordants en teinture ; cependant il y a une action capillaire propre au charbon, puisque le charbon lavé à l'acide et le charbon végétal possèdent, quoique à un moindre degré, les mêmes propriétés.

Les matières ne sont pas seulement retenues, mais en partie détruites par une oxydation déterminée par le charbon ; ainsi les matières azotées sont transformées en partie en ammoniaque. Cette oxydation ne s'exerce pas seulement sur les matières albuminoïdes, mais même sur des produits nettement définis et cristallisés comme la quinine, la morphine, ce qui prouve qu'il faut employer le noir animal avec prudence dans l'industrie et les laboratoires.

L'action du noir animal est plus forte et plus rapide que celle du sable : ce qui pouvait être prévu, *a priori*.

L'oxygène, l'azote, l'acide carbonique et l'acide sulfhydrique sont énergiquement retenus par le charbon. Il est donc nécessaire qu'une eau filtrée soit aérée ensuite, si elle est destinée à être bue.

Au point de vue de l'alimentation, les filtres de quelque nature qu'ils soient, même les filtres en porcelaine dégourdie, doivent être surveillés, avec le soin le plus grand, les microbes ou leurs spores se déposent à la surface en une couche glutineuse, les spores se développent, enfoncent leur mycélium dans les pores du filtre et pénètrent dans l'intérieur, il est donc indispensable de les laver avec soin et même de les calciner de temps en temps ou au moins de les chauffer à 150°.

Si nous envisageons la question hygiénique, les filtres ordinaires sont très dangereux, ils sont absolument inutiles pour l'élimination des microbes ; les seuls filtres qui produisent de bons résultats, à la condition d'être stérilisés de temps en temps, sont les filtres en porcelaine dégourdie.

Cependant les matières filtrantes ordinaires ont une certaine efficacité, le tableau suivant résume les expériences faites par M. Frankland et le nombre des microbes trouvés :

MATIÈRES FILTRANTES.	LE 1ᵉʳ JOUR.		LE 13ᵉ JOUR.		AU BOUT de 30 à 37 j.	
	Eau non filtrée.	Eau filtrée.	Eau non filtrée.	Eau filtrée.	Eau non filtrée.	Eau filtrée.
Grès vert ferrugineux.........	64 à 97	0	8193	1071	1281	779
Charbon animal	innombr.	0	2792	0	1181	6958
Fer spongieux..............	80	0	2792	0	1281	2
Brique pulvérisée...........	3112	732	»	»	5937	406
Coke pulvérisé..............	3112	0	»	»	5937	86
Sable blanc non ferrugineux.	11232	1012	»	»	»	»
Verre pulvérisé.............	11232	1012	»	»	»	»

FILTRES INDUSTRIELS.

La question des microbes, qui est importante surtout au point de vue hygiénique, présente pourtant encore quelque intérêt dans certaines industries.

Il semble résulter d'expériences récentes de M. Karlinski que les eaux d'usines ne seraient pas favorables au développement des microbes, contrairement à l'opinion reçue ; cela dépend probablement de la nature des eaux industrielles et aussi des conditions de l'expérience, sans doute ces eaux sont trop chargées de matières minérales ou organiques, les microbes trouvent alors une trop grande abondance de nourriture. On sait, du reste, également qu'une acidité un peu forte leur est nuisible et les fait périr.

Filtres a sable. — Les filtres à sable sont adoptés fréquemment.

Au point de vue industriel, ce sont eux qui présentent le plus d'avantages ; s'ils ont une assez grande épaisseur, ils donnent de bons résultats. On les compose d'éléments de plus en plus fins de façon que le liquide traverse d'abord le sable grossier. On augmente ainsi la durée du service d'un filtre.

Filtre a sable a nettoyage automatique. — Un rabot circulaire vient constamment racler la surface du filtre et enlever une faible couche, livrant ainsi à la filtration une surface toujours fraîche ; mais la couche filtrante diminue peu à peu d'épaisseur ; on est obligé de temps en temps d'arrêter le filtre et de le nettoyer complètement avant de le remettre en train.

Filtres anglais. — Les filtres anglais ont la même disposition que ceux que nous venons de décrire.

Filtre Coste — Il est employé dans diverses papeteries.

Il se compose d'un bassin, d'où l'eau passe dans un deuxième, rempli de moellons, puis de mâchefer, de gravier, et de gros sable, ensuite dans un troisième, contenant du sable fin ; dans le fond se trouvent des drains qui reçoivent l'eau filtrée et la conduisent dans un réservoir.

Les nettoyages doivent être plus ou moins fréquents suivant la pureté de l'eau.

FILTRE VERTICAL DE BRUNQUELL. — Il peut aussi être employé dans les usines.

Il comprend un bassin à parois d'argile, traversé par un premier filtre vertical, contenant du gros sable et du gravier, puis un deuxième filtre carré contenant du sable fin.

FILTRE HOWATSON (fig. 27). — L'eau arrive par les tubes A A' B, traverse la couche filtrante D et sort à la partie inférieure.

En même temps, l'appareil F F' C permet de remuer la partie supérieure de la couche filtrante lorsqu'il est besoin de la nettoyer. La vis F F' sert à régler la profondeur de la couche filtrante qui doit être brassée ; les impuretés s'écoulent par H.

G sert à évacuer l'eau de lavage après l'opération.

Pour nettoyer le filtre, on fait arriver l'eau par A B' en sens inverse.

AUTRES FILTRES A SABLE. — Il y a encore un grand nombre de filtres à sable, où le lavage se fait par des procédés plus ou moins efficaces, mais qui témoignent tous de l'ingéniosité des constructeurs et surtout de l'inutilité de leurs efforts jusqu'à ce jour.

Les filtres à sable ou autres matières filtrantes analogues, et c'est là notre opinion bien sincère, sont des appareils coûteux, imparfaits, inefficaces, la seule solution de la filtration hygiénique, c'est évidemment la filtration à domicile.

FILTRES DIVERS. — On emploie des filtres de bois, de copeaux, de coton, de tontisses de drap, d'éponges.

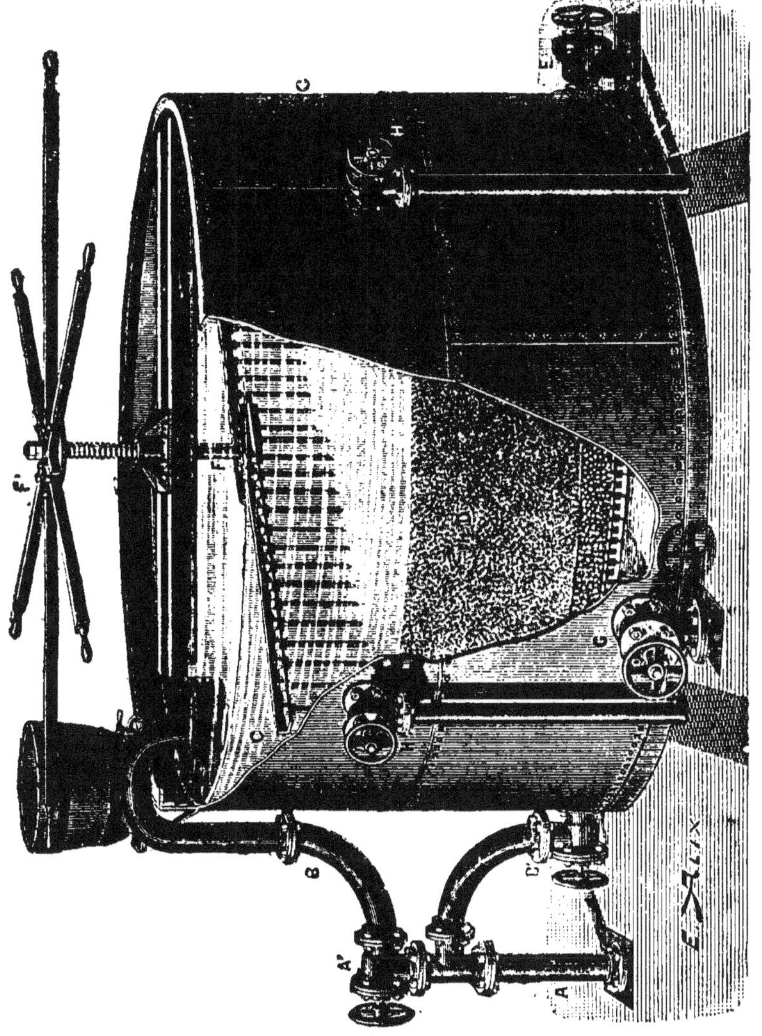

Fig. 27. — Filtre Howatson

FILTRE KNAPP. — Knapp (1) décrit un filtre formé de poils de vache lavés, maintenu entre deux toiles métalliques pressées par deux cadres, on les superpose

(1) Knapp, *Traité de chimie.*

GUICHARD. — L'eau dans l'industr.   13

dans une caisse en forme de pyramide tronquée renversée.

Cette filtration est assez grossière et ne peut retenir que de grosses impuretés, telles que pailles, débris végétaux, animalcules aquatiques, détritus d'algues ou plantes aquatiques,

FILTRES POUR L'ÉCONOMIE DOMESTIQUE

Depuis longtemps on a construit des filtres pour l'économie domestique.

FILTRES FONVIELLE-SOUCHON. — Les premiers qui ont été employés avec succès sont les filtres Fonvielle-Souchon qui étaient composés de couches de sable, d'éponges et de charbon.

FONTAINE DUCOMMUN. — La fontaine Ducommun fonctionne sans pression ; l'eau traverse une grosse éponge qu'on lave fréquemment, puis une couche de sable, puis du charbon.

FILTRE A PLAQUE DE GRÈS. — C'est un des plus anciens ; c'est un réservoir en terre cuite, contenant à la partie inférieure un petit réservoir séparé du premier par une plaque poreuse inclinée. On la nettoie de temps en temps avec une brosse de chiendent.

FONTAINE FILTRANTE ANGLAISE. — Elle renferme aussi une pierre poreuse, mais cette pierre est taillée en forme de dé à coudre renversé ; l'eau arrive à l'intérieur avec la pression de la ville, traverse la plaque de grès et s'écoule par un robinet placé à la partie supérieure.

FONTAINE PAR ASCENSION. — On emploie à bord des navires une fontaine par ascension ; l'eau, venue à la partie supérieure, passe par un tube dans le compartiment inférieur, puis remonte tout autour à travers du gravier, du sable et du charbon ; elle se réunit au-dessus dans un compartiment, d'où un robinet permet de la retirer.

FILTRE MAIGNEN dit *Cottage* (fig. 28). — Il est supérieur aux filtres précédents.

Fig. 28. — Filtre Maignen dit *Cottage*.

Cet appareil se compose d'un cône en grès percé de trous, sur lequel est placé un sac de toile d'amiante fixé sur le cône en haut et en bas ; on le saupoudre avec une poudre dite *carbo calcis*, qui augmente encore la puissance filtrante, enfin on dépose une couche considérable de carbo calcis en grains. Ce carbo calcis a des propriétés analogues au charbon animal ; il suffit de se reporter aux paragraphes ci-dessus pour se rendre compte des qualités supérieures de ce filtre.

Ce filtre dure assez longtemps, toutefois nous verrons (p. 227) qu'il est prudent de surveiller tous les filtres et de les renouveler fréquemment.

Pour purifier l'eau plus complètement, on emploie en même temps la *poudre Maignen* formée de carbonate de soude, chaux vive et alun, qui purifie l'eau suivant des réactions que nous indiquerons un peu plus loin.

L'alun a, en outre, une action énergique sur les bactéries; si nous admettons en principe l'efficacité de ce produit sur l'eau, nous ne saurions conseiller son emploi : introduire dans l'eau potable de la soude caustique, de la chaux et de l'alun ne nous semble pas un moyen de purification pratique, à moins d'un dosage chimique que le public n'est pas à même de faire; l'essai indiqué nous paraît insuffisant.

M. Maignen fait deux sortes de poudre, la poudre *anticalcaire* n° 1 qui doit être employée avec les eaux non séléniteuses, l'*anticalcaire* n° 2 pour les eaux séléniteuses; l'emploi de la poudre doit précéder la filtration. Nous rejetons l'emploi de ces poudres, il n'eût pas été bien difficile d'en trouver de plus inoffensives.

Toutefois nous reconnaissons que la quantité introduite pourrait difficilement causer des accidents. En effet, pour peu qu'on dépasse la quantité nécessaire, le sens du goût prévient tout de suite le consommateur.

FILTRE CHAMBERLAND. — Tous ces filtres et beaucoup d'autres sont insuffisants pour assurer la purification bactériologique de l'eau ; il résulte des travaux de M. Chamberland que le filtre en porcelaine dégourdie permet seul de retenir les bactéries.

Le *filtre Chamberland* se compose d'une bougie en porcelaine dégourdie, enfermée dans un cylindre métallique, l'eau arrive autour de la bougie, traverse la paroi poreuse, pénètre à l'intérieur et s'écoule par la partie inférieure (fig. 29).

La purification donnée par ce filtre est-elle absolue? Elle s'en rapproche, du moins, autant que possible, mais il importe de le tenir en bon état, de le nettoyer fréquemment, et de temps en temps de le

faire bouillir avec de l'eau acidulée par l'acide chlorhydrique ou de chauffer les bougies dans un four ou
dans une étuve à 150° en-
viron.

Autrement les microbes
forment sur la bougie une
couche glaireuse, les my-
céliums des microbes pé-
nètrent dans les pores de
la porcelaine et forment à
l'intérieur des spores de
microbes; l'eau devient
alors moins pure qu'avant
la purification.

Une bougie de 20 cen-
timètres donne environ
1 litre d'eau à l'heure, sous
la pression habituelle. Ils
peuvent fonctionner *sans
pression* ou *avec une pression faible*, mais le débit
est moindre.

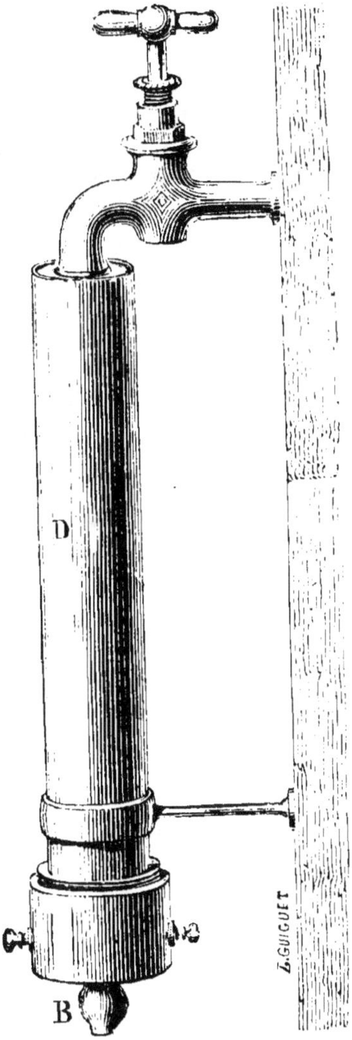

Pour obtenir de gran-
des quantités de liquide
on réunit un plus grand
nombre de bougies. Un
filtre de 21 bougies donne
environ 1000 litres d'eau
par 24 heures sous la pression de 2 atmosphères ;

Fig. 29. — Filtre Chamberland.

l'eau arrive par la partie
inférieure dans le réservoir, traverse les bougies et
sort par la partie supérieure (fig. 30).

En 1883, MM. Bourquelot et Galippe avaient employé les vases poreux des piles pour stériliser les liquides, puis la bougie de M. Chamberland, et ils cons-

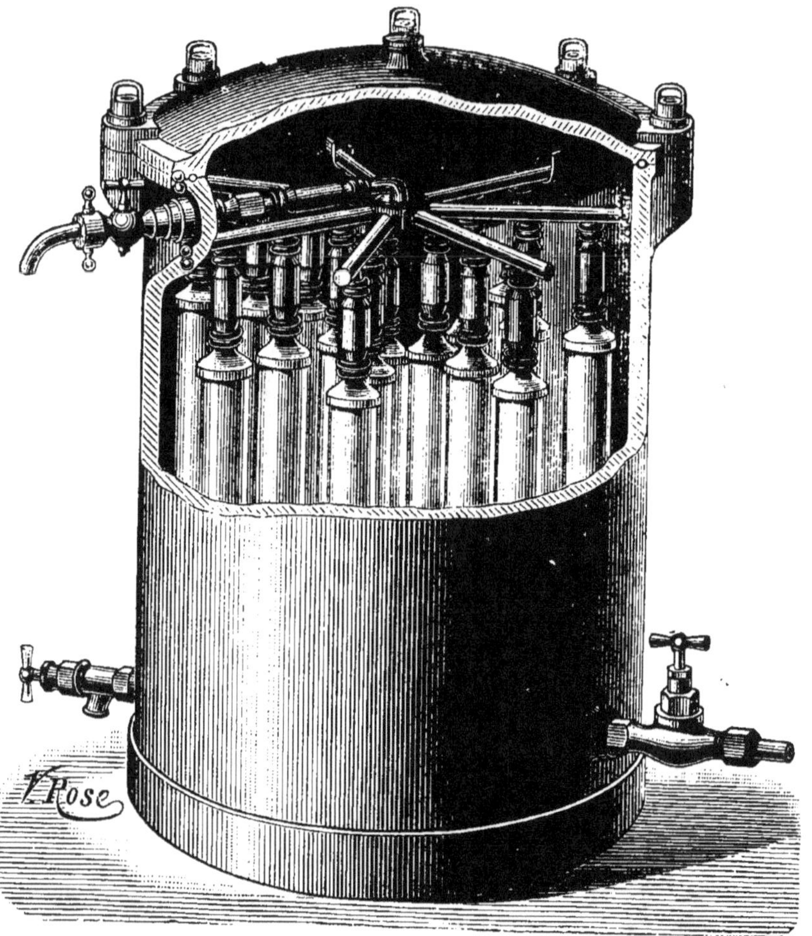

Fig. 30. — Filtre Chamberland en fonte émaillée à 14 et 21 bougies.

tatèrent que la stérilisation n'était pas absolue, qu'au bout d'un temps, variant de quelques jours à quelques semaines, les bougies laissent passer les spores. Au bout de huit jours, d'après ces expérimentateurs, la stérilisation n'est plus sûrement obtenue. Il se passe le même phénomène qu'avec les filtres à sable : la paroi du filtre se recouvre d'un limon feutré à travers lequel se fait très bien la filtration, mais qui devient bientôt un excellent terrain de culture dans lequel les mycéliums se développent et traversent peu à peu la paroi poreuse.

D'après M. Miquel, l'action de la bougie est d'autant plus durable que l'eau est plus pure. L'eau de la Vanne peut être stérilisée pendant un mois ; l'eau de Seine trouble, à peine pendant trois jours ; l'eau du canal de l'Ourcq passe impure après 48 heures à peine.

Les filtres Chamberland ont été depuis notablement perfectionnés ; mais il faut néanmoins les stériliser souvent, soit par la chaleur ou l'acide chlorhydrique comme nous l'avons dit, soit en y filtrant un liquide stérilisateur qui, en traversant les pores du filtre, tue les germes qui s'y trouvent ; on a proposé dans ce but l'alcool, la solution d'alun (10 grammes d'alun par bougie), l'eau de Javel, le permanganate de potasse ; il faut ensuite laisser filtrer de l'eau pendant 20 minutes environ pour enlever le liquide stérilisateur (Riche). Ces observations s'appliquent, du reste, à tous les filtres du même genre.

La chaleur nous paraît plus sûre. Le permanganate tue sans doute les êtres vivants, microbes ou autres, bien que l'expérience ait prouvé que l'action du permanganate sur les matières organiques est incomplète (voir : *Dosage des matières organiques*).

M. Guinochet (1), dans de nombreuses expériences

____

(1) Guinochet, *Archives de médecine expérimentale*, 1er septembre 1893 et *Journal de pharmacie et de chimie*, 1893.

comparatives, a étudié cette même question sur le filtre Chamberland, muni du *nettoyeur automatique André* (p. 228).

Un régulateur de pression empêchait les coups de bélier qui auraient pu troubler les résultats. L'auteur a obtenu les résultats suivants :

1° Les bougies nettoyées débitent plus que les autres, cependant malgré les nettoyages le débit des bougies diminue peu à peu, puis reste constant au moins pendant quelque temps ;

2° Deux bougies ayant un débit identique au début, alimentées et nettoyées de la même façon, ne conservent pas le même débit, ce qui tient évidemment à une différence dans la pâte ;

3° L'emploi du liège dans la poudre d'entretien contribue à obstruer les bougies. L'auteur a examiné la pureté de l'eau provenant de la filtration. Voici les résultats obtenus :

1° Quelle que soit la pression et malgré les coups de bélier, l'eau était absolument pure au bout de cinq jours ;

2° La poudre d'entretien n'a pas l'effet qu'on espérait d'empêcher l'adhérence des microbes, elle est utile pour le nettoyage par frottement ;

3° Les bougies ne laissent passer aucun microbe pendant dix jours et très peu pendant au moins les vingt-sept jours d'expérience ;

4° Les microbes au bout d'un certain temps passent malgré les nettoyages. M. André a proposé de stériliser par ébullition au moyen d'une solution de carbonate de potasse, opération très délicate.

Il serait évidemment préférable de faire la stérilisation à froid au moyen d'une solution antiseptique comme on l'a vu, mais il y a lieu de craindre, d'autre part, un nettoyage incomplet après la stérilisation. Les produits qui peuvent être employés pour cet usage sont tous plus ou moins toxiques ou d'un goût plus ou moins désagréable, et dès lors il peut toujours y avoir incertitude sur la complète élimination du produit après la stérilisation. Dans les appareils à plusieurs bougies, il ne faut pas songer à enlever la bougie défectueuse pour la chauffer et la stériliser. La stérilisation à froid serait donc la seule pratique, combinée avec le nettoyeur André.

Le permanganate de potasse, déjà essayé et conseillé par plusieurs auteurs, a paru à M. Guinochet le corps le plus favorable pour cette opération et il a réussi à en rendre l'emploi pratique. La réserve que nous avons faite sur la décomposition incomplète des matières organiques dissoutes, ne s'applique pas à la destruction bactériologique. D'après les expériences de M. Guinochet, les bactéries sont complètement détruites.

Il faut 6 grammes de permanganate pour un appareil de cinquante bougies ; on l'introduit, après un nettoyage avec les frotteurs en caoutchouc, en solution au millième, on laisse en contact une demi-heure, puis on rétablit le courant d'eau pour faire passer la solution partout ; au bout d'un quart d'heure, on arrête l'eau, on fait écouler la solution, on rince deux ou trois fois avec de l'eau ordinaire, puis on fait filtrer l'eau comme d'habitude ; on commence à en recueillir pour l'usage seulement lorsque la coloration a disparu, ce qui ne demande que quelques minutes.

L'action du permanganate se fait sentir non seulement sur les parois, mais dans l'intérieur de la pâte de porcelaine, de sorte que toutes les matières vivantes sont

13.

détruites. Il se forme, par la décomposion du permanganate, de l'oxyde manganique, qui est inoffensif et qui
est même employé en thérapeutique comme fortifiant.

L'oxyde manganique, qui se produit ainsi, se dépose
peu à peu dans les pores de la porcelaine, et au bout
d'un assez grand nombre de nettoyages le filtre perd
en partie sa faculté filtrante.

M. Guinochet traite les filtres par une solution de
bisulfite de soude qui dissout l'oxyde de manganèse
et nettoie ainsi complètement les filtres, qui reprennent toute leur activité première.

Les bougies simples
peuvent également être
traitées par le permanganate, il suffit de les
laisser une demi-heure
dans la solution de permanganate, on les vide
et on les lave à l'eau,
puis on rétablit la filtration, et après quelques
minutes on peut recueillir
l'eau pour l'usage.

Aéri-filtre maillié. —
C'est une modification intéressante du filtre Chamberland (fig. 31), et disposé
de même, avec cette diffé

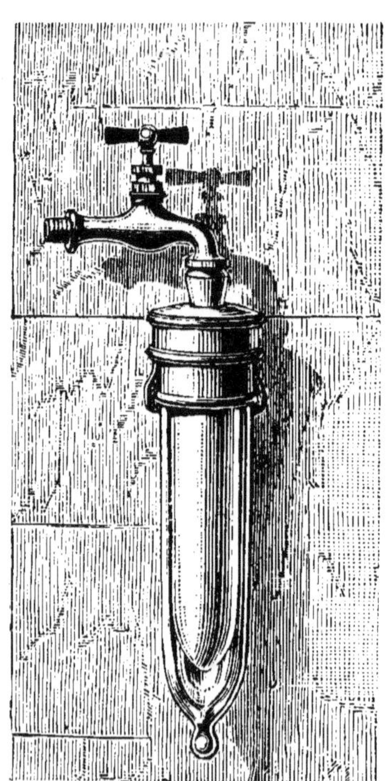

Fig. 31. — Aéri-filtre Maillé.

rence que l'eau filtre de l'intérieur à l'extérieur et
qu'on peut à travers les parois transparentes de l'enveloppe en verre constater la moindre fêlure dans la

bougie filtrante, en cas de bris des appareils ; une soupape de sûreté doit empêcher tout écoulement d'eau inutile.

FILTRE VARRAL-BRISSE. — Ce filtre est également un filtre en porcelaine, mais l'auteur a employé une disposition nouvelle ; voici la description de son filtre : Il se compose d'une cavité à peu près ovoïde, partagée verticalement en deux parties égales par une plaque de porcelaine poreuse. L'eau arrive d'un côté et traverse la plaque pour se réunir de l'autre côté. Comme les deux espaces sont clos, l'eau cesse de filtrer lorsque la pression est égale dans les deux cavités. Si alors on puise de l'eau filtrée, la filtration recommence ; si, au contraire, on prend de l'eau non filtrée, l'eau filtrée rentre dans la première cavité et cette filtration inverse nettoie le filtre. Le nettoyage peut encore se faire plus complètement en faisant tourner du dehors une pierre polie qui vient frotter contre la plaque de porcelaine et détache les mucosités adhérentes. Un réservoir annexé à l'appareil permet d'avoir une provision d'eau filtrée.

ENTRETIEN DES FILTRES EN PORCELAINE

Comme on vient de le voir, le filtre Chamberland a été l'objet de travaux nombreux. Toutes les observations des divers expérimentateurs s'appliquent, bien entendu, à tous les filtres en porcelaine et notamment au filtre Maillé. Il résulte de tous ces travaux, qui sont, du reste, concordants, que les filtres en porcelaine donnent de l'eau pure pendant un certain temps et qu'ils peuvent par suite remplir le but que l'on se propose d'atteindre, à la condition qu'ils soient entretenus convenablement.

Nettoyeur du système André. — Pour résumer ce qui est relatif à cette question, nous croyons devoir reproduire presque en entier l'instruction publiée par le Ministère de la guerre, pour l'installation des filtres Chamberland à nettoyeur du système André dans les établissements militaires.

Description du filtre. — Le filtre représenté par les figures 32 et 33 se compose essentiellement de bougies Chamberland, système Pasteur, disposées en cercles concentriques, à l'intérieur d'un réservoir métallique étanche, capable de recevoir de l'eau sous une pression de trois atmosphères.

À leur partie inférieure, les bougies B sont liées, au moyen de tubes de raccord en caoutchouc serrés par deux colliers métalliques, à des tétons en bronze fixés sur un plateau de fond P; à leur partie supérieure, elles sont coiffées de calottes en caoutchouc surmontées de portées en ébonite qui s'encastrent dans des plates-bandes circulaires K. Le montage des bougies est assez élastique pour permettre un brossage énergique sans danger de cassure.

L'eau est amenée sous pression par un robinet A placé en bas et sur le côté de l'enveloppe O ; elle pénètre dans le réservoir par un tuyau horizontal D et ensuite par un tube vertical placé dans l'axe et dont on indiquera plus loin le rôle ; elle traverse les bougies en se filtrant de l'extérieur à l'intérieur ; les jets d'eau filtrée sortant du plateau de fond sont recueillis dans un collecteur C en forme de cône renversé, muni vers son sommet d'une tubulure de déversement F.

Les filtres André sont de quatre modèles différents et renferment respectivement 50, 25, 12 et 6 bougies.

Description du nettoyeur. — Le nettoyeur (fig. 32

et 33) comprend, branchés les uns sur les autres, le tube vertical d'introduction de l'eau placé dans l'axe de l'appareil, le tube horizontal T et les tubes verticaux t. Ces tubes t sont fermés à leur partie inférieure ; ils sont placés, les uns entre les cercles métalliques k qui supportent les bougies, les autres à l'intérieur du plus petit ou à l'extérieur du plus grand de ces cercles ; ils portent chacun deux frotteurs f en caoutchouc ayant la forme d'Y, dont les petites branches sont alternativement en contact avec la surface extérieure des bougies ; enfin, ces tubes sont percés d'un certain nombre de petits trous répartis sur leur hauteur.

Le tube vertical formant l'axe de cette sorte de peigne s'engage à frottement dans le plateau de fond ; il porte à son extrémité supérieure une partie filetée qui traverse un écrou taraudé fixé au couvercle, et se termine au-dessus de ce couvercle par une manivelle M. La manœuvre de cette manivelle imprime au nettoyeur un mouvement de rotation en même temps qu'un mouvement vertical descendant ou ascendant.

Une petite chambre l, enveloppant le point de pénétration du tube central dans le plateau de fond, reçoit l'eau non filtrée provenant du tube D qui y débouche ; si le tube central est à fond de course, l'eau pénètre librement dans son intérieur (fig. 33), et s'échappe en jets cinglants par les orifices percés dans les tubes t ; si, au contraire, le nettoyeur est en haut de sa course, position normale pendant le fonctionnement du filtre, l'eau arrive dans le tube central par son orifice inférieur et est déversée dans le filtre à la fois par les trous percés dans ce tube et qui se trouvent alors à l'extérieur de la chambre l, et par ceux des tubes t.

Fonctionnement du nettoyeur. — Le nettoyage du

filtre comprend quatre opérations successives faites
dans l'ordre suivant :

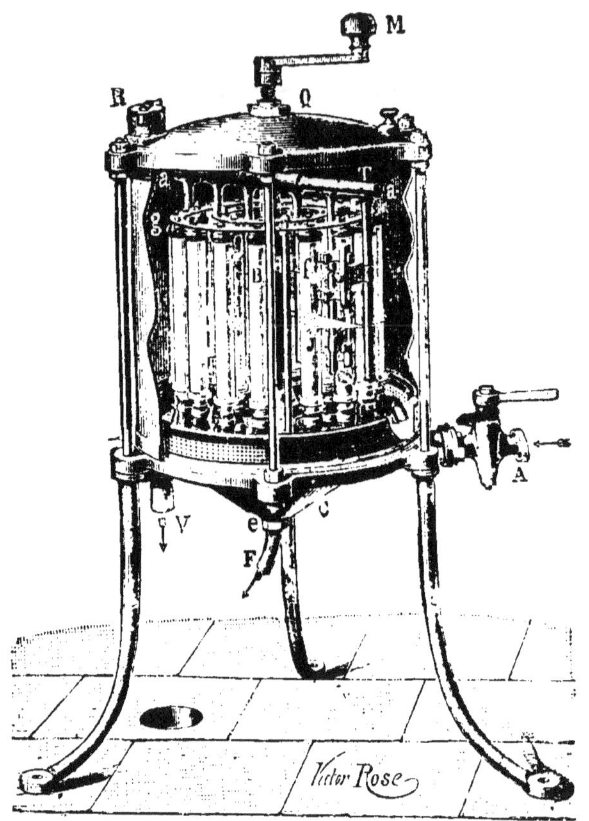

Fig. 32. — Filtre nettoyeur du système André.

A, arrivée de l'eau non filtrée ; B, bougie Chamberland système Pasteur ;
C, collecteur ; E, tuyau d'arrivée de l'eau non filtrée à l'intérieur du filtre ;
F, échappement de l'eau filtrée ;G, jets d'eau du nettoyeur ; M, manivelle du
nettoyeur ; O, enveloppe du filtre ; P, plateau du fond ; Q, couvercle du filtre ;
R, clapet d'introduction d'air ; S, tamis pour retenir la grenaille de liége ;
T, t, nettoyeur ; V, vidange ; a, extrémité fermée du tuyau horizontal du nettoyeur ; c, écrou fixant le collecteur ; f, frotteur en caoutchouc ; g, calotte de
raccord supérieur des bougies ; h, raccord inférieur en caoutchouc ; k, cercles
en fer supérieurs maintenant les bougies ; l, chambre de distribution.

1° *Supprimer la pression.* — Après avoir fermé le
robinet A d'admission de l'eau, ouvrir le robinet de

vidange V et le fermer aussitôt que l'écoulement cesse
d'être violent; ouvrir à ce moment le clapet R du couvercle, afin d'établir la pression atmosphérique à l'intérieur du filtre.

2° *Décrasser*. — Tourner la manivelle M du net-

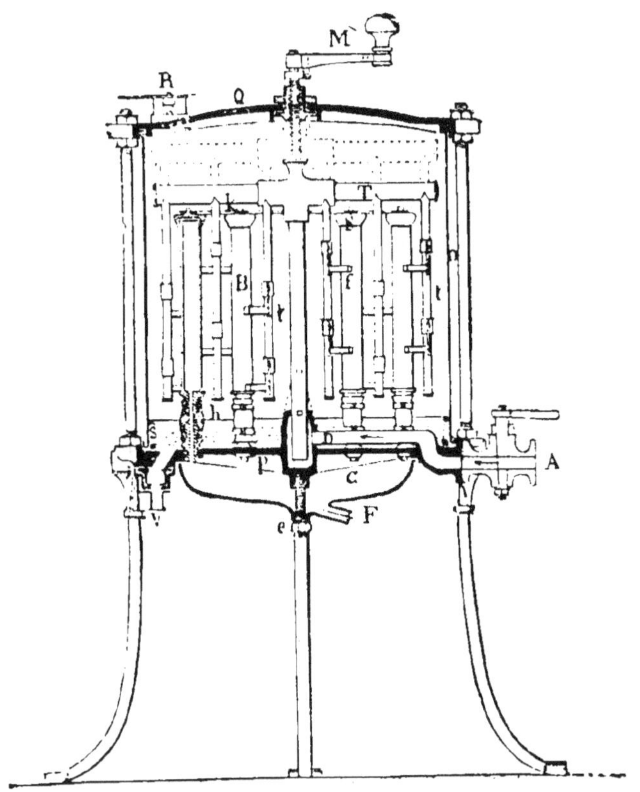

Fig. 33 — Filtre nettoyeur du système André.

toyeur; descendre la vis à fond, la remonter, et ainsi
alternativement plusieurs fois de suite.

Pendant cette opération, les frotteurs touchent successivement tous les points de la surface extérieure
des bougies, et l'eau renfermée dans le filtre se charge
de toutes les impuretés déposées sur les bougies; pour

l'évacuer, on ouvre le robinet de vidange V, et pendant l'écoulement de l'eau, on tourne la manivelle dans les deux sens, de manière à empêcher un nouveau dépôt sur les bougies.

3° *Rincer.* — Le robinet étant ouvert à la suite de l'opération qui précède, ouvrir celui d'admission A, tourner la manivelle plusieurs fois dans les deux sens. Le rinçage terminé, tourner le robinet V, et, lorsque l'eau a atteint le sommet des bougies, fermer le robinet A.

Pendant cette opération, les frotteurs complètent le nettoyage de la surface des bougies en même temps que l'eau sous pression qui s'échappe vivement par les orifices des tubes *t* vient frapper vivement les bougies sur toute leur surface.

4° *Introduire la poudre d'entretien.* — L'expérience a montré que si l'on introduit dans le filtre une poudre inerte très fine qui se dépose sur les bougies, cette poudre fait l'office de dégrossisseur, empêche l'adhérence des dépôts et facilite le nettoyage.

Pour introduire cette poudre, après l'opération du rinçage, verser par le clapet R un demi-verre d'un mélange d'eau et de poudre préparé à l'avance dans la proportion de 200 grammes d'eau pour 500 grammes de poudre ; fermer le clapet, donner un coup de manivelle, aller et retour, pour opérer le mélange, et, le nettoyeur étant en haut de sa course, ouvrir le robinet d'admission A.

Le filtre est alors prêt à fonctionner.

Le nettoyage est encore rendu plus complet par la présence dans l'appareil de grenaille de liège. Par suite des remous imprimés au liquide pendant la manœuvre du nettoyeur, les grains de liège viennent heurter en tous sens les bougies et produisent un effet analogue à celui d'un brossage. Un tamis circulaire en toile métallique S, appliqué hermétiquement contre la paroi du filtre, empêche que la grenaille ne soit entraînée avec de l'eau qui s'échappe par le robinet de vidange.

On a constaté que le débit du filtre est sensiblement plus fort après chaque nettoyage qu'avant : il y aurait par suite à multiplier ces nettoyages. Dans la pratique, il suffira de faire deux nettoyages par jour, l'un le matin, l'autre le soir, à douze heures d'intervalle.

Certaines eaux contiennent quelques principes mucilagineux dont le dépôt lent sur les bougies peut, au bout d'un certain temps, diminuer progressivement le débit malgré les nettoyages ordinaires. Quand cette circonstance se produira, on fera un nettoyage spécial, dit *nettoyage alcalin*, qui est décrit dans la notice à l'usage du personnel chargé de l'entretien des filtres. Ce nettoyage ne devra être fait que sur l'ordre et sous la surveillance du service du génie.

Vérification de l'état des bougies. — Remplacement et stérilisation. — Si l'on dépose le collecteur C (fig. 32 et 33), après avoir enlevé l'écrou *e*, on aperçoit l'orifice inférieur des tétons fixés au plateau de fond de l'appareil. L'examen des jets permet de se rendre compte de l'état des bougies ; si l'un de ces jets est plus abondant que les autres, il y a lieu de suspecter de cassure ou de fêlure la bougie correspondante. Mais ce moyen n'offre pas toute la sécurité voulue, car des bougies légèrement fêlées pourraient livrer passage à de l'eau impure sans que l'on pût constater une différence appréciable dans le débit. Il a été, il est vrai, constaté que sous l'effet de la pression de l'eau, la poudre d'entretien pénètre dans les fêlures légères et les colmate. Quoi qu'il en soit, le procédé suivant constitue un moyen de recherche suffisant. Après avoir supprimé la pression comme pour un nettoyage, on insuffle de l'air dans les bougies à l'aide d'un soufflet raccordé par un tube en caoutchouc avec la tubulure d'écoulement de l'eau filtrée. Si l'une des bougies est fêlée, l'air insufflé s'échappe par la fente et produit dans l'eau un bouillonnement que l'on peut observer par l'un des regards vitrés placés en opposition dans la paroi verticale de l'appareil. Un examen attentif permet de déterminer celle des bougies qui est endommagée.

Dès que l'on a constaté le mauvais état d'une bougie, on obture immédiatement le téton correspondant au moyen d'un bouchon à vis.

Il est d'ailleurs indispensable, pour être fixé d'une façon complète sur le bon fonctionnement du filtre, de contrôler de temps en temps, par des essais bactériologiques, la qualité de l'eau filtrée recueillie directement au collecteur.

Lorsqu'on aura une bougie à remplacer, on videra entièrement le filtre, on démontera le couvercle et la paroi latérale, on desserrera les colliers qui maintiennent le raccord en caoutchouc de la bougie avec le téton correspondant, on enlèvera la bougie et on la remplacera. Le filtre sera ensuite remonté et remis en charge.

Par suite d'usure, de colmatage ou de détérioration, les bougies ne peuvent pas rester en service plus de trois ans.

Le nettoyage journalier des bougies rend moins fréquente la nécessité de leur stérilisation, mais il ne saurait la supprimer en principe. La stérilisation devra être faite tous les six mois.

Rendement des filtres. — Pour une eau déterminée et dans des conditions identiques de nettoyage, le débit des filtres est à peu près proportionnel aux pressions, au moins jusqu'à la pression de trois atmosphères ou environ 30 mètres d'eau.

Le rendement des filtres subit de nombreuses variations dans un intervalle de vingt-quatre heures, lorsque l'eau d'alimentation est fournie sous pression. En effet, la pression, dans la canalisation, est soumise à des oscillations nombreuses dues à des causes diverses, notamment à l'importance de la consommation de l'eau dans la ville ; en outre, le débit du filtre est accru aussitôt après un nettoyage et décroît ensuite. La nature de l'eau a aussi une influence considérable sur la vitesse de filtration.

Ces diverses causes de variation dans le débit ne permettent pas de fixer un rendement théorique des filtres.

On a toutefois réuni dans le tableau suivant, à titre d'indication, les résultats moyens trouvés à la suite de nombreuses expériences sur le rendement des filtres pendant vingt-quatre heures consécutives (jour et nuit). L'eau employée était l'eau de Seine puisée en amont de Paris et que l'on peut classer comme une eau moyennement chargée d'impuretés.

*Débits approximatifs, moyens par vingt-quatre heures des filtres
Chamberland système Pasteur, avec nettoyeur O. André.*

(Eau moyenne. — Un nettoyage par vingt-quatre heures.)

PRESSION en MÈTRES D'EAU.	DÉBIT EN LITRES PAR 24 HEURES DES APPAREILS DE			
	50 bougies.	25 bougies.	12 bougies.	6 bougies.
5	300	150	70	35
10	600	300	140	70
15	900	450	210	105
20	1.200	600	280	140
25	1.500	750	350	175
30	1.800	900	420	210

L'expérience prouve que la pression la plus favorable à un fonctionnement régulier des filtres est celle de 20 mètres de hauteur d'eau.

Détermination du nombre de filtres. — En se basant sur les rendements consignés au tableau précédent et en admettant une pression variant en vingt-quatre heures de 15 à 20 mètres d'eau, on adoptera les fixations suivantes :

Pour 1 compagnie d'infanterie ou
un effectif équivalent........... 1 filtre de 12 bougies.
Pour 2 compagnies d'infanterie ou
un effectif équivalent.......... 1   —   25   —
Pour 1 bataillon d'infanterie ou un
effectif équivalent.............. 2 filtres de 25   —
                                       [ou un de 50   —

Dans un projet d'installation de filtres, il sera utile de prévoir un ou plusieurs appareils supplémentaires, soit pour pourvoir au remplacement de l'un de ceux en service qui serait devenu accidentellement inutilisable, soit pour le cas d'appels éventuels (réservistes ou territoriaux).

Principe de l'organisation. — En principe, le service de l'eau filtrée sera organisé dans des locaux du rez-de-chaussée. L'eau filtrée sera recueillie dans des réservoirs placés au-dessous des filtres et y sera amenée par simple gravitation. Les filtres et les réservoirs seront réunis dans un local spécial. La distribution de l'eau filtrée se fera dans une chambre contiguë au local précédent et séparée de lui par un mur ou une cloison sans ouverture.

Chambre des appareils. — La chambre des appareils sera fermée à clef. Ne pourront y entrer que les personnes chargées de la visite et de l'entretien des appareils et les hommes désignés pour la surveillance et le nettoyage des filtres.

Cette chambre sera autant que possible séparée des murs extérieurs du bâtiment par une autre pièce ou un corridor. Dans le cas où elle serait contiguë à ces murs extérieurs, elle devra être exposée au nord autant que possible et la porte d'entrée donnera sur un corridor extérieur. Les ouvertures sur la cour seront peu nombreuses, de petites dimensions et juste suffisantes pour donner le degré de lumière nécessaire aux opérations ; elles seront munies de volets intérieurs que l'on fermera toujours au moment de quitter le local. Dans le cas où la chambre serait contiguë à un mur de façade exposé au soleil, des auvents inclinés de haut en bas seront placés au-dessus des fenêtres. Pendant les fortes chaleurs, on enveloppera les filtres et les réservoirs de toiles humides qui contribueront à maintenir la température de ces appareils sensiblement égale à celle de l'eau naturelle dans la canalisation.

La chambre devra être à l'abri de la gelée ; en cas

d'impossibilité, une chemise en bois enveloppera le filtre et une petite lampe ou un bec de gaz en veilleuse maintiendra la température de $+5$ à $+10$ degrés autour du filtre.

Le sol de la chambre des appareils sera cimenté, et des rigoles y seront tracées pour recueillir et conduire à l'égout les eaux provenant du nettoyage des filtres ou des trop-pleins.

Chambre de distribution de l'eau filtrée. — Ce local sera bien éclairé, d'un accès facile, d'une superficie suffisante pour éviter tout encombrement ; il s'ouvrira directement sur une cour ou sur un corridor à proximité d'une porte d'escalier. Cette chambre ne contiendra que les robinets de distribution (un par réservoir). Ces robinets, fixés au mur, seront du système à ressort et à pression, de manière à éviter le gaspillage de l'eau. Une rigole recouverte d'une grille sera établie au pied du mur portant les robinets pour recueillir et conduire au dehors l'eau de trop-plein des récipients ; cette rigole sera mise en communication avec celle de la chambre des appareils, pour ne faire qu'un départ des eaux à évacuer.

A défaut d'une pièce spéciale pour la distribution de l'eau filtrée, on utilisera pour cet usage les lavabos existants, les filtres et les réservoirs étant toujours réunis dans un local spécial, et étant entendu que les robinets de distribution d'eau filtrée, installés comme il vient d'être dit, seront isolés des robinets de lavabos par une séparation, et qu'une entrée spéciale y donnera accès.

On pourra même, dans le cas où la dimension et la configuration d'une des pièces affectées aux lavabos le permettraient, prélever sur cette pièce les locaux des filtres et de distribution d'eau filtrée, à la condition, toujours, que ces divers locaux soient séparées l'un de l'autre, ainsi que de la partie de la pièce restant affectée à l'usage de lavabo.

Nature et installation des réservoirs (fig. 34). — Les réservoirs seront cylindriques, en tôle galvanisée extérieurement et intérieurement, munis d'un couvercle fermant aussi hermétiquement que possible. L'air pénètre à l'intérieur du réservoir par l'intermédiaire d'un siphon stérilisateur.

Les réservoirs seront placés verticalement sur un bâti à un niveau tel que la tubulure inférieure d'écoulement soit à hauteur des robinets de distribution.

Les filtres seront placés au-dessus ou à côté des réservoirs, la tubulure d'écoulement de l'eau filtrée étant au moins à hauteur du couvercle des réservoirs, de façon que l'eau filtrée qui en sort sans pression puisse remplir ces réservoirs. Ceux-ci seront enfin munis d'un trop-plein à siphon hydraulique et de deux poignées permettant leur transport.

A chaque filtre correspondra un réservoir ayant la capacité suivante :

Pour un filtre de   6 bougies,   75 litres ;
—   12   —   150   —
—   25   —   300   —

Cas où l'eau d'alimentation fournie à l'établissement arrive avec une pression moindre que 10 mètres. — Le débit des filtres étant très faible lorsque la pression dans les conduites est inférieure à 10 mètres d'eau ou une atmosphère, il sera nécessaire, dans ce cas, de recourir aux accumulateurs de pression.

La description et le mode d'emploi des accumulateurs de pression pour le filtrage de l'eau sont donnés

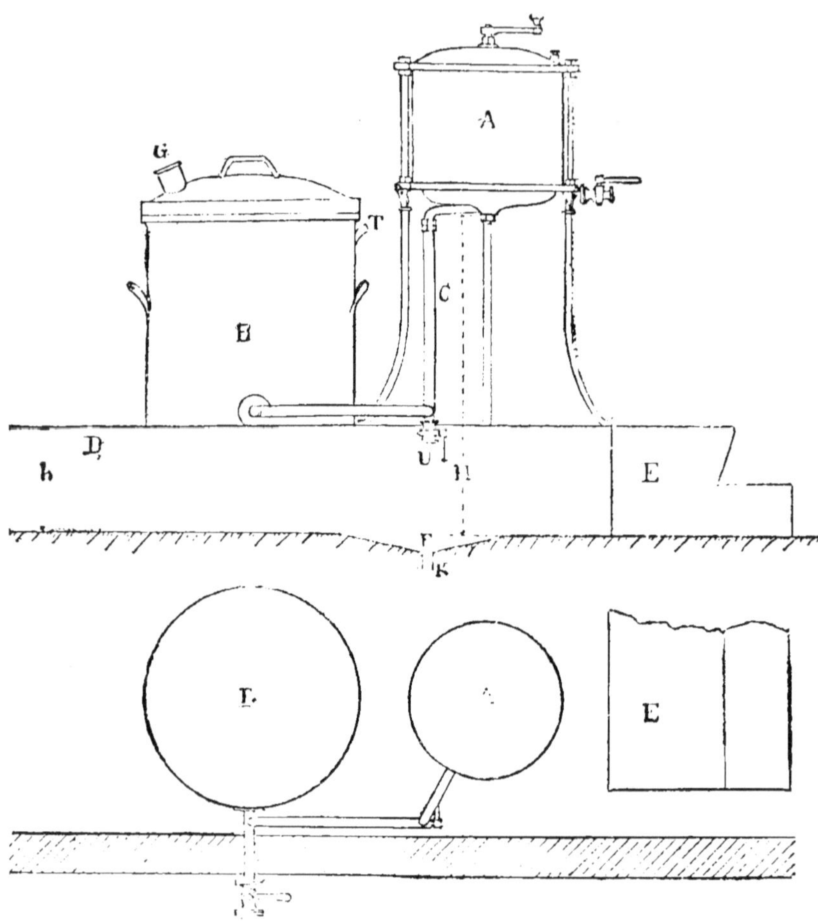

Fig. 34. — Installation des réservoirs pour filtre-nettoyeur
du système André.

A, filtre; B, B, B, réservoir cylindrique; C, conduite d'arrivée de l'eau filtrée
dans les réservoirs; D, bâti en fer supportant les réservoirs; E, gradin pour la
manœuvre du nettoyeur; F, cuvette d'évacuation de l'eau de vidange ou de
nettoyage; G; bonde à siphon stérilisateur pour l'introduction de l'air dans
les réservoirs; K, mur de séparation du local des filtres et de la chambre de
distribution : I, robinets de distribution; h, hauteur du bâti correspondant à
la hauteur des robinets de puisage; H, hauteur du filtre au-dessus du sol, légèrement supérieure à celle du sommet des réservoirs; L, couloir de largeur
suffisante pour établir et surveiller les raccords; T, trop-plein des réservoirs
muni d'un siphon hydraulique; U, robinets de vidange des réservoirs.

dans la note ministérielle nº 56, en date du 7 février 1890, insérée au *Bulletin officiel du ministère de la guerre.*

Les accumulateurs seront mis en pression tous les soirs, de manière à assurer le fonctionnement des filtres pendant la nuit; une remise en charge sera faite le matin pour le service du jour. La pression dans les accumulateurs sera portée à 25 mètres d'eau ou deux atmosphères et demie environ.

Installation pour débit intermittent. — Dans certains cas spéciaux, notamment pour le service des infirmeries, lorsque celles-ci seront éloignées des locaux de distribution de l'eau filtrée, on pourra organiser un service spécial d'eau filtrée, à la condition toutefois que l'eau y soit amenée par une canalisation sous pression. Le filtre à employer dans ce cas sera celui contenant six bougies.

Procédés Guinochet. — Nous ajoutons à la suite la stérilisation par le procédé Guinochet, ce procédé étant celui qui est actuellement recommandé par la compagnie propriétaire des filtres Chamberland.

1º *Stérilisation.* — On fait usage d'une solution de *permanganate de potasse* au 1000ᵉ. Cette solution, qui ne se conserve pas, doit être faite au moment de s'en servir, soit en introduisant le sel solide dans l'eau, soit au moyen d'une solution concentrée qui se conserve mieux.

On introduit la solution dans l'appareil; laisser en contact un quart d'heure, vider le filtre et remettre l'appareil en marche pendant 10 minutes, temps suffisant pour que la coloration rose due au permanganate disparaisse; on peut alors recueillir l'eau.

2º *Régénération des filtres.* — L'oxyde de manganèse

formé par la décomposition du permanganate par les matières organiques remplit peu à peu les pores de la porcelaine, ce qui diminue peu à peu la rapidité de la filtration. Pour lui rendre son activité normale, on y verse une solution de *bisulfite de soude* qu'on emploie de même que celle de permanganate, le bisulfite dissout l'oxyde de manganèse et nettoye complètement le filtre qui reprend son débit régulier; seulement comme le bisulfite est incolore, il faut laisser filtrer pendant 20 minutes avant de recueillir de l'eau pour l'usage.

Cette opération n'est nécessaire que tous les trois ou quatre mois.

Conclusion sur l'usage du filtre en porcelaine. — En résumé, on voit par le long exposé que nous venons de faire que les filtres en porcelaine résolvent le problème de la stérilisation incontestable de l'eau; à la vérité cette stérilisation n'est pas illimitée, mais elle le devient à la condition de faire usage de certains procédés de nettoyage que nous avons décrits. Toutefois il ne faut pas se dissimuler que ces procédés de nettoyage. bien que faciles à faire, exigent encore une certaine intelligence et beaucoup de soin, puis il faut se défier aussi de l'insouciance de l'homme et surtout du préjugé qui fait croire que l'eau est pure parce qu'elle est claire. Les microbes et leurs spores sont invisibles; ils peuvent donc exister en quantité quelconque dans l'eau sans se manifester par des signes extérieurs, *sauf quelques espèces;* nous avons indiqué précédemment le seul procédé qui permette de réunir toute la certitude possible.

Il faudrait qu'une société fût chargée de la pose, de l'entretien et du nettoyage des filtres à domicile. Les filtres seraient installés dans chaque maison de façon à être abordables et leur nettoyage aurait lieu régulièrement à époques fixes, comme l'entretien des compteurs à gaz, par exemple. En dehors de ce procédé, il nous semble bien difficile d'avoir la certitude à ce point de vue.

FILTRES DANS LA PETITE INDUSTRIE ET DANS LES LABORATOIRES

Pour la petite industrie ou bien lorsqu'il faut recueillir le produit en suspension dans l'eau, on emploie d'autres appareils.

FILTRES EN PAPIER. — Le plus simple est le papier à filtrer formé d'un cône cannelé ou non ; on place ce cône dans un entonnoir en verre ou en métal et on verse le liquide dans l'intérieur du cône en papier : le liquide passe à travers et le précipité se dépose sur les parois.

La rapidité de la filtration varie suivant la nature du papier. On augmente la rapidité en faisant des plis, qui augmentent la surface filtrante, car la filtration n'a lieu que par les surfaces qui ne sont pas en contact avec les parois de l'entonnoir.

Aussi, dans l'analyse chimique où la rapidité est une question secondaire, on ne fait pas de plis ; au contraire on coupe le papier de façon qu'il se colle exactement sur les parois de l'entonnoir, le liquide ne filtre alors qu'à travers la pointe du filtre en traversant le précipité, qui ainsi se trouve parfaitement lavé.

Si on veut augmenter la rapidité de la filtration, on termine la douille de l'entonnoir par un long tube à section étroite, droit ou formant une boucle. On fait aussi usage d'entonnoirs cannelés.

Quand on veut filtrer des solutions chaudes ou des

liquides visqueux, on fait usage d'entonnoirs à doubles parois ; dans l'espace entre les deux parois on maintient de l'eau chaude ou bien on fait passer un courant d'air chauffé par un bec de gaz.

Lorsqu'on veut recueillir le précipité, il faut auparavant le laver pour enlever toute trace des impuretés contenues dans le liquide. Pour cela, on y fait passer une quantité suffisante d'eau distillée ou d'eau ordinaire, jusqu'à ce que les réactifs ne décèlent plus la présence des impuretés dans l'eau.

FILTRES EN TOILE. — Pour les opérations plus industrielles, on emploie une toile ou un molleton fixé sur un carré de bois qui se place sur une terrine.

FILTRE TAYLOR. — On emploie également le *filtre Taylor* ou poche en coton écru, qu'on introduit dans un sac d'un tissu plus lâche et d'un diamètre moindre, la poche fait ainsi des plis qui augmentent la surface filtrante.

FILTRE-PRESSE. — L'appareil le plus employé industriellement est le *filtre-presse* (fig. 35). Un filtre-presse se compose de châssis en tôle perforée sur lesquels se fixent les toiles filtrantes qui se trouvent maintenues quand les châssis sont pressés les uns contre les autres ; au centre, un canal qui parcourt toute la longueur des châssis amène le liquide à filtrer qui traverse les toiles et dépose son précipité sur leurs surfaces. Le tissu filtrant est de la toile, du drap, du feutre. Quand l'opération est terminée, on retire les toiles et on ramasse le précipité qui, sous l'influence de la pression, a formé un gâteau entre chaque plateau.

Ces appareils filtrent très rapidement à cause du grand nombre de plateaux et de la pression. Cette pression est produite par une pompe.

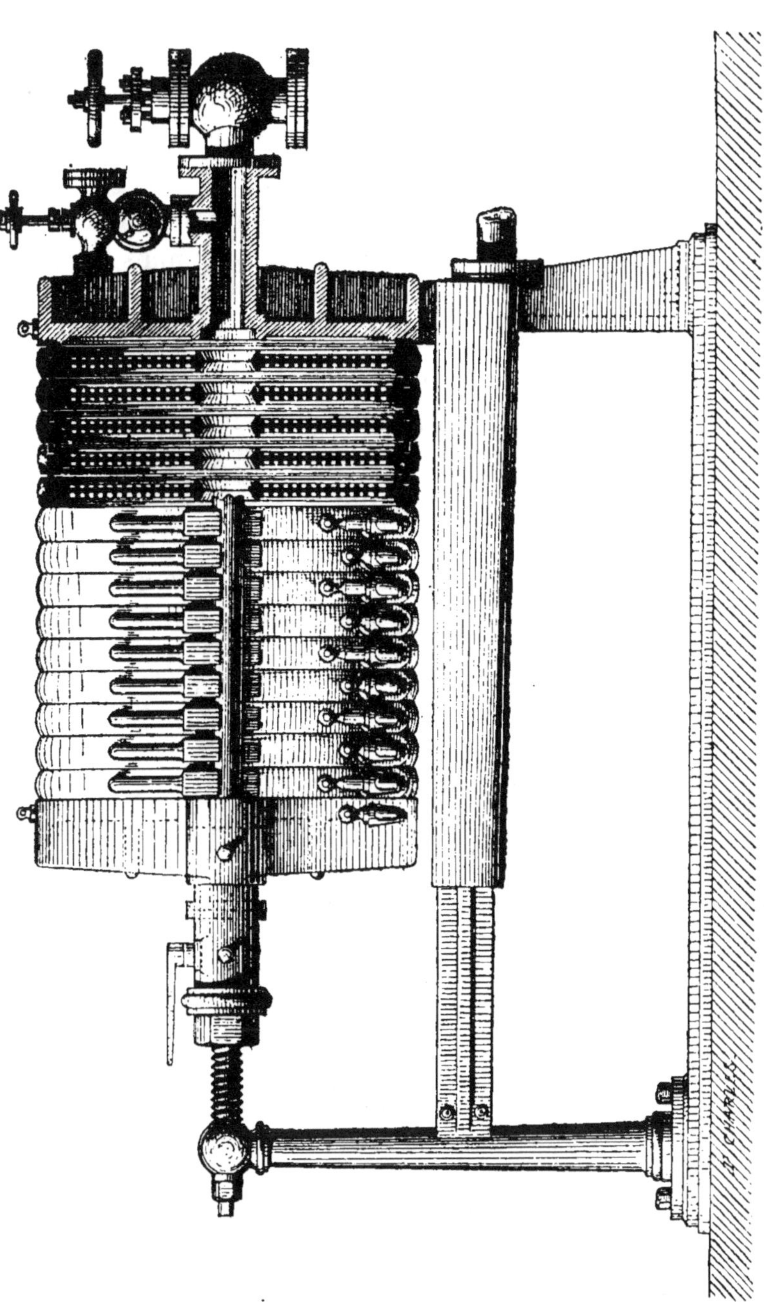

Fig. 35. — Filtre-presse.

14.

Diffusion.

La dissolution peut se faire par intermédiaire, c'est-à-dire en interposant entre le dissolvant et le corps à dissoudre une membrane qui laisse passer le corps à mesure qu'il se dissout, c'est la *filtration;* mais certaines membranes, le parchemin végétal, par exemple, laissent passer certains corps et non certains autres : c'est la diffusion par endosmose.

On trouve dans le commerce sous le nom de *parchemin végétal* ou *papier parchemin* plusieurs produits qui ne conviennent pas tous pour la diffusion.

Le *vrai parchemin végétal* est obtenu en plongeant le papier dans de l'acide sulfurique convenablement étendu, lavant à l'ammoniaque, puis à l'eau. Le *faux parchemin* ou *simili-parchemin* est simplement du papier formé par la pâte de bois chimique blanchie par les bisulfites ou l'électrolyse (appareil Hermitte). Ce produit a bien l'aspect du parchemin, mais non les propriétés.

On les distingue par divers caractères :

1° Le papier parchemin se déchire sans donner de fibres visibles, le simili-parchemin se déchire en donnant des fibres très visibles, d'autant plus longues qu'il y a plus de pâte chimique.

2° En le mouillant avec l'eau, le papier parchemin devient souple en restant solide et résistant; le simili s'émiette comme du papier ordinaire.

3° Nous avons remarqué que quand on y met le feu le papier parchemin donne, en avant de la zone qui brûle, des ampoules dues à la couche d'hydrocellulose que les gaz intérieurs soulèvent; le simili parchemin n'en donne pas.

- On nomme *cristalloïdes* les corps qui passent à travers les membranes et *colloïdes* ceux qui ne passent pas.

L'opération se nomme *dialyse* et l'appareil *dialyseur* (fig. 36) : il se compose d'un vase cylindrique, *mnpq*

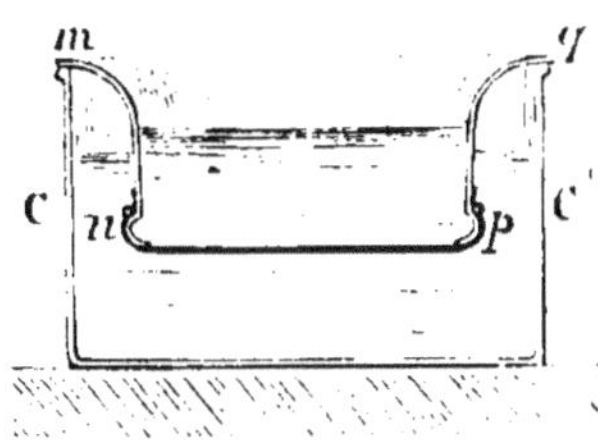

Fig. 36. — Dyaliseur de Graham.

dont le fond est formé par du parchemin végétal *np*. On y place la solution à dialyser; le vase repose dans un autre vase CC′ contenant de l'eau distillée dans laquelle se réunit le corps dialysable.

Elle est quelquefois utilisée pour traiter les résidus industriels.

OSMOMÈTRE. — L'appareil nommé *osmomètre* (fig. 37), employé dans l'industrie du sucre pour extraire des mélasses les dernières portions de sucre cristallisé, pourrait être utilisé pour la purification des eaux résiduaires de l'industrie et permettrait d'en retirer les sels minéraux et les matières organiques cristalloïdes, dans les cas, du moins, où ces produits ayant une valeur pourraient être utilisés.

Congélation.

On sait qu'une solution saline, soumise partiellement à la congélation, donne une eau mère plus riche en sels et de la glace, qui, fondue, donne de l'eau très sensiblement pure. Cette propriété est utilisée pour la fabrication du sel marin dans les pays froids.

Ainsi donc, une eau saline, l'eau de mer par exemple, pourrait être transformée en eau pure par la congélation.

La glace de l'eau de mer a été analysée par Robinet, qui a trouvé en fractionnant l'eau obtenue par la fusion fractionnée de cette glace, des eaux marquant successivement : 97^d, 47^d, 19^d, 5^d, tandis que l'eau de mer marquait approximativement 620^d. Ces chiffres, à cause de la présence du sel, sont très difficiles à prendre. Cette glace provenait d'eau de mer congelée dans des flaques d'eau laissée à la marée basse.

Buchanan a fait l'analyse de glace recueillie dans une expédition au Pôle austral. Elle contenait 0,1723 et 0,052 de chlore par litre. La glace, obtenue artificiellement en cristaux et lavée contenait $Cl = 1,578$.

On a proposé également ce moyen pour obtenir sur les vaisseaux de l'eau pure au moyen de l'eau de mer.

M. Riche, dans son rapport au Conseil d'hygiène (1), a montré que la glace la plus belle, la plus pure en apparence, renferme des azotites, de l'ammoniaque et des matières organiques azotées.

On a essayé également de concentrer les eaux minérales par la congélation, en se fondant sur la propriété de la glace d'être formée d'eau pure. Les expériences faites dans ce but, par M. Henry, ont montré qu'en effet la glace était formée d'eau pure.

(1) Riche, *Emploi de la glace dans l'alimentation* (*Ann. d'hyg.*, juillet 1893).

Fig. 37. — Osmomètre Maguin.

La congélation naturelle ne purifie cependant pas l'eau d'une façon absolue; la glace de neige contient, d'après des expériences faites dans le Massachusets, 69 p. 100 des impuretés de l'eau (exprimées en ammoniaque), la glace ordinaire 12 p. 100, la glace transparente 6 p. 100. Le nombre des bactéries était, dans chaque cas, de 81 p. 100, 10 p. 100, 2 p. 100.

En effet, la glace contient les microbes comme l'eau et on sait que la congélation ne suffit pas à détruire la vie chez ces petits êtres. La glace livrée à la consommation est toujours souillée de microbes et doit être surveillée avec soin, il conviendrait de rafraîchir les liquides sans y mêler la glace.

La congélation élimine moins de matière organique que de matière minérale. C'est ce qui résulte des expériences de M. Riche sur la glace fournie aux consommateurs à Paris (1).

Ébullition.

Nous reviendrons sur cette question en étudiant les divers procédés proposés par les auteurs.

L'ébullition est un des plus efficaces parmi les procédés de purification de l'eau comme boisson.

Cependant, quelques microbes résistent à la température de 100° et les spores également; il faut donc qu'elle soit prolongée un peu longtemps, pour que les spores aient le temps d'être tués, quelques microbes résistent encore à cette température malgré la durée de l'ébullition.

On peut en même temps aromatiser l'eau avec une plante aromatique quelconque.

(1) Voir p. 136.

Cette action de l'ébullition est connue depuis long-temps, et bien avant l'introduction de l'idée de microbes dans la science, ce procédé de purification était déjà employé.

L'ébullition a, en même temps, une action chimique, elle chasse les gaz et notamment l'acide carbonique, ce qui détermine la précipitation du carbonate de chaux.

L'eau ne perd jamais tout son gaz par l'ébullition, et au bout de vingt à vingt-quatre heures, elle a repris tous les gaz de l'air qu'elle contenait auparavant.

Si on laisse concentrer la solution, il peut se précipiter également du sulfate de chaux, de la silice, de l'alumine, qui se déposent rapidement par le repos.

L'eau qui provient des rafraîchisseurs dans les appareils distillatoires ou autres peut être assimilée, au point de vue chimique, à l'eau bouillie, mais la purification chimique est moins complète.

Procédés de purification de l'eau par ébullition ou simple chauffage. — Ce procédé peut être employé toutes les fois qu'il ne faut qu'une petite quantité, même sans appareil spécial. On peut ainsi chasser rapidement la majeure partie des sels de chaux et de magnésie qui se trouvent dans l'eau, elle est alors assez purifiée pour être employée dans l'économie domestique et notamment comme boisson.

Dans l'industrie, ce procédé est un peu trop coûteux, cependant, quand on peut disposer de chaleur perdue, on peut encore l'utiliser. Il suffit de faire arriver dans l'eau la vapeur ayant servi, pour purifier déjà sensible-ment l'eau.

On l'emploie même avec la chaleur directe dans un

appareil qui permet d'alimenter les chaudières avec l'eau chaude.

Nous allons passer en revue quelques-uns de ces systèmes.

Dans ces procédés, l'eau est purifiée au moment d'être introduite dans la chaudière.

Réchauffeurs. — Dans ces appareils, on utilise la vapeur d'échappement pour échauffer l'eau, soit en mélangeant la vapeur avec l'eau, soit en produisant l'échauffement par simple contact à travers les parois.

Les réchauffeurs tubulaires sont formés d'un grand nombre de tuyaux contenus dans une enveloppe. Dans les uns, l'eau passe dans les tubes et la vapeur circule tout autour.

Dans d'autres, on fait passer la vapeur dans les tubes et c'est l'eau qui les entoure.

Le nettoyage de ces appareils doit présenter quelques difficultés, qu'on évite dans les appareils suivants :

Dans le réchauffeur Davey et Paxmann, la vapeur circule dans un espace à parois ondulées présentant une grande surface; l'eau, le long de ces parois, est obligée de suivre les contours sinueux par des tablettes disposées en chicane.

Dans le réchauffeur Wagner, l'eau tombe de cascade en cascade sur des plateaux superposés, la vapeur arrive par le bas en sens inverse et traverse les nappes d'eau de bas en haut. L'eau sort à 90° environ et perd une grande partie de ses carbonates.

Détartreur Chevalet (fig. 38). — La vapeur arrive également dans l'eau qui descend sur un appareil à plateaux analogues aux colonnes de distilleries; par suite d'un barbotage et d'un brassage énergique, elle

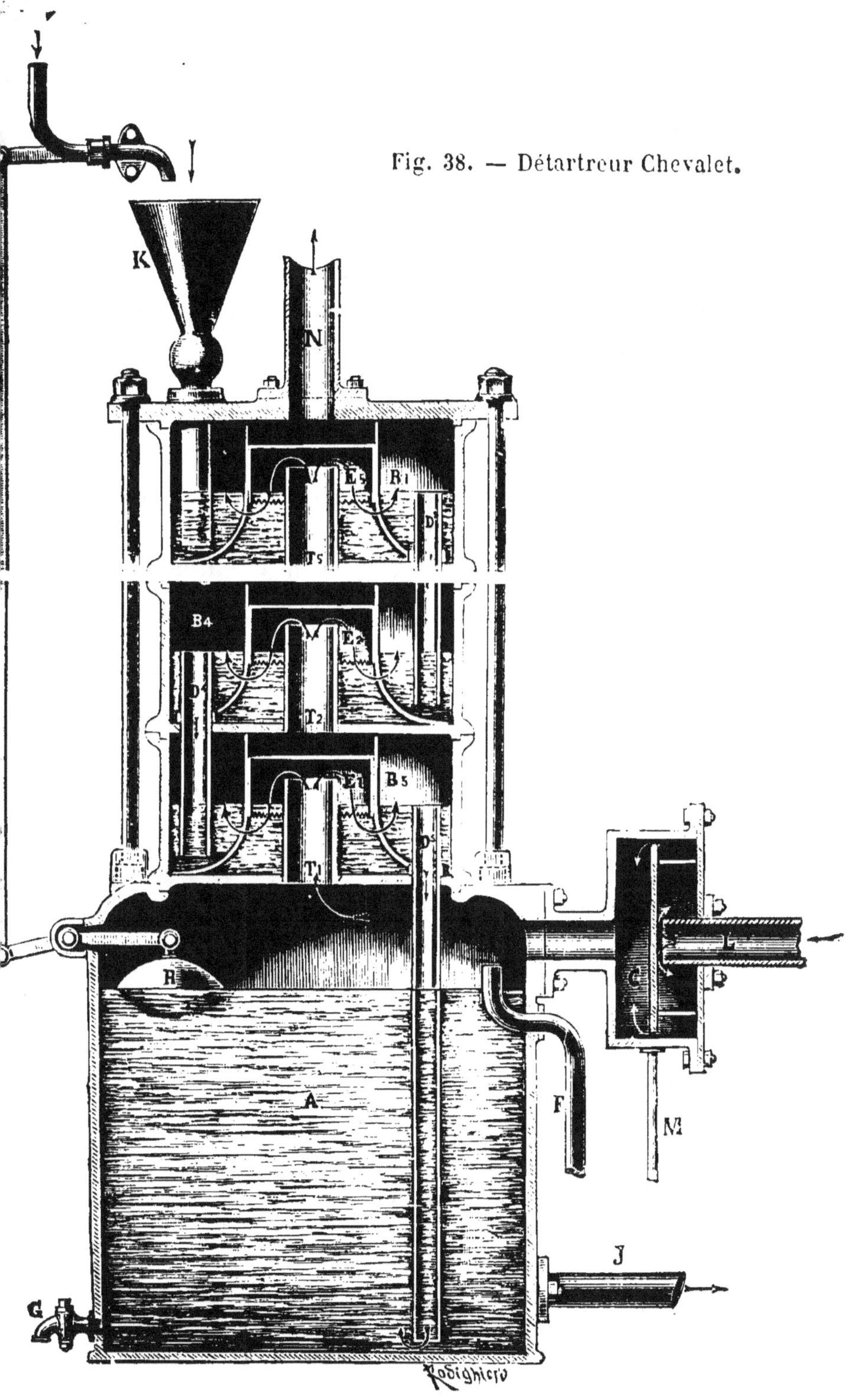

Fig. 38. — Détartreur Chevalet.

prive bien l'eau de ses carbonates calcaires et convient, comme les appareils précédents, pour les eaux peu sulfatées. Pour les eaux très sulfatées, l'auteur fait ajouter une quantité convenable de carbonate de soude, l'eau sort très chaude et est introduite telle à 100° dans la chaudière, grâce à un système de pompe spécial.

L'essai que nous avons fait avec cet appareil, récompensé par la Société industrielle d'Amiens, a établi qu'il remplit bien le but de l'inventeur.

L'eau, dans cette expérience, marquait 33^d hydrotimétriques ; après ébullition au laboratoire, elle ne marquait plus que 11^d. L'appareil réduisit le degré à $13^d,5$. Elle avait avant et après la composition suivante :

	Avant.	Après.
Résidu solide	0,88	0,192
Chaux	0,156	0,078
Chlore	0,0039	0,004
Acide sulfurique	0,058	0,059

APPAREIL LENCAUCHEZ. — Il est employé par la Compagnie d'Orléans ; il est de même nature, mais un peu plus compliqué.

L'eau après le chauffage se filtre à travers du gravier pour retenir complètement les carbonates. Avec la vapeur directe, on arriverait à une température de 120°, qui précipiterait une grande partie de sulfate de chaux.

D'autres inventeurs chauffent l'eau par la vapeur directe et la filtrent sur du coke.

APPAREIL BACHMANN. — L'eau arrive dans un cylindre pouvant recevoir la vapeur directe, elle se trouve rapidement portée à la température de la chaudière, les sels se précipitent, on laisse déposer et on introduit l'eau chaude dans le générateur.

Appareil Lugand et Bassère. — L'eau est envoyée en pluie dans un réservoir conique où arrive la vapeur. Les précipités tombent dans le fond et l'eau est prise à la partie supérieure.

Cuisson sous pression.

Ce procédé a pour but de fournir une eau stérilisée, c'est-à-dire ne contenant plus de germes.

L'appareil, très ingénieux, se compose d'une colonne cylindrique, par laquelle arrive l'eau à stériliser, elle s'échauffe avec la chaleur de l'eau purifiée, qui s'écoule par un serpentin. Elle passe ensuite dans un autre serpentin et un réservoir, où elle est chauffée par un fourneau à gaz ou à charbon à la température voulue; elle se filtre, puis monte dans un réservoir où elle arrive avec la température de 80°. Enfin, par le premier serpentin, elle sort froide à 15°. Pour avoir une stérilisation complète, il faut obtenir une température de 120° pendant quinze minutes ou une température de 130° pendant dix minutes. L'eau perd du gaz et surtout de l'oxygène, qui brûle la matière organique, une certaine quantité de carbonate est précipitée, mais la purification la plus importante est celle des germes de microbes.

Appareil Rouart, Geneste et Herscher. — MM. Rouart, Geneste et Herscher font chauffer l'eau à 120-130°, puis cette eau se refroidit en circulant dans un serpentin où passe l'eau à stériliser, qui est ainsi à 100° quand elle arrive dans la chaudière, tandis que l'eau traitée se refroidit. L'eau est complètement stérilisée, elle perd un tiers de sa matière organique, et aussi des carbonates; le seul inconvénient c'est qu'elle perd près de la moitié du gaz qu'elle contient.

MM. Rouart, Geneste et Herscher ont imaginé plusieurs appareils pour atteindre ce résultat, ces appareils, fondés sur le principe que nous venons de décrire, affectent différentes formes et des dimensions

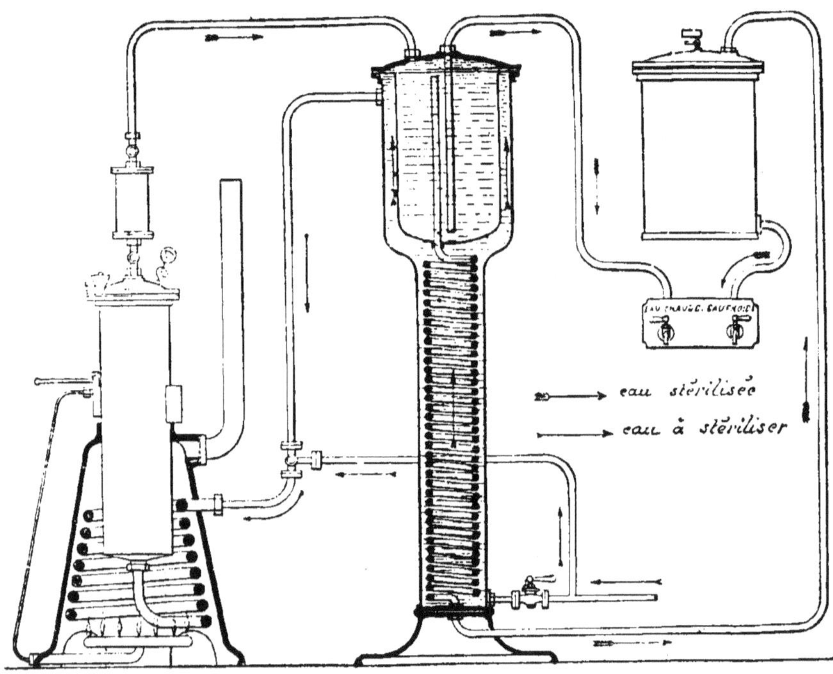

Fig. 39. — Appareil pour stériliser l'eau, petit modèle.

proportionnées au but à atteindre. Les figures 39 et 40 représentent des appareils fixes.

La stérilisation par la chaleur a une importance considérable ; c'est, en effet, à peu près le seul moyen qui permette la stérilisation absolue et immédiate de l'eau ; il en résulte qu'elle offre, au point de vue hygiénique, une ressource précieuse, surtout en temps d'épidémie, puisqu'elle permet instantanément, grâce aux

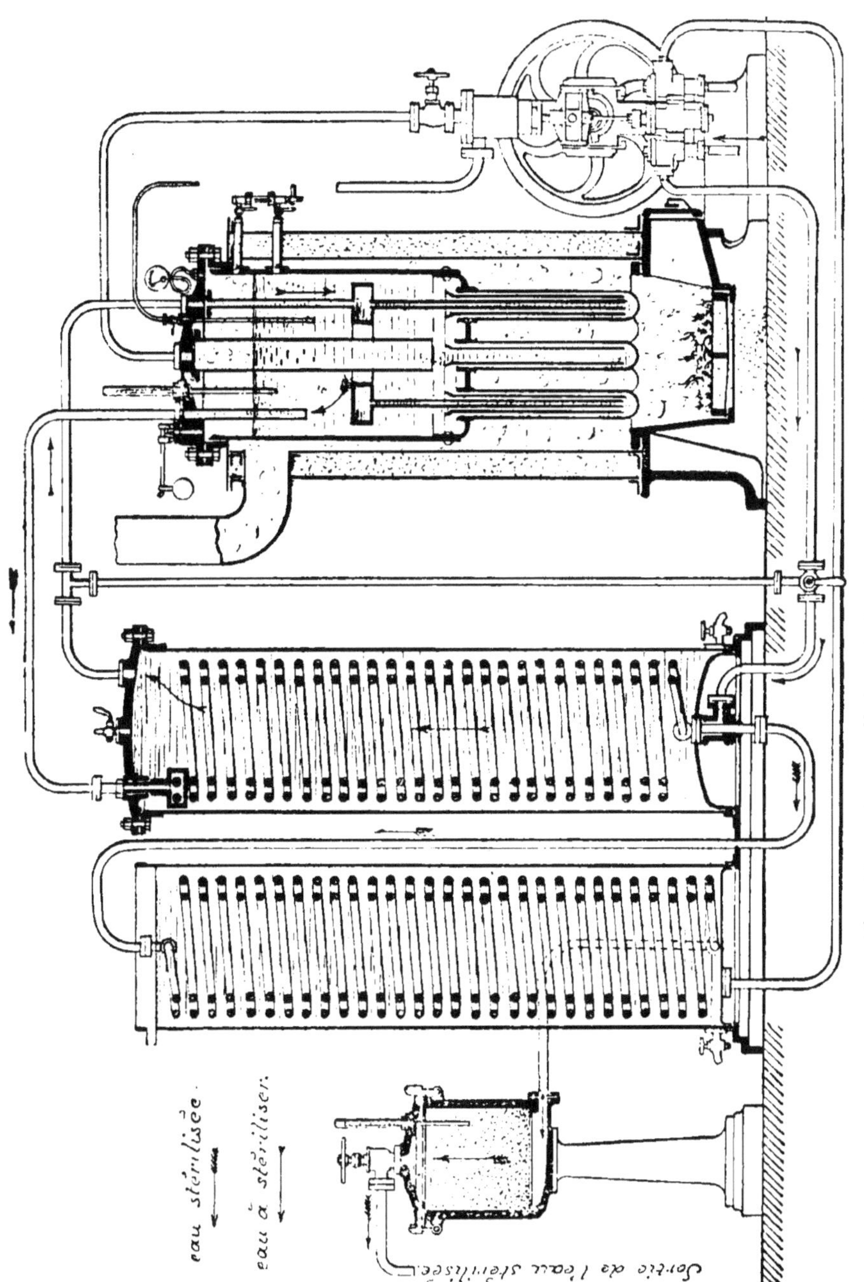

Fig. 40. — Appareil à stériliser, grand modèle.

appareils mobiles (fig. **41**), de transformer une eau infectée en une eau pure.

On a reproché à ce procédé de faire perdre à l'eau une partie de ses propriétés *nutritives*, ce n'est pas évidemment à la suppression des êtres vivants contenus dans

Fig. 41. — Appareil à stériliser l'eau. Appareil locomobile.

l'eau que ce reproche s'adresse, c'est probablement à la privation d'une partie de la chaux. La chaux certainement a une grande importance nutritive, mais n'est-il pas puéril de s'attacher à la présence des quelques centigrammes par litre que contient l'eau, alors que nos aliments en contiennent des masses bien supérieures à ce que nous pouvons utiliser?

Un reproche plus sérieux, c'est celui de la privation d'air, qui rend l'eau moins digestible, mais il est facile de lui rendre cet air par l'agitation.

L'eau qui a été stérilisée ainsi se conserve très bien ; d'après des analyses faites par M. Gabriel Pouchet (1), l'eau conservée en bouteilles, au bout d'un an, ne contenait pas de bactéries, ou seulement quelques bactéries inoffensives. Les germes provenaient des vases d'emmagasinage, quoique stérilisés.

Plusieurs essais ont été faits à diverses reprises, dans des cas d'épidémie qu'on pouvait attribuer à l'eau ; la stérilisation a immédiatement produit une grande diminution des cas morbides.

Le 17 décembre 1891, à Brest, dans le 2ᵉ dépôt des équipages de la flotte, on avait 129 cas de fièvre typhoïde en trois mois ; après la stérilisation, dans les trois mois qui suivirent, il n'y eut que 18 cas : encore peut-on les attribuer à d'autres causes.

Plusieurs autres essais faits sur l'armée de réserve et l'armée territoriale au camp de Satory et à une revue du 14 juillet 1892, ont montré que ce mode de purification de l'eau était pratique.

A la maison de répression de Nanterre, le même système a été utilisé.

Il résulte de ces expériences que ce procédé mériterait d'être utilisé, soit dans l'armée, soit dans les établissements où sont réunis un certain nombre d'hommes. L'appareil locomobile pourrait peut-être souvent être attaché aux corps d'armée en temps de guerre, surtout dans les pays où l'eau potable fait défaut et notamment dans les expéditions coloniales.

(1) Pouchet, *Étude critique des procédés d'épuration et de stérilisation des eaux de boisson.* (*Annales d'hygiène*, 1891, t. XXV, p. 305.)

Une question importante s'est posée dans un cas particulier intéressant : Une ville pourrait-elle s'alimenter d'eau stérilisée?

La question a été étudiée par M. Ogier (1) et résolue affirmativement, dans un remarquable rapport au Comité consultatif d'hygiène de France. La ville de Parthenay (Deux-Sèvres) est dépourvue d'eau de source et même d'eau potable, elle ne peut s'alimenter qu'avec l'eau d'une petite rivière, le Thouet, souillée par diverses industries. Il est évident que les procédés de filtration industrielle ne pouvaient fournir une eau suffisamment pure pour la boisson.

Le projet approuvé et qui sera prochainement exécuté, sans doute, permettra de résoudre pratiquement cette question. Une partie de l'eau sera grossièrement filtrée et destinée à l'arrosage de la ville, l'autre pour l'usage alimentaire sera stérilisée par la chaleur. Le projet prévoit pour la population de 5,800 habitants une dépense de 330,000 fr.

Il convient toutefois de remarquer que l'eau ainsi stérilisée ne vaudra jamais une bonne eau de source.

Distillation.

Si cette opération est faite avec précaution, c'est le procédé le plus parfait de purification : on sépare ainsi toutes les matières non volatiles, qui restent dans la cucurbite, si on a soin de rejeter les premières portions, de ne pas distiller à siccité, de ne pas chauffer les

(1) Ogier, *Projet d'alimentation de la commune de Parthenay (Deux-Sèvres) en eau stérilisée (Ann. d'hyg.*, 1892, t. **XXVIII**, p. 289).

parois au-dessus du liquide, et de ne pas faire bouillir trop violemment.

Si on ne prend pas ces précautions, il y a à craindre la dissociation du chlorure de magnésium en acide chlorhydrique et en magnésie ; les sels ammoniacaux peuvent également être décomposés ou volatilisés. L'addition de chaux obvie à ces inconvénients.

Il faut toujours rejeter la première eau, qui peut être ammoniacale.

Elle contient, en outre, des produits de décomposition des matières organiques, qui lui donnent ce qu'on nomme le *goût de feu* ; cette saveur peut disparaître, par la congélation et à la longue par oxydation à l'air. On peut la faire disparaître en distillant avec du permanganate de potasse, qui achève de détruire les matières organiques. Mais il faut encore l'aérer pour lui rendre l'air qu'elle a perdu. Néanmoins l'eau distillée a toujours un goût fade.

Pour l'industrie, ces questions sont sans intérêt ; l'eau distillée est certainement la meilleure, mais le prix en est trop élevé.

On ne peut utiliser dans l'industrie que l'eau qui provient de la condensation de la vapeur des machines ou des appareils de chauffage à double fond ou à serpentin. L'eau de condensation des machines à vapeur peut ne pas être pure ; elle peut contenir des produits entraînés par la vapeur et surtout des matières grasses.

APPAREILS DE DISTILLATION. — Ainsi que nous l'avons dit, c'est par la distillation qu'on obtient l'eau absolument pure.

On se sert pour cela de l'alambic (fig. 47), on rejette les premières et les dernières portions de l'eau distillée.

15.

On peut rendre l'appareil continu en faisant arriver dans la cucurbite l'eau du réfrigérant, mais de

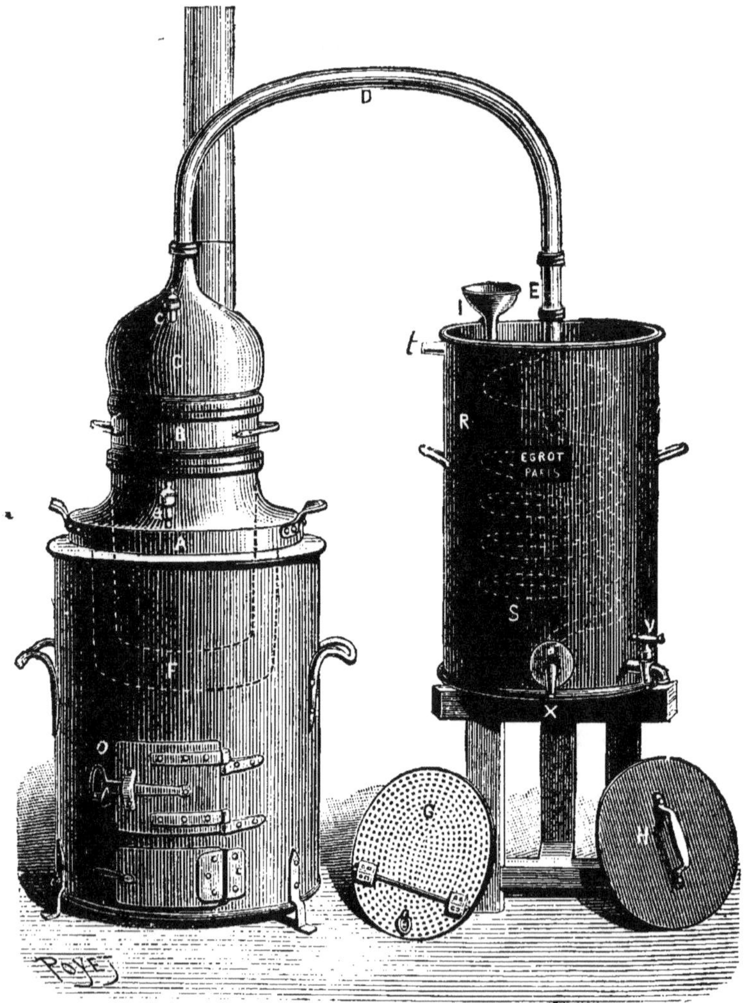

Fig. 42. — Alambic de distillerie.

cette façon l'eau est moins pure, puisqu'on ne peut éli-
miner les premières portions.

Les alambics industriels sont très nombreux ; comme

spécimen citons seulement *l'alambic Égrot à alimentation constante et automatique* (fig. 43).

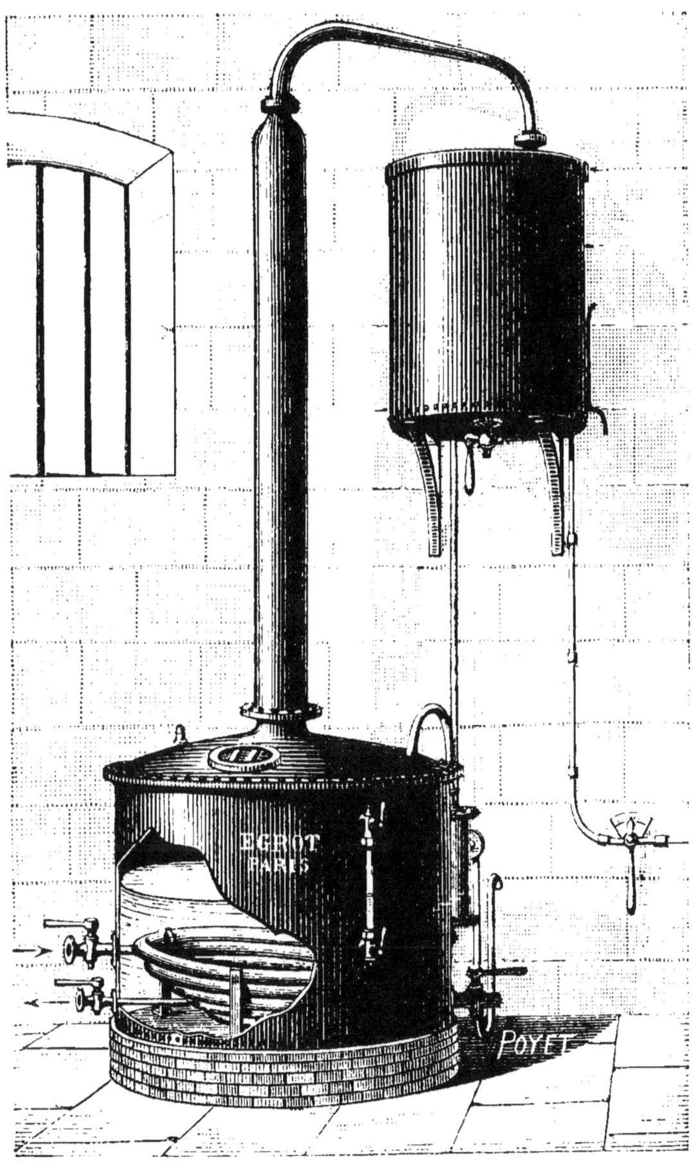

Fig. 43. — Alambic Égrot à alimentation constante et automatique.

Cet appareil consiste en une chaudière en cuivre, dans laquelle l'eau bout, puis la vapeur traverse une colonne purificatrice qui fait retomber les vésicules d'eau entraînées. L'eau d'alimentation arrive déjà réchauffée par la condensation des vapeurs; le niveau de l'eau dans la chaudière est maintenu constant.

Dans l'industrie, on peut obtenir de l eau distillée encore un peu moins pure en condensant la vapeur des conduites ; il faut avoir soin auparavant de la purger, pour enlever les matières étrangères entraînées ou empruntées aux conduites. On condense ensuite dans un serpentin.

APPAREIL DISTILLATOIRE DE LA MARINE FRANÇAISE. — L'eau de mer, chauffée par la chaleur perdue du foyer de cuisine, puis par un foyer direct, donne de la vapeur qui se rend dans un serpentin plongeant dans l'eau de mer. Dans ce serpentin, circule en même temps un courant d'air appelé par une pompe ; l'eau condensée passe ensuite sur un filtre de sable et de charbon qui la prive du goût empyreumatique qu'elle doit à la production de matières empyreumatiques par la chaleur.

Dans la marine française, l'appareil le plus employé est l'appareil Perroy (fig. 44), qui fonctionne de la façon suivante : On ouvre le robinet de prise d'eau et celui d'évacuation à la mer, puis le robinet c qui fait communiquer le condenseur avec le filtre ; on ouvre les robinets rr de l'arrosoir, le robinet de prise d'air qui se trouve à la partie supérieure du refrigérant; on règle l'ouverture du robinet par lequel l'air s'échappe en excès. Au repos, on ferme tous les robinets, excepté ceux qui apportent l'air dans l'aérateur et ceux qui permettent la vidange complète de l'appareil. La figure 45 représente la disposition intérieure de l'appareil (1).

APPAREIL DISTILLATOIRE SANS FEU. — On peut utiliser,

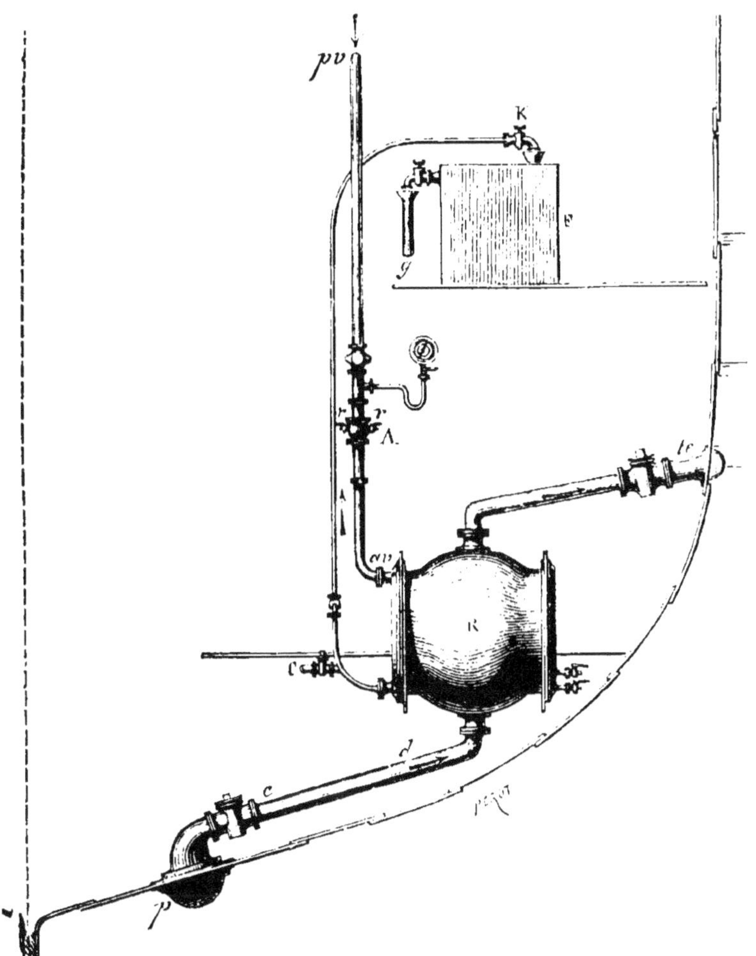

Fig. 44. — Appareil Perroy, vu dans son ensemble et en place.

surtout sur mer, la force du vent pour distiller l'eau de mer sans feu.

(1) Fonssagrives, *Hygiène navale*, 2e édition, p. 687.

Supposons un tuyau adapté au centre d'une grande voile ; l'air conduit au milieu d'une masse d'eau se

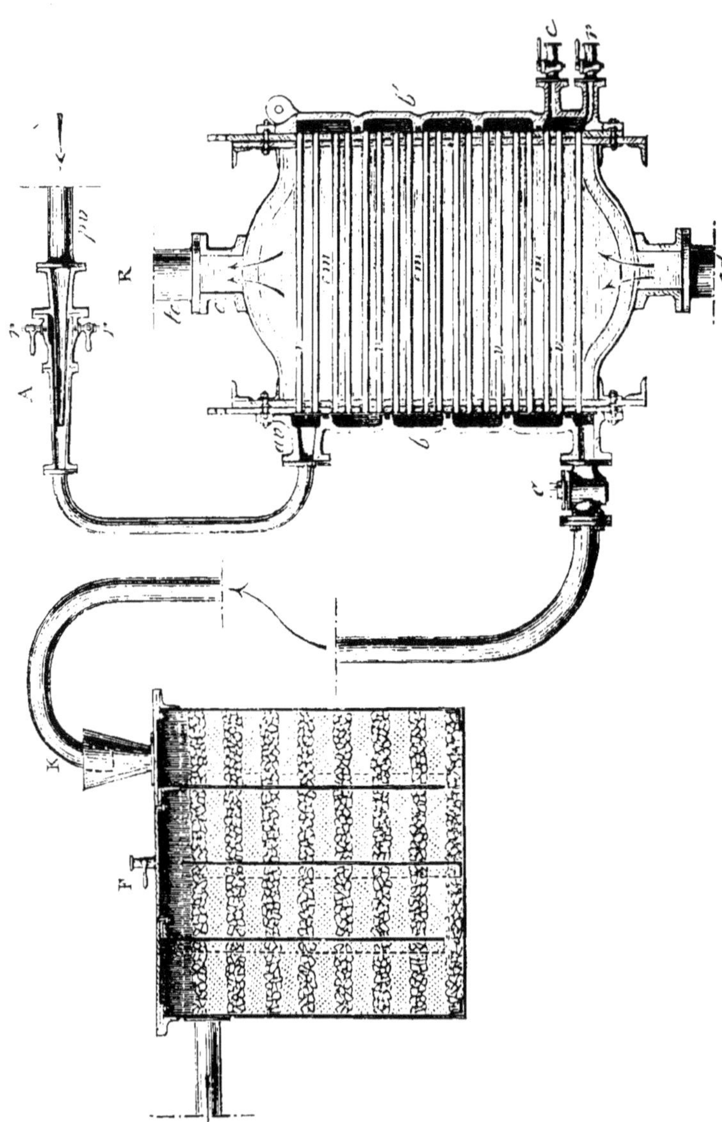

Fig. 45. — Disposition intérieure de l'appareil Perroy.

A, aérateur ; *pr*, prise de vapeur ; *rr*, robinets de prise d'air extérieur ; R, réfrigérant ; *cd*, prise d'eau de mer ; *te*, tuyau d'évacuation ; *av*, arrivée de la vapeur ; *rv*, tubes ; *cm*, eau de mer dans laquelle baignent des tubes ; *b*, *b'*, parois de la caisse du récipient ; *c*, tuyau d'évacuation de l'eau distillée ; F, filtre ; *k*, tuyau d'appareil de l'eau distillée.

saturera de vapeur, cet air se refroidissant ensuite déposera son humidité qu'on recueillera ; on pourrait ainsi obtenir assez d'eau pour suffire à un équipage (1).

APPAREILS PURIFICATEURS ANNEXÉS AUX CHAUDIÈRES. — Ces appareils fonctionnent en utilisant la chaleur perdue des foyers; on les désigne sous le nom de *réchauffeurs* ou *avant-chauffeurs*.

Tantôt l'eau circule dans un faisceau de tubes parallèles, autour desquels circulent les gaz de la combustion (*réchauffeur de Green*).

Tantôt l'eau circule dans une série de serpentins placés au milieu des gaz perdus des foyers (*avant-chauffeur Bell*). L'eau est prise par les pompes qui l'envoient au générateur.

Ces appareils ne produisent qu'une purification très incomplète; c'est à peine si les carbonates sont complétement précipités; quant au sulfate, il reste en solution. Le nettoyage intérieur des tubes est très difficile.

On peut utiliser en même temps les gaz de la combustion et la vapeur d'échappement (réchauffeur Degroux et Chamberlin).

Pour précipiter complétement le carbonate et le sulfate, il faut une température de 150°; pour l'atteindre, il faut que l'eau soit purifiée dans la chaudière. Plusieurs dispositions ont été adoptées pour atteindre ce résultat.

Dans les chaudières *Belleville*, l'eau est injectée, pulvérisée dans la vapeur et les précipités pulvérulents tombent dans un débourbeur. Le contact avec la vapeur chaude n'est pas assez prolongé pour faire une purification complète.

Dans l'épurateur *Wohnlich*, l'eau arrive par un tuyau placé dans le dôme de la chaudière, remonte dans

(1) De Laboulaye, *Dictionnaire des arts et manufactures.*

l'intervalle entre ce tuyau et un autre concentrique, puis redescend sur une tablette enroulée en hélice autour du tuyau, elle tombe ensuite directement dans la chaudière.

Dans l'*appareil de Schau*, l'eau monte dans le dôme, frappe un obstacle et redescend sur une série de plateaux superposés, au fond du dôme elle dépose tous ses sels et s'écoule dans la chaudière par un tuyau de trop-plein.

Haswell fait circuler l'eau dans une rigole munie de chicanes et placée à la partie supérieure de la chaudière. On peut retirer la rigole pour la nettoyer.

Réchauffeur Pauksch. — L'eau circule dans un gros tuyau horizontal placé dans l'eau de la chaudière, puis dans des tuyaux verticaux fermés par le haut et enfin se rend dans la chaudière. L'appareil peut être facilement nettoyé et démonté.

Tous ces appareils compliquent beaucoup la construction des chaudières et n'atteignent pas complètement le but; ils sont, de plus, malgré tout, difficiles à nettoyer.

Appareils de M. Gibault. — M. Gibault a présenté à la Société d'encouragement (mai 1892) un appareil, qui se fixe dans la chaudière et qui opère une épuration continue. Il se compose d'une série de tubes plongés les uns dans l'eau, les autres dans la vapeur de la chaudière, dans lesquels l'eau perd son carbonate de chaux; l'eau s'écoule sur un plateau légèrement incliné dans la chaudière; puis dans une cuvette à soupape où se rassemblent les précipités; quatre à cinq fois par jour, on purge au moyen d'un robinet à trois eaux, qui sert en même temps à l'alimentation de la chaudière.

Dans un autre modèle plus récent, M. Gibault supprime le plan incliné et le remplace par un faisceau de tubes et le séparateur est à l'extérieur de la chaudière.

M. Warsop injecte au fond de la chaudière un courant continu d'air chaud, qui maintient l'eau dans un état constant d'agitation, augmente la production de la vapeur et empêche toute incrustation sur les parois de la chaudière.

Dégraissage des eaux d'alimentation des chaudières.

M. Hetet propose d'additionner ces eaux, avant l'emploi, d'un léger excès d'eau de chaux qui forme avec les matières grasses des savons de chaux insolubles et de la glycérine ; il n'y a pas d'incrustation, et on peut alimenter les chaudières avec l'eau de condensation.

On peut de plus, de cette façon, obtenir directement de l'eau distillée avec la vapeur des chaudières qui ne contient pas de corps gras. Enfin, on évite les incrustations de savon ferrugineux qui se forment à la suite de la saponification des graisses par la vapeur des chaudières.

Cette méthode a été appliquée sur les navires de l'État.

Purification de l'eau dans les chaudières.

Les produits qui peuvent produire la purification peuvent être introduits directement dans les chaudières. On emploie pour cet objet les produits connus sous le nom de *désincrustants, tartrifuges*, etc.

DÉSINCRUSTANTS, TARTRIFUGES. — Un certain nombre

de ces produits n'ont aucune action chimique : argile, sable, verre pilé, pommes de terre, choux, lichens, huiles d'asphalte, etc., ils divisent les précipités et en empêchent l'adhérence, mais ils ont l'inconvénient, ainsi que le dépôt pulvérulent formé, d'être entraînés par la vapeur et de détériorer les robinets et autres organes des chaudières.

Les corps gras, les résines, le goudron agissent de même, en empêchant l'adhérence contre les parois des chaudières, mais ils font mousser l'eau.

Certains produits exercent une action chimique, par exemple : les déchets de bois de teinture en copeaux ou en extraits. Les tannins forment des tannates insolubles avec la chaux et la magnésie ; les matières colorantes forment des laques insolubles, mais le tannin attaque énergiquement la tôle des chaudières, même lorsqu'il est combiné au carbonate de soude.

Le fer, le zinc, à l'état de feuilles ou de limaille, ont été proposés également ; leur action est attribuée à des phénomènes électriques par certains auteurs, d'autres l'attribuent avec plus de raison à des réactions chimiques ; les métaux à la température élevée des chaudières s'oxydent en décomposant l'eau sous l'influence de l'acide carbonique introduit par l'eau d'alimentation, précipitent les bicarbonates par l'oxyde formé, et ces carbonates se déposent à l'état pulvérulent ; on peut peut-être admettre une double décomposition entre ces oxydes, bien qu'ils soient peu solubles, et les sels de chaux et de magnésie. Il ne faut pas oublier, en effet, qu'à ces températures élevées les affinités chimiques sont beaucoup modifiées. L'action électrique directe n'a donné, du reste, aucun résultat satisfaisant.

L'introduction de sels ammoniacaux et alcalins a été également proposée; il y aurait double décomposition avec les sels de chaux ou augmentation de la solubilité : sel ammoniac, acétate de soude.

L'hyposulfite de soude, qui pourrait être employé comme dissolvant du sulfate de chaux, risquerait de sulfurer le métal de la chaudière.

Le carbonate de soude agit mieux. Il précipite, comme nous l'avons vu, les sels solubles de chaux et de magnésie; quant aux bicarbonates, ils sont décomposés par la température ; l'acide carbonique est entraîné par la vapeur et les carbonates se déposent, il produit donc une purification complète. Un dosage préalable indique la quantité de carbonate nécessaire pour décomposer les sels solubles. On pourrait se servir pratiquement pour cela du procédé d'analyse de M. Vignon, indiqué antérieurement (p. 26).

On peut introduire le carbonate de temps en temps, mais il est préférable de l'introduire d'une manière continue en même temps que l'eau d'alimentation.

Pasquale Alfiéri, dans un brevet, conseille d'ajouter à l'eau d'alimentation 250 carbonate de baryte, 325 nitrate d'ammonium, 225 sel marin, 200 noir animal. Ce produit empêche les incrustations et même dissout celles qui se sont formées.

PARAFFINE OU CIRE. — On a proposé d'ajouter dans la chaudière vidée, mais encore chaude, une couche de un centimètre d'épaisseur de paraffine ou de cire, puis on remplit d'eau et on chauffe comme à l'ordinaire pendant quelques jours, les incrustations se désagrègent et s'écaillent (1).

____

(1) *Dinglers Polytechnisches Journal*. 7 avril 1893.

GLYCÉRINE. — Comme désincrustant on a recommandé un produit sous le nom de *glycérine oxydée*. La glycérine a pour effet de former avec la chaux un composé soluble, de rendre les sels plus solubles dans l'eau, d'empêcher leur précipitation en croûtes cristallisées.

Nous nous souvenons avoir reçu sous ce nom un produit qui n'était autre qu'une solution de chlorure de baryum et qui avait causé un empoisonnement.

Plusieurs fois par jour, on retire le dépôt pulvérulent au moyen de *débourbeurs*.

DÉBOURBEURS. — Les débourbeurs ont pour objet de retirer les boues qui se forment dans la chaudière.

Les uns les ramassent en écumant la surface de l'eau et en rejetant les boues dans une caisse en tôle qui les conduit à un robinet extracteur.

Dans un autre débourbeur, les boues de la surface passent dans des entonnoirs, puis dans un réservoir où elles se déposent; l'eau rentre dans la chaudière, les boues sont éliminées par un robinet purgeur.

Le *débourbeur Dervaux* enlève les précipités formés dans la chaudière au moyen de réactifs précipitants. Le précipité est pulvérulent, il est enlevé par un tuyau qui l'amène dans un vase où il se refroidit et dépose ses précipités, puis l'eau retourne dans la chaudière par un autre tube, l'ensemble forme un siphon qui fonctionne par la différence de densité de l'eau chaude et de l'eau froide dans les deux branches.

Aucun de ces appareils ne vaut l'épuration préalable.

ARTICLE III. — PURIFICATION DE L'EAU PAR LE CHAUFFAGE ET LES RÉACTIONS CHIMIQUES

Appareil Nolden. — Dans l'*appareil Nolden*, on chauffe l'eau par la vapeur, pour lui faire perdre la plus grande partie de ses carbonates, puis on précipite les sulfates de baryum, le sulfate se dépose.

La purification se fait bien, mais, pour que l'appareil soit économique, il faut pouvoir utiliser de la vapeur perdue, à moins d'alimenter avec l'eau chaude. Les précipités carbonatés sont très adhérents et encrassent beaucoup les appareils, parce qu'ils se forment à une température progressivement croissante.

L'emploi de la vapeur d'échappement a l'inconvénient d'introduire des matières grasses dans l'eau purifiée, mais l'économie qui résulte de son usage la fait employer très souvent.

Épurateur-échauffeur Delothel. — M. Delothel a fait construire un appareil qui obvie aux principaux inconvénients que nous venons de signaler. Nous empruntons à l'auteur la description de cet appareil (1) :

L'épurateur-échauffeur Delothel consiste en une cuve dont la forme peut varier et qui est divisée en 2 compartiments (fig. 46 et 48; A et B) par une cloison verticale, et un faisceau tubulaire I placé dans la cuve B, et à l'intérieur duquel doit circuler la vapeur, en des plateaux mobiles où commence l'échauffement de l'eau, et un appareil C distribuant le réactif épurant.

La vapeur d'échappement arrive par le tuyau II, se divise dans le faisceau tubulaire, en transmettant à

(1) Delothel, *Traité de l'épuration des eaux*, p. 372.

l'eau à échauffer une partie de sa chaleur et sort librement de ce faisceau dans la cuve. Elle passe autour d'une série de plateaux E placés en cascade, et dans lesquels circule l'eau à échauffer. L'excédant de vapeur est évacué par un tuyau d'échappement F.

A cause des changements de direction et des chocs subis dans les tuyaux, de la condensation d'une parti de la vapeur, et de la diminution considérable de vitesse qui se trouve réduite environ au trentième dans les cas les plus défavorables, au sortir du condenseur, la graisse qui avait été entraînée du cylindre par le courant avec l'eau condensée, s'amasse dans la partie horizontale inférieure du faisceau tubulaire, et s'écoule au dehors par un ajutage K.

L'eau à épurer arrive par le tuyau G, passe dans un robinet commandé par le flotteur F, puis se divise dans deux conduits sur lesquels se trouvent deux robinets de réglage S et S'. Une partie de l'eau à épurer passe directement dans la nochère D, l'autre arrive dans l'appareil C.

Cet appareil représenté en coupe (fig. 47) se compose d'une cuvette q dans laquelle se place un cylindre chargeur p.

Dans ce cylindre en tôle perforée se place le réactif.

Une partie de l'eau à épurer arrive dans la cuve par V, et y circule en dissolvant une partie du réactif placé dans le chargeur. L'eau s'écoule par un ajutage T, convenablement réglé dans la nochère D. En réglant les robinets S et S', on peut à volonté faire passer plus ou moins d'eau dans la cuvette q, et comme la hauteur de l'eau augmente et par conséquent la surface d'attaque du réactif, on fournira à l'eau plus ou moins de l'agent chimique épurant.

Le mélange de l'eau à épurer et du réactif se fait

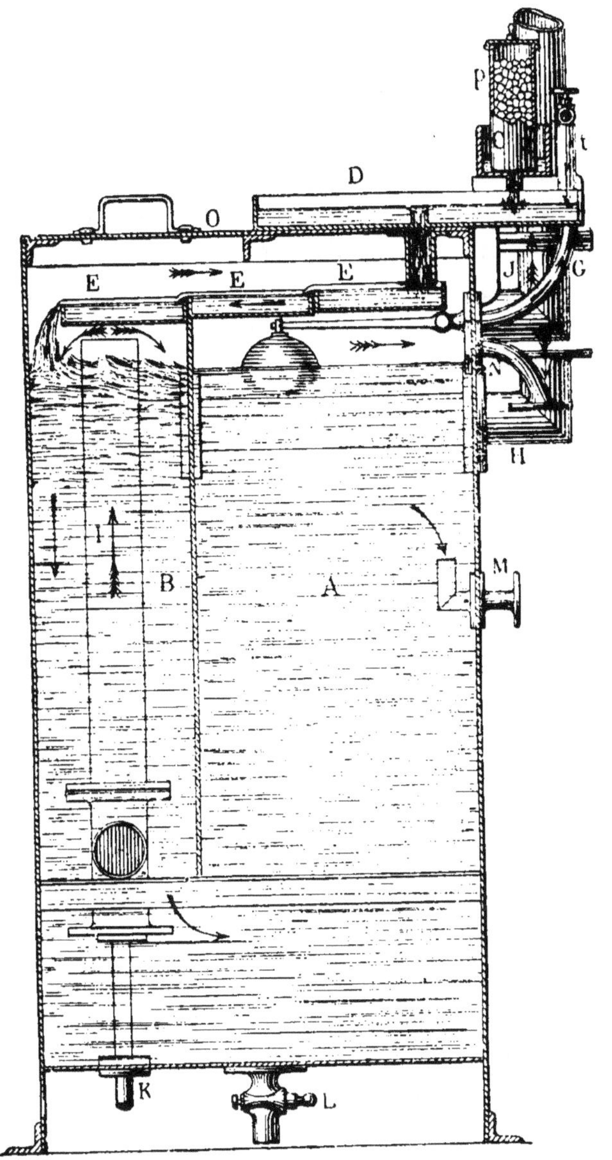

Fig. 46. — Épurateur-échauffeur Delothel.

dans la nochère mobile D, et coule par un ajutage

dans les plateaux avant-chauffeurs E. L'eau circule, coule en cascades, s'échauffe au contact de la vapeur et tombe dans la cuve C, où elle entre en ébullition, puis elle passe dans la partie A non chauffée, où elle est soumise à un repos relatif. Elle se débarrasse ainsi des précipités que l'ébullition a rendus très denses, et coule chaude et corrigée, par la tubulure M, où la prend la pompe d'alimentation.

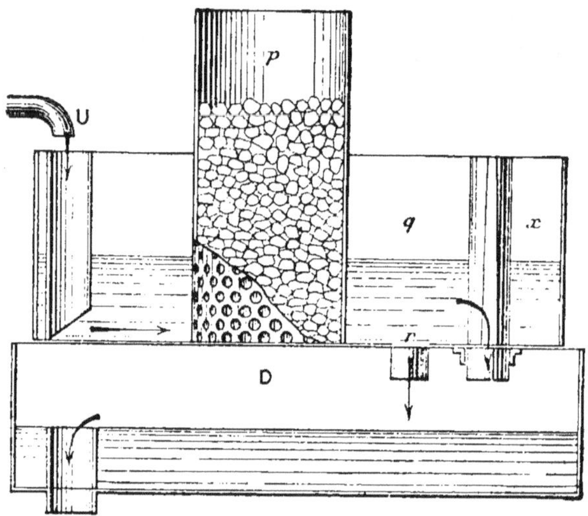

Fig. 47. — Coupe de l'appareil à réaction.

La marche de cet appareil est rendue absolument automatique de la façon suivante :

Lorsqu'on ne consomme pas d'eau, le flotteur, arrivé à un niveau déterminé, ferme le robinet d'arrivée d'eau brute. L'eau cessant de couler, la cuvette de l'appareil distributeur reste à sec, et il ne se dissout plus de réactif. Quand on prend de l'eau pour l'alimentation du générateur, ou d'autres usages, le flotteur baisse, ouvre le robinet d'arrivée d'eau, et le fonctionnement recommence.

Une fois les robinets S et S′ réglés, le débit de l'eau peut varier sans qu'il cesse d'y avoir proportionnalité entre le débit de la solution de réactif et celui de l'eau brute. Ceci nécessite une disposition spéciale. En effet, le débit variant, l'eau qui arrive dans la cuvette montera à une hauteur plus ou moins grande, mais cette hauteur, et par conséquent la quantité du réactif attaquée, ne serait pas proportionnelle au débit, si l'eau

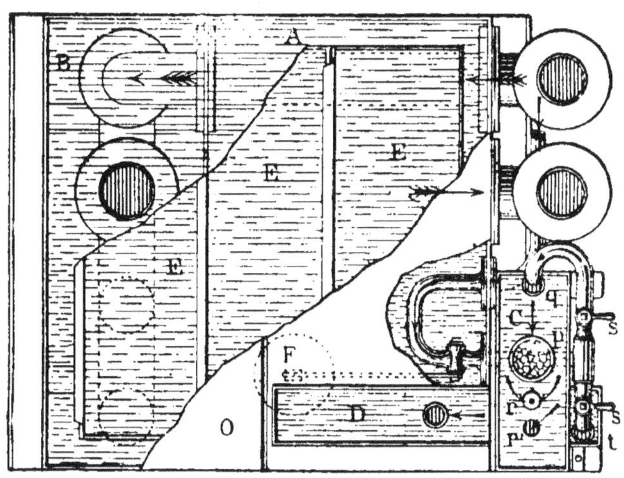

Fig. 48. — Coupe de l'épurateur.

s'écoulait simplement par l'ajutage R, la hauteur variant en raison du carré de la vitesse d'écoulement, aussi une partie de l'eau s'écoule-t-elle par un tube X, dans lequel on a pratiqué une ouverture calculée de façon que l'eau, trouvant au fur et à mesure qu'elle monte dans la cuvette une section d'échappement de plus en plus grande, ne s'élève plus que proportionnellement à la vitesse d'écoulement, et par conséquent, au débit. Ainsi, quelles que soient les variations qui se feront dans l'écoulement de l'eau à épurer, elle recevra toujours la quantité de réactif nécessaire.

L'appareil, étant absolument automatique, ne demande d'autres soins de la part de l'homme préposé à sa surveillance qu'un nettoyage, en général peu fréquent, des pièces de l'appareil susceptibles de s'encrasser. Ces pièces sont du reste mobiles et facilement maniables. On peut les enlever et les démonter instantanément. Le réactif employé peut varier; on peut faire usage de carbonate de soude calciné en grains ou de carbonate en cristaux réguliers, ou encore de chlorure de baryum, ou d'oxalate également à l'état solide, mais le carbonate de soude est plus économique, et remplit parfaitement le but, qui est la précipitation du sulfate de chaux. On peut laisser couler un léger excès de ce réactif si on veut aider à la précipitation du carbonate de chaux produite par le chauffage de l'eau. On sera ainsi bien certain d'avoir comme précipité une poudre non incrustante. L'appareil est disposé, du reste, de telle façon, qu'il est visible dans toutes ses parties. En enlevant la nochère mobile D et en soulevant le couvercle O, facilement démontable, on peut enlever et nettoyer les bassins avant-chauffeurs E, où commence à s'effectuer le dépôt.

Un robinet inférieur L permet de faire la vidange des boues.

Les serpentins, qu'on emploie dans certaines installations pour utiliser les vapeurs d'échappement à l'échauffement de l'eau, ne peuvent pas se nettoyer. L'intérieur se recouvre bientôt d'une épaisse couche de graisse et de savons métalliques, provenant des cylindres, et la transmission devient très mauvaise. Au contraire, les tubes droits des faisceaux tubulaires peuvent être nettoyés avec la plus grande facilité.

On peut traduire ainsi l'économie de ce système :

Il permet avec une machine de 10 chevaux d'échauffer à 100° et d'épurer non seulement l'eau destinée

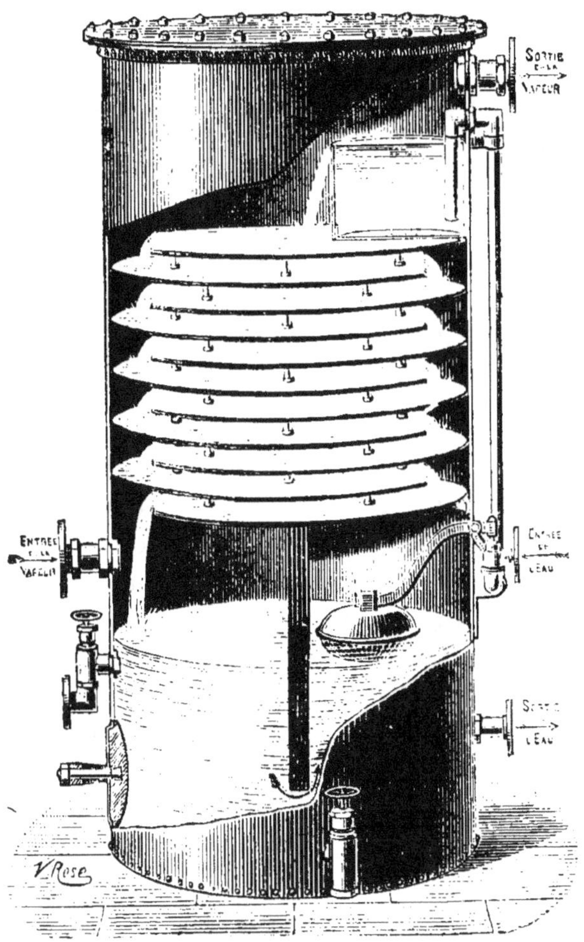

Fig. 49. — Épurateur-détartreur de Howatson.

à être transformée en vapeur, et fournie à cette machine, mais encore l'eau destinée à fournir la vapeur à
une machine de 40 à 50 chevaux, et cela sans autres
dépenses qu'une minime quantité de carbonate de

soude, qui a l'avantage de supprimer les incrustations dures de sulfate de chaux.

Un appareil semblable peut être placé dans les carneaux des chaudières pour utiliser la chaleur des gaz, et produire, sans dépenses, l'échauffement de l'eau et son épuration dans un vase ouvert, accessible et facilement nettoyable. Dans ce cas, on supprime le faisceau tubulaire, et on chauffe les parois du vase B par une disposition spéciale.

ÉPURATEUR-DÉTARTREUR HOWATSON (fig. 49). — Cet appareil a pour objet, comme tous les similaires, de purifier l'eau par la chaleur avant son arrivée aux générateurs.

Un jet de vapeur d'échappement, si c'est possible, circule dans l'appareil, et l'eau coule en couche mince sur des cloisons où elle est rapidement portée à l'ébullition, et où elle dépose ses sels de chaux. Elle est ensuite aspirée par une pompe à la tubulure inférieure de droite et conduite toute chaude au générateur.

La partie inférieure est partagée en deux compartiments. Dans le compartiment de gauche, se réunissent les matières grasses qui sont éliminées par un robinet spécial.

ARTICLE IV. — PURIFICATION DE L'EAU PAR RÉACTION CHIMIQUE

§ 1er. — ÉTUDE GÉNÉRALE DES MÉTHODES

La purification chimique des eaux, en industrie, n'est pas la purification complète, c'est-à-dire la préparation de l'eau H^2O, mais la préparation d'une eau

privée d'une partie des impuretés, et surtout des sels
de chaux qu'on remplace par des sels solubles. L'eau
pure industrielle n'est donc pas plus pure que l'eau
ordinaire, seulement les impuretés sont des sels solubles d'une façon permanente, et la chaux notamment
et la magnésie sont remplacées par la soude.

Dans l'économie domestique, la purification complète de l'eau n'est pas utile non plus, on ne peut
même pas boire de l'eau pure, qui a un goût désagréable, comme nous l'avons vu.

On se contente de corriger l'eau en y ajoutant un peu
de carbonate de soude, qui précipite les sels de chaux
et de magnésie, et un peu d'eau de chaux qui précipite les bicarbonates de chaux et de magnésie, mais il
faut déterminer par un essai volumétrique la quantité
de chaux et de carbonate de soude qu'il faut ajouter.
Cette purification est utile pour l'eau destinée à la
cuisson des légumes, et pour celle destinée aux sa-
vonnages.

Dans l'industrie, les mêmes procédés peuvent être
employés, mais la difficulté devient plus grande à
cause de la quantité considérable d'eau qu'il faut purifier, et de la lenteur du dépôt des précipités.

Nous allons passer en revue les principaux procédés de purification chimique.

Purification de l'eau par les acides.

Les carbonates de chaux et de magnésie étant les
seuls insolubles, il suffit évidemment de les transformer
en chlorures ; il ne reste plus que le sulfate de chaux qui
est peu soluble, les carbonates étant devenus des chlorures ; mais ce procédé laisse à désirer. Outre que

l'on peut mettre trop d'acide chlorhydrique, ce qui ne serait pas sans inconvénients dans beaucoup de cas, les chlorures ont les mêmes inconvénients que les carbonates au point de vue du savonnage, par exemple ; mais dans beaucoup d'opérations d'industrie chimique, en teinture par exemple, on peut souvent employer utilement ce procédé si simple. Le chlorure de magnésium, de son côté, peut dans les cas de surchauffe être décomposé, comme nous l'avons dit, en acide chlorhydrique et magnésie, ce qui produit des corrosions dans les machines à vapeur.

On pourrait employer de même l'acide azotique ou l'acide sulfurique.

Pour obvier aux inconvénients de l'emploi de ces acides, on fait passer l'eau ainsi traitée sur du carbonate de baryte naturel ; il se fait ainsi du chlorure de baryum, qui, avec le sulfate de chaux, donne du sulfate de baryte et du chlorure calcium.

$$BaCl^2 + SO^4Ca = SO^4Ba + CaCl^2$$

Le défaut de ce procédé, c'est la difficulté avec laquelle le sulfate de baryte se dépose à froid. Le carbonate de baryte est difficilement attaqué à froid par les acides faibles, et le carbonate artificiel est trop cher, même celui qui a servi à la sucrerie.

Les acides détruisent également les microbes. Ils étaient employés dans ce but déjà par les anciens, avant que les microbes fussent connus.

Purification de l'eau par les alcalis et les sels.

1° *Hydrate de baryte.* — L'hydrate de baryte précipite les carbonates, en saturant l'acide carbonique et le sulfate de chaux à l'état de sulfate de baryte.

$$2(CO^3H)Ca + BaOH^2O = CO^3Ba + CO^3Ca + 2H^2O$$
(Bicarbonates).

$$SO^4Ca + BaOH^2O = SO^4Ba + CaOH^2O$$

Cette dernière réaction a l'inconvénient de donner de la chaux caustique, qui, s'ajoutant à l'hydrate de baryte mis fatalement un peu en excès, constitue pour ce procédé un défaut grave.

2° *Chaux.* — Elle peut être employée de même, mais elle ne précipite pas le sulfate de chaux ni le chlorure. Elle précipite le bicarbonate de chaux, mais s'il y a 0,2 de carbonate par litre, la précipitation n'a lieu, d'après MM. Champion et Pellet, que si on ajoute des matières pulvérulentes pour en faire cesser la sursaturation.

3° *Magnésie.* — Elle peut également être employée; seulement le sulfate de magnésie, formé par l'action du carbonate de magnésie sur le sulfate de chaux, est soluble.

$$2(CO^3H)Mg + MgOH^2O = (CO^3Mg)^2 + 2H^2O$$
$$2(CO^3H)Ca + MgOH^2O = CO^3Ca + CO^3Mg + 2H^2O$$
(Bicarbonates)

$$SO^4Ca + CO^3Mg = SO^4Mg + CO^3Ca$$

La magnésie a du reste les mêmes inconvénients que la chaux, et comme une partie reste soluble, soit à l'état de sulfate, soit à l'état de sels doubles, s'il y a des sels alcalins, elle a été abandonnée, d'autant plus qu'elle est assez chère.

4° *Soude.* — La soude purifie également l'eau; elle précipite toute la chaux et la magnésie, qui se précipitent et sont remplacées par la soude formant des sels de soude solubles.

$$2(CO^3H)Ca + 2NaHO = CO^3Ca + CO^3Na^2 + 2H^2O$$
$$2(CO^3H)Mg + 2NaHO = CO^3Mg + CO^3Na^2 + 2H^2O$$

Le carbonate de soude réagit sur les sulfates et chlorures de calcium et de magnésium.

$$SO^4Ca + CO^3Na^2 = SO^4Na^2 + CO^3Ca$$
$$SO^4Mg + CO^3Na^2 = SO^4Na^2 + CO^3Mg$$

Si la quantité de carbonate de soude est suffisante, l'eau sera presque complètement purifiée. C'est le cas le plus général; si la quantité est insuffisante, la soude réagira sur les sels solubles, et il se fera de la chaux et de la magnésie libres.

$$SO^4Ca + 2NaHO = SO^4Na^2 + CaOH^2O$$
$$SO^4Mg + 2NaHO = SO^4Na^2 + MgOH^2O$$
$$CaCl^2 + 2NaHO = 2NaCl + CaOH^2O$$

Il y aura, le plus souvent, un excès de carbonate de soude ; quelquefois, cependant, il pourra y avoir de la chaux et de la magnésie mises en liberté, dans le cas des eaux riches en sulfates et chlorures. Il faut donc que le réactif soit très exactement dosé.

5° *Carbonate de soude et chaux.* — Ce procédé revient à employer un mélange de soude caustique et de chaux. On fait une solution de carbonate de soude qu'on mêle avec un lait de chaux ; il se fait du carbonate de chaux insoluble et la solution de soude se sature à peu près de chaux. Les équations précédentes permettent de se rendre facilement compte de ce qui se passe.

La soude sature l'acide carbonique des bicarbonates ; les carbonates terreux se déposent, le carbonate

formé précipite les sels solubles, sulfates et chlorures,
et donne des carbonates insolubles et des sels de soude
solubles. Si la quantité des carbonates de soude n'est
pas suffisante pour précipiter tous les sulfates et chlorures, ce qui doit être rare, la soude achèvera la précipitation, comme on l'a vu (4°). Quant à la chaux,
elle concourt à la précipitation des carbonates en
même temps que la soude. Si donc le réactif est convenablement dosé, il restera dans le liquide des sels de
soude, sulfate, chlorure, avec un excès de carbonate
de soude formé dans la réaction. Ce procédé revient
donc exactement à l'emploi de la soude.

Purification de l'eau par les sels.

1° *Carbonate de soude*. — Le carbonate de soude
précipite les sels solubles de chaux et de magnésie.
A chaud il produit naturellement une purification
complète, puisqu'il y a en même temps précipitation
des carbonates de chaux et de magnésie.

2° *Silicate de soude et de potasse*. — On précipite
tous les sels de chaux, carbonate, sulfate et chlorure
et ceux de magnésie. On a des silicates terreux insolubles et des sels alcalins.

3° *Phosphate de soude*. — La purification est moins
complète; une partie du phosphate de chaux et de magnésie reste en dissolution dans l'acide carbonique.
Ces procédés sont tous trop chers.

4° *Alun*. — Avec le carbonate de chaux, il précipite des sous-sels et du sulfate de chaux, et le sous-
sel entraîne les matières en suspension. Il faut très peu
d'alun; 31 grains d'alun par 16 gallons d'eau ou
2 grains par gallon ont suffi et ont donné une clari-

fication complète, mais il est évident que la quantité varie avec la nature de l'eau (1).

5° *Sels de fer*. — Ils produisent les mêmes effets que les sels d'alumine, mais en outre il y a une oxydation et une réduction alternatives de l'oxyde de fer qui détermine la destruction des matières organiques. Cet effet se produit quand on ajoute un alcali pour précipiter l'oxyde de fer.

6° *Chlorure de baryum*. — On peut précipiter les sulfates par le chlorure de baryum et ensuite les carbonates par un des alcalis précédents ; mais avec le sulfate de magnésie il se fait du chlorure de magnésium, qui a des inconvénients, comme nous l'avons dit.

7° *Carbonate de baryte*. — Le carbonate de baryte artificiel n'étant pas complètement insoluble précipite lentement les sulfates; il a été proposé pour corriger les eaux séléniteuses et en l'associant avec un alcali pour purifier complètement l'eau ; mais la réaction est très lente et le prix élevé.

8° *Oxalate de soude*. — Il précipite les sels de chaux à froid, mais le précipité d'oxalate de chaux se dépose lentement à moins de chauffer. Il n'est employé que pour de petites opérations chimiques. Le prix est trop élevé.

9° *Silicate et carbonate*. — MM. Buffet et Versmann ont proposé d'additionner l'eau de carbonate et silicate de soude. Ce mélange pulvérulent porte le nom de *Holland compound*. Le procédé est bon ; il précipite bien la magnésie. Hoffmann a approuvé ce procédé. On fait un mélange de 2 parties de sel de soude, 1 partie de bicarbonate et 2 parties d'une solution de

(1) Un gallon, mesure anglaise de volume, vaut 4^{lit},543; un grain, mesure anglaise de poids, vaut 0^{gr},0648.

1,55 de silicate de soude pour 3 parties d'eau; il en faut de 1ᵏ250 à 1ᵏ500 pour 900 litres d'eau dure.

§ 2. — PROCÉDÉS EMPLOYÉS

Appareils pour l'épuration chimique.

Ainsi que nous l'avons dit, on se propose, dans ces appareils, de transformer les produits insolubles ou peu solubles en produits solubles. Cette transformation est le résultat de doubles décompositions, faites dans des appareils séparés des chaudières.

L'opération se compose de plusieurs parties : la préparation du réactif, sa distribution dans l'eau et la séparation des précipités formés, s'il y en a.

La préparation du réactif se fait dans des bacs où on place les matières à dissoudre ou à mettre en suspension dans l'eau.

La distribution se fait en mélangeant à l'eau une quantité convenablement dosée du réactif. Elle est intermittente dans la petite installation, mais généralement elle est continue, régulière et fonctionne automatiquement, soit par le moyen d'une pompe, soit par un robinet réglé.

La séparation des précipités se fait par le repos dans un bassin de dimension convenable, où l'eau se clarifie peu à peu; mais quand il faut beaucoup d'eau, la clarification est une opération trop longue ; on la complète par la filtration de l'eau. Seulement comme les précipités se déposent quelquefois difficilement, surtout quand on opère à froid, on cherche à activer le dépôt par le mouvement, par les chocs, les frottements, les changements de direction de la veine liquide, les augmentations de la longueur du parcours, il se produit ainsi une décantation partielle qui simplifie la filtration, et évite l'engorgement trop rapide des filtres. On atteint encore le même but en faisant la filtration de bas en haut.

APPAREILS PAR DOUBLE DÉCOMPOSITION. — Le plus simple serait de recevoir l'eau dans un récipient, d'y ajouter les réactifs nécessaires, et, après une vive agitation, de laisser déposer, de décanter ou de filtrer. Mais ce procédé est trop long pour l'industriel qui consomme une certaine quantité d'eau, il faut une filtration intermittente ou continue.

Dans tous ces appareils, le réactif se compose de chaux et de soude ou de carbonate de soude.

L'appareil primitif est l'*appareil Béranger et Stingl*. Il se compose d'un bac à réactif formé d'une cuve en tôle, dans laquelle on introduit une quantité connue d'eau, puis de la chaux et de la soude en quantité déterminée par une analyse préalable ; on agite fortement, on laisse déposer, on décante et on l'envoie au mélangeur au moyen d'une pompe ou par un orifice à écoulement réglé : l'eau arrive en même temps en quantité convenable pour qu'il y ait neutralisation réciproque. On fait du réactif nouveau, pendant qu'on utilise le réactif préparé antérieurement.

Dans le mélangeur, la réaction se fait et l'eau parcourt un assez grand espace pour déposer son précipité ; elle passe ensuite à la partie supérieure d'un filtre formé d'une première couche de copeaux et d'une deuxième formée de copeaux et de menus fragments de coke.

Dans l'*appareil Porter*, on utilise la même réaction, qui se fait dans un cylindre muni d'un agitateur ;

quand elle est terminée, on passe l'eau au filtre-presse. Le réactif se rend dans le mélangeur sous l'influence de la pression de l'air. Cet appareil est compliqué ; l'emploi de la pression de l'air nécessite un appareil coûteux. Le filtre-presse s'engorge très vite.

L'*appareil Demailly* utilise l'action de la chaux et de la baryte surtout ; il se place sur la canalisation d'alimentation, la réaction n'a pas le temps de se faire, le filtre s'encrasse rapidement, malgré un mouvement de rotation contre une brosse qui en nettoie la surface ; il est irrégulier, et le filtrage, incomplet au début, est ensuite très lent.

L'*appareil Le Tellier* est du même genre.

Les appareils les plus simples sont ceux qui font d'abord déposer l'eau dans un réservoir où elle se clarifie partiellement avant la filtration.

MM. Gaillet et Huet (1) conseillent deux citernes contiguës. Au-dessus se trouve le bac à réactif, duquel se déverse le réactif dans l'une ou l'autre citerne, on laisse déposer et on puise dans l'une des citernes à la partie supérieure, pendant que l'autre dépose.

APPAREILS DE LA COMPAGNIE DU CHEMIN DE FER DU NORD. — La Compagnie du chemin de fer du Nord emploie un lait de chaux qu'elle mêle avec l'eau, on laisse décanter, six à huit heures, mais la décantation est insuffisante, il est nécessaire de filtrer à travers du gravier ou des filtres à copeaux ou à éponges.

La Compagnie du Nord emploie également l'appareil Bérenger et Stingl, modifié en remplaçant l'eau de chaux par un lait de chaux, ce qui exige une moins grande quantité de réactif.

---

(1) Gaillet et Huet, *Les eaux industrielles.*

Lorsque la quantité de sulfate de chaux est trop considérable, on ajoute du carbonate de soude.

On nettoie de temps en temps les filtres, soit en les changeant, soit en lavant la matière filtrante avec l'acide chlorhydrique.

Le prix de revient varie de 0 fr. 004 à 0,038 par mètre cube, suivant l'impureté de l'eau, la quantité d'eau épurée, la cherté de la main-d'œuvre et le mode d'organisation du personnel de l'épuration

Le simple traitement à la chaux coûte moins cher que le traitement à la chaux et au carbonate de soude.

La Compagnie du chemin de fer du Nord préfère le traitement intermittent des eaux au traitement continu, mais dans l'industrie c'est la filtration continue qui est préférée.

Appareils continus. — Ces instruments sont de grands appareils, où l'on fait arriver l'eau et le réactif mêlés par la partie inférieure. L'eau dépose son précipité et on la prend clarifiée à la partie supérieure. Les appareils à clarification continue reposent sur deux principes:

Ou bien l'eau se propage très lentement dans un appareil contenant des obstacles, des tablettes sur lesquelles le dépôt se fait peu à peu par suite de l'agrégation des précipités et du frottement sur les lames.

Ou bien l'eau passe d'un mouvement assez rapide et les auteurs comptent sur les chocs, les changements de direction, l'établissement de zones immobiles ou à peu près.

La filtration complète l'œuvre en produisant, à cause des obstacles, des chocs plus nombreux et des changements de vitesse dans les pores de la matière filtrante.

Appareil Bérenger et Stingl. — Le décanteur se compose d'une série de cylindres verticaux; l'eau arrive à la partie supérieure par un tuyau plongeant jusqu'au fond du cylindre, elle tombe dans un cône renversé, où elle éprouve un choc et un changement de direction qui la renvoie vers le haut, pendant que les précipités tombent peu à peu et se rassemblent dans la zone calme au-dessous du petit cône. Les cylindres sont de section de plus en plus grande.

Un filtre termine la clarification. Cet appareil paraît avoir donné des résultats médiocres.

Appareil Picher et Sedlaeck.—Il est fondé sur le même principe, mais tous les cylindres sont les uns dans les autres, ce qui diminue la place occupée par l'appareil. Cet appareil est plus compliqué et le nettoyage est plus difficile.

Appareils Gaillet et Huet (fig. 50, 51).—Le principe chimique est toujours le même et la disposition du décanteur rappelle celle de l'appareil Howatson avec une disposition meilleure, l'eau circule entre des diaphragmes inclinés à 45°, superposés dans un grand décanteur vertical. Les diaphragmes sont fixés alternativement en chicanes à deux parois opposées, l'eau parcourt un grand espace, les précipités se déposent peu à peu sur les diaphragmes inclinés et glissent à la partie inférieure du diaphragme, puis dans un collecteur d'où ils sont éliminés de temps en temps. Un filtre de copeaux termine la clarification.

Il n'y a pas de décanteur proprement dit, comme dans l'appareil Howatson, c'est surtout sur l'effet des obstacles, des chocs, et du long parcours que les auteurs s'appuient dans la construction de leurs appareils auxquels ils ont donné des formes variées; bien que leur théorie soit contestable, on ne peut nier l'efficacité de leur appareil, lorsqu'il est conduit par un ouvrier intel-

ligent et attentif. Ils emploient comme réactif l'eau de
chaux et le carbonate de soude mêlés avant l'opéra-

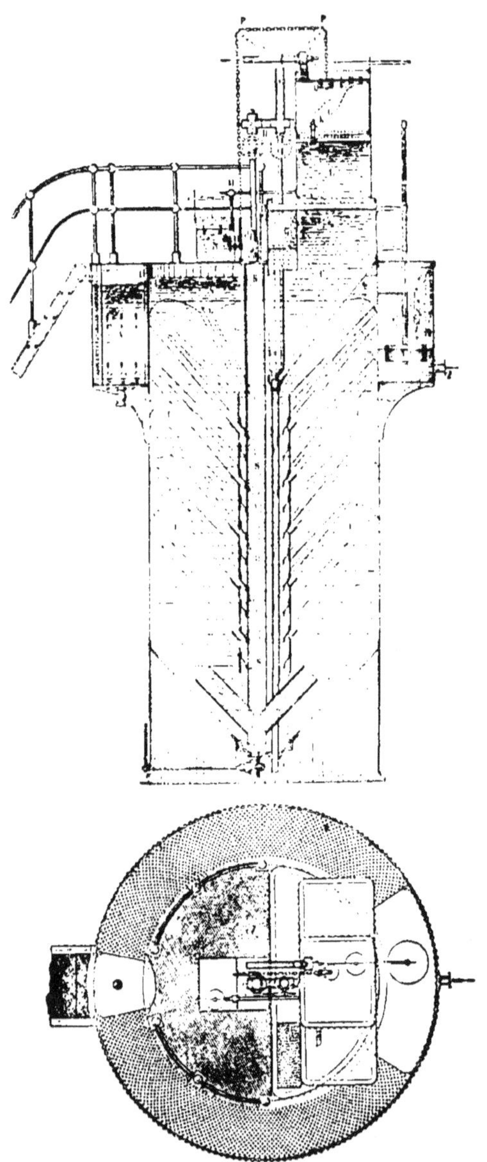

Fig. 50.—Épurateur cylindrique à filtre extérieur. Système
Paul Gaillet.

tion et décantés, c'est-à-dire une solution claire de soude caustique et de chaux.

Fig. 51. — Épurateur cylindrique à filtre extérieur. Système Paul Gaillet.

Leurs appareils sont tantôt verticaux, tantôt horizontaux, en forme de parallélipipèdes ou de cylindres.

La préparation du réactif et sa distribution se font

dans des bacs spéciaux, placés au-dessus ou à côté du décanteur.

On emploie en même temps les sels de fer pour la purification des matières organiques.

Cet appareil fonctionne bien, quand il est surveillé ; il ne faut pas le surmener, ce qui semblerait indiquer que la vitesse de circulation du liquide est plus nuisible que le pensent les auteurs ; enfin, comme dans tous les appareils à la chaux, il est nécessaire de faire journellement des essais hydrotimétriques de l'eau à épurer et de l'eau purifiée, qui doit marquer 3 à 4° hydrotimétriques ; il faut aussi essayer le réactif lui-même pour se rendre compte de sa richesse en chaux, mais c'est là un essai difficile par le procédé d'essai ordinaire, on n'arrive pas à obtenir une mousse persistante. Pour prendre le degré de cette liqueur, nous avons indiqué l'addition d'une petite quantité d'une solution de chlorhydrate d'ammoniaque, ou bien la substitution de la liqueur oléique (voy. p. 22). Au moyen de cette modification, l'essai se fait aussi facilement que celui de l'eau ordinaire.

Voici quelques données sur le fonctionnement de cet appareil qui est assez répandu :

Le réactif est formé de carbonate de soude Solway, 375 grammes par mètre cube. Chaque bac contient six mètres cubes. Il faut par litre d'eau environ 120 centimètres cubes de réactif, qui doit marquer 180° hydrotimétriques, c'est l'analyse de l'eau qui détermine la quantité à employer. Il faut de préférence employer la méthode d'analyse de Vignon (voir p. 26), chaque bac peut donc traiter environ 50 mètres cubes d'eau.

Le réactif doit marquer 180°, on pourrait atteindre

240° soit 1^{gr},36 par litre de chaux, mais on n'arrive jamais qu'à 180°.

On obtient de l'eau à 4°, à cause de la solubilité du carbonate de chaux, ce qui est un bon résultat ; si on a un titre plus grand que 4° soit 8°, il peut arriver qu'il manque de chaux ou de soude ou des deux, c'est-à-dire qu'il y ait insuffisance de réactif.

Si on fait alors bouillir l'eau purifiée, elle marquera après ébullition un titre inférieur, soit 4°. Il y aura donc 4° de bicarbonate ; par conséquent le réactif ne contient pas assez de chaux, ou bien il a été versé en quantité insuffisante, ce que l'essai du réactif montre ; si, après ébullition, le degré ne change pas, c'est que l'eau manque de soude, puisque ce sont des sels solubles qui sont restés.

Enfin si l'eau bouillie marque moins qu'avant l'ébullition mais plus de 4°, c'est qu'elle manque des deux réactifs (chaux et soude).

On peut donc suivre facilement la marche de l'appareil.

Mais il se peut que l'excès de degré hydrotimétrique tienne à un excès de réactif, qui introduisant de la chaux augmente le degré ; dans ce cas, l'eau a une réaction alcaline forte, puisqu'elle contient un excès de soude, il faut donc diminuer la quantité de réactif.

Les mêmes observations peuvent s'appliquer aux autres appareils qui font usage de la chaux et de la soude.

Épurateur Howatson à préparation manuelle de réactif. — Cet appareil (fig. 52) est formé d'un seul cylindre divisé en deux parties par un filtre de paille de bois. Le mélange des réactifs (carbonate de soude et chaux), se fait avec l'eau dans deux petits réservoirs latéraux, puis s'achève

Fig. 52. — Épurateur Howatson.

A, récipient dans lequel on prépare la solution de chaux vive et de carbonate de soude : B, vase jaugeur de l'eau d'alimentation ; C, vase jaugeur de la solution ; O, mélangeur ; E, compartiment dans lequel s'achève la réaction chimique ; F, vase de décantation ; G, filtre en paille de bois ; K, réserve d'eau épurée ; a, arrivée de l'eau, distribuée en A ou en B, par un jeu de robinets : b, agitateur pour préparer la solution de chaux vive et de carbonate de soude ; c, poignée de l'agitateur ; d, robinet de vidange du récipient A ; f, flotteur portant un tuyau de caoutchouc, pour ne délivrer au jaugeur C que la solution claire ; g, h, orifices en bronze qui débitent l'eau à purifier et la solution des réactifs dans des proportions invariables ; à cet effet, la charge sur ces orifices est maintenue constante par des flotteurs ; le débit s'arrête lorsque le liquide s'élève dans le mélangeur O, par suite du remplissage de la réserve K ; i, i, grilles maintenant la matière filtrante ; le robinet de vidange se trouve en bas et à droite de l'appareil, et le départ de l'eau épurée se trouve en haut du réservoir K et à gauche.

dans un tube plongeur, ensuite les précipités les plus
gros se déposent dans le grand cylindre, le liquide se

Fig. 53. — Épurateur Howatson à préparation automatique
de réactif.

filtre et se rassemble au-dessus du filtre où on vient le
prendre pour l'usage.

Épurateur automatique Howatson (fig. 53). — Le

17.

réactif comme dans les autres systèmes est la chaux associée, s'il y a lieu, au carbonate de soude. L'eau de chaux se prépare dans un bac latéral, puis se mélange à l'eau à épurer. Le débit du réactif est réglé suivant la pureté de l'eau — L'eau à épurer arrive à la partie supérieure, se mêle au réactif, s'écoule à la partie inférieure et remonte à l'intérieur de surfaces coniques, pour sortir par la partie supérieure complètement purifiée.

Épurateur Desrumaux. — Le décanteur est formé d'un cylindre central, dans lequel arrive l'eau ; elle descend ensuite à la partie inférieure et remonte dans un cylindre concentrique, suivant des lames hélicoïdales qui la ramènent à la partie supérieure.

Cet appareil emploie, comme l'appareil Gaillet et Huet, l'eau de chaux et de soude claire.

Appareil Dervaux. — L'eau se mêle dans un bac à la chaux et au carbonate de soude préparés dans des bacs spéciaux et se rend dans le décanteur formé d'un cylindre, contenant une série de cônes renversés sur les parois desquels se déposent les précipités qui coulent à la partie inférieure, elle passe ensuite dans un filtre à copeaux.

Appareil Maignen (fig. 54). — L'eau tombe sur une roue hydraulique qui au moyen d'un agitateur fait tomber régulièrement la poudre purifiante.

Le mélange se fait dans un cône renversé contenu dans un cylindre, elle remonte entre le cône et le cylindre, passe dans un deuxième appareil, à peu près semblable, dont le cône contient des tablettes horizontales et inclinées démontables, sur lesquelles se fait le dépôt.

Cet appareil est remarquable par son procédé de

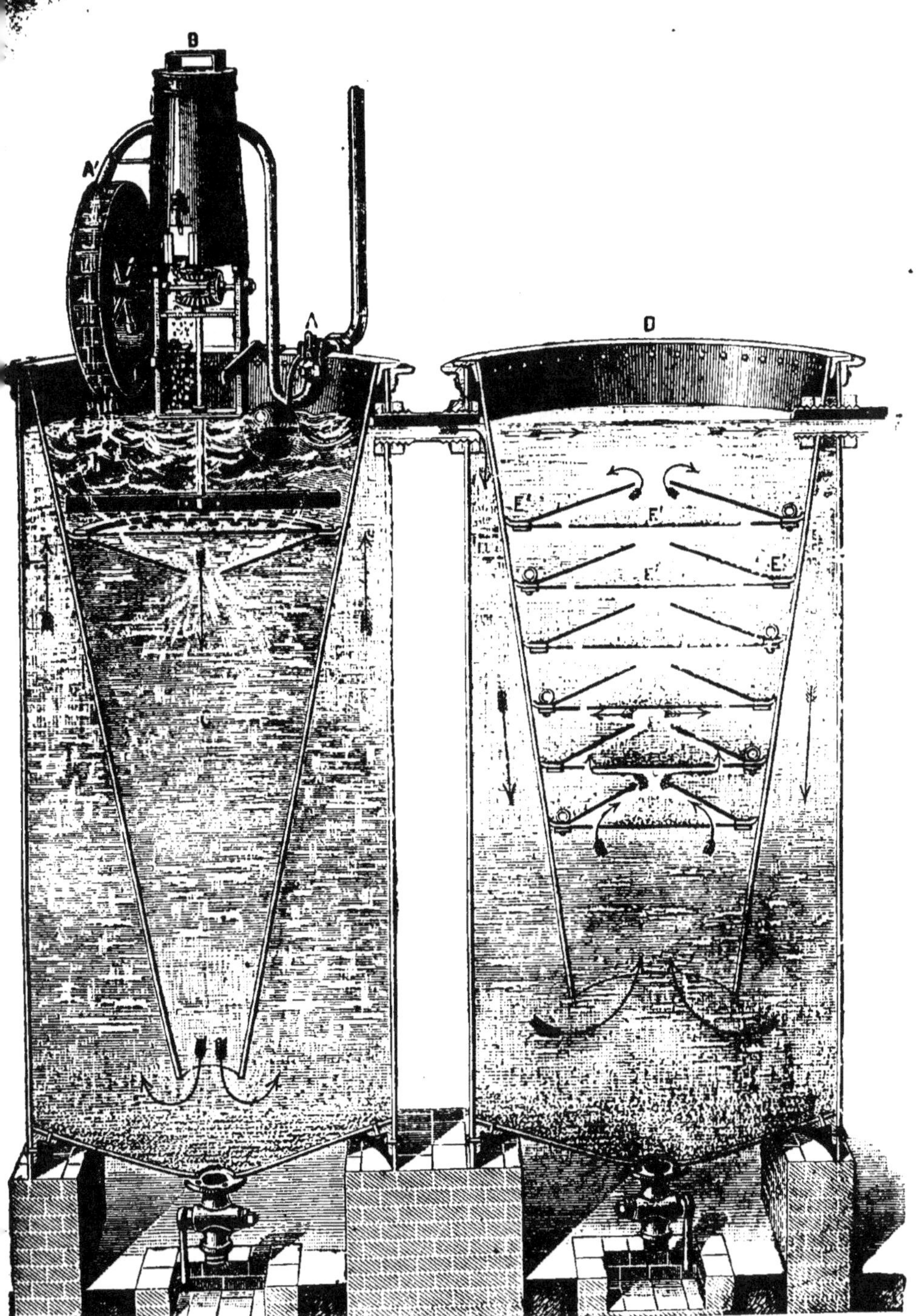

Fig. 54. — Épurateur automatique système Maignen.

AA'B, distributeur automatique de poudre anti-calcaire ; C, saturateur ; D, décanteur ; E'E'E, pour le repos des précipités légers. Les précipités lourds restent au fond des deux cuves. L'eau épurée sort en F.

distribution du réactif qui est réglé par l'arrivée de l'eau sur la roue hydraulique. Le réactif est une poudre employée à l'état solide et non en dissolution. Comme dans les autres appareils, la poudre est formée de chaux, carbonate de soude et alun. Il peut se former différentes réactions par l'action mutuelle des réactifs les uns sur les autres. Du reste, ces réactions n'ont qu'un intérêt théorique, le résultat étant toujours la précipitation de la chaux des carbonates et de la chaux soluble : en même temps, l'alun intervient pour la précipitation des matières organiques, par son alumine.

Ces trois produits mélangés peuvent, en outre, avoir une action bactériologique : mais celle-ci a peu d'importance au point de vue industriel. Nous avons déjà examiné la question au point de vue hygiénique (p. 219).

Dans d'autres décanteurs, on laisse la décantation se faire dans des cylindres où le liquide progresse très lentement et on filtre.

ARTICLE V. — PURIFICATION DE L'EAU POUR L'ALIMENTATION DES VILLES

A cause de la grande quantité d'eau consommée dans certaines villes, il est souvent plus avantageux d'aller au loin chercher des eaux de sources et de les amener au moyen d'aqueducs. C'est ce qui a été fait à Paris.

Mais, d'un autre côté, ce procédé a des inconvénients en temps de guerre.

§ 1ᵉʳ. — FILTRATION

Généralement, dans le cas de purification pour alimentation des villes, il n'y a pas besoin de purification chimique, il suffit de clarifier l'eau et d'enlever les microbes qu'elle contient.

Le procédé le plus ancien est la filtration dans le sable ou le sol.

Filtration de l'eau de Seine.

A Fontainebleau, l'eau de la Seine marque 16^d,75 hydrotimétriques, tandis que l'eau qui alimente les filtres marque 21^d,20, exactement comme les sources voisines. Elle provient donc de la même nappe souterraine.

Filtration des fontaines Wallace.

Les fontaines Wallace à Paris sont munies de 4 batteries de 21 bougies Chamberland, intercalées directement sur la conduite d'alimentation et renfermées dans le sol, au pied de la fontaine, dans une fosse en maçonnerie (fig. 55).

Avant la filtration, l'eau contenait, d'après les expériences de M. Miquel, 912.000 microbes par centimètre cube ; après la mise en marche, elle n'en contenait plus que 4,200, et 48 heures après, il n'y en avait plus que 500.

Un espace suffisant pour le passage de l'homme chargé du nettoyage est réservé sur l'un des côtés. La fouille est fermée par une porte en fer à deux vantaux. Rien n'est apparent ainsi sur la voie publique ; et la fontaine coule d'une façon constante, comme par le passé.

Un robinet de jauge, placé sur la sortie d'eau filtrée, permet de régler le débit à un ou deux litres par minute.

Pendant l'été de 1892, au moment de la substitution d'eau de Seine à l'eau de source dans divers quartiers de Paris, la population parisienne a pu, grâce à ce procédé, s'alimenter en eau pure, à sa température normale, puisque l'écoulement était constant.

Ce dispositif à écoulement continu, qui ne change rien aux habitudes existantes, est préférable à l'accumulation de l'eau filtrée dans un réservoir, où elle séjournait plus ou moins longuement.

Cette expérience donne lieu à quelques réflexions : L'eau de la Vanne contient en arrivant à Paris 700 bactéries environ par centimètre cube et l'eau de la Dhuys 1,895. Or, nous venons de voir que l'eau distribuée aux fontaines Wallace en renferme 212,000. Il y a donc, entre l'arrivée à Paris et l'époque de la distribution, une augmentation considérable de microbes.

Quelque parfaite que soit la purification de l'eau d'une ville à l'arrivée, même avec un filtre idéal, à plus forte raison avec les filtres à sable généralement adoptés, il restera bien toujours dans l'eau quelques microbes, et grâce à la rapidité de leur reproduction, l'eau sera rapidement aussi souillée qu'avant la filtration.

A notre avis, la solution adoptée pour les fontaines Wallace est la vraie solution : l'eau doit être filtrée au moment de l'emploi, soit en entrant dans la maison, soit au robinet de l'appartement.

Au lieu donc d'installer des filtres coûteux et insuffisants, comme le font toutes les grandes villes, il serait certainement préférable de se borner à une simple décantation dans les bassins de la ville et de faire la filtration à l'arrivée au domicile du consommateur.

Il y a des filtres à 100 bougies pour les écoles, les

hôpitaux, les casernes. Comme exemple d'installation

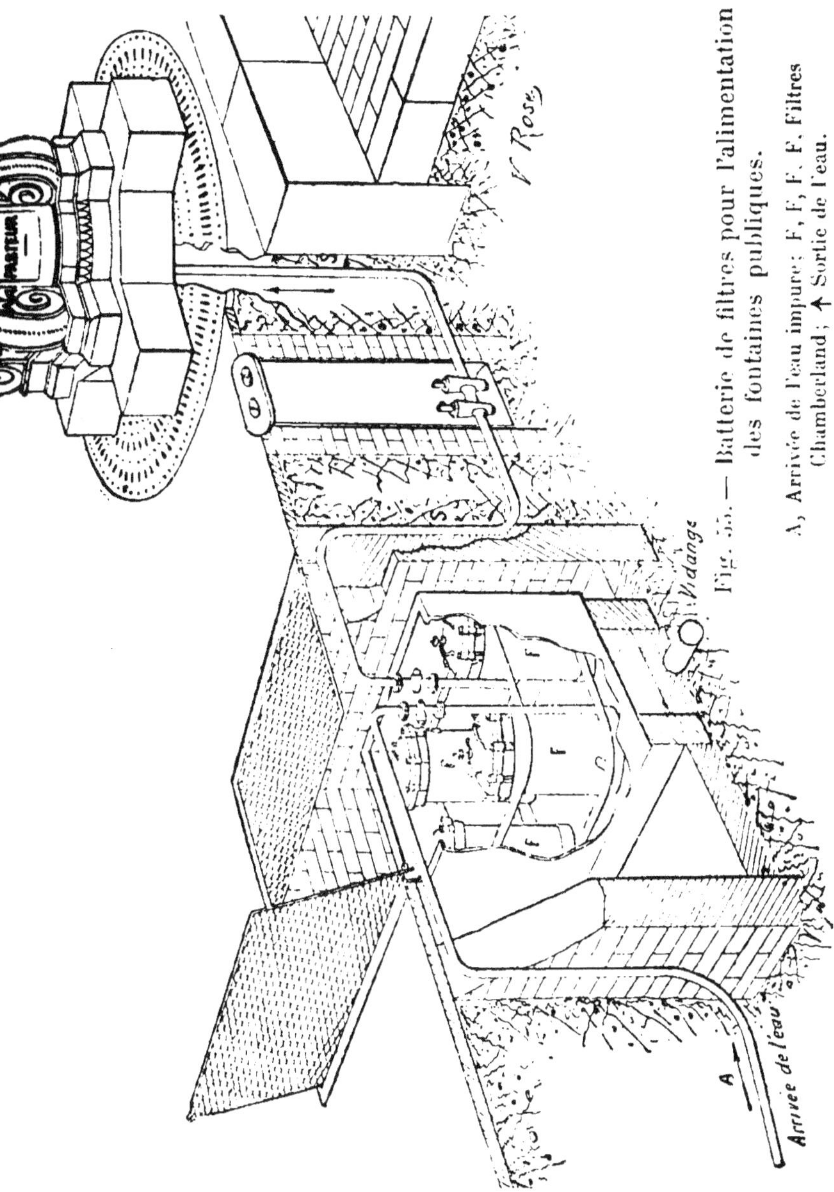

Fig. 55. — Batterie de filtres pour l'alimentation des fontaines publiques.

A, Arrivée de l'eau impure; F, F, F, F, Filtres Chamberland; ↑ Sortie de l'eau.

importante, nous reproduisons un dessin représentant

l'installation de 6 filtres de 50 bougies, disposés en batterie, pour le Grand-Hôtel (fig. 56). L'appareil peut donner 12,000 litres en 24 heures.

On fait également des filtres avec un appareil pour le nettoyage automatique que nous avons décrit (p. 227).

Rien ne vaut, croyons-nous, le nettoyage direct, et fréquemment, le lavage à l'acide ou le chauffage à l'étuve.

Filtrage des eaux de la Marne.

Un procédé original a été essayé dans la Marne : on a déposé des drains au fond du fleuve, qu'on a recouverts de 0^m,60 de sable et gravier, l'eau ainsi filtrée coule par les drains et est suffisamment pure et claire.

Ce procédé n'a pas, croyons-nous, trouvé beaucoup d'imitateurs.

Galeries filtrantes.

Il faut prendre beaucoup de précautions dans l'installation des galeries filtrantes, afin d'éviter qu'elles soient alimentées par des eaux souterraines, au lieu de l'être par l'eau du fleuve. Comme nous ignorons d'où viennent ces eaux souterraines, et si elles n'ont pas reçu d'infiltrations, il faut donc, avant de les accepter, les avoir étudiées avec soin.

A Toulouse, dans une prairie sur les bords de la Garonne, on a creusé une série de galeries parallèles au fleuve. L'eau traverse d'abord un banc de cailloux et de sable et arrive dans les galeries. Ces galeries sont en pierres sèches juxtaposées à 4 mètres au-dessous du sol. Le fleuve même dans les basses eaux s'élève toujours au moins à 1 mètre au-dessus du fond des galeries. Au-

Fig. 56. — Filtre Chamberland à nettoyeur mécanique André. Installation de filtrage du Grand-Hôtel.

A, transmission ; B, filtres ; E, arrivée d'eau ; F, départ d'eau filtrée ; G, terrassons ; I, poulie de conduite du nettoyeur ; M, tendeur ; N, robinet d'admission d'eau ; P, tambours ; Q, tendeur ; R, réservoir ; V, robinet de vidange.

dessous des galeries, se trouve une nappe souterraine qui alimente les puits voisins. Nous avons vu précédemment que c'est cette nappe qui alimente les galeries au moins en partie. Cette nappe, d'après le Dr Garrigou, peut être infectée par les détritus de la ville.

Le Dr Garrigou conseille de creuser les galeries le plus près possible du fleuve dans les cailloux très perméables et à une faible profondeur dans la nappe d'eau, de donner un grand développement à la surface filtrante, d'établir les filtres en amont de la ville.

Il faut, pour que les galeries fonctionnent bien, que le courant du fleuve soit assez rapide pour entraîner les dépôts et laver constamment la surface filtrante, autrement la vase s'accumulerait et bientôt le filtre serait hors de service.

A Toulouse, l'eau du fleuve marque 13^d,31 et l'eau des galeries 15^d,92.

Puits Lefort à Nantes.

Ce puits filtre réellement l'eau du fleuve, ainsi que nous l'avons dit ; il a été établi dans l'île de Beaulieu en amont de Nantes, le sol de l'île sert de filtre, le puits de 2 mètres de diamètre est en maçonnerie hydraulique, l'eau entre par des ouvertures situées à 1^m,50 au-dessous des basses eaux ; ces ouvertures sont remplies de petites pierres placées entre deux treillages. Il donne 2,000 mètres cubes en vingt-quatre heures.

L'eau est limpide et fraîche et ne contient que 150 bactéries au lieu de 2,400 contenues dans l'eau du fleuve, chiffre peu élevé. Il est vrai que, dans cette question hygiénique, c'est la nature des microbes qui a de l'importance et non leur nombre. Un seul microbe pathogène est plus dangereux que beaucoup de microbes inoffensifs.

A Nantes, les conduites sont fréquemment obstruées par des petites moules, dont les larves traversent les filtres.

D'après M. Duclaux, l'eau empruntée aux galeries filtrantes vient très souvent non du fleuve, mais des nappes souterraines.

A Nevers, l'eau de la Loire marque $4^d,96$, l'eau du puisard filtrant marque $20^d,70$.

A Blois, l'eau de la Loire marque $7^d,76$, et l'eau du filtre 14^d45.

Filtration à Lyon et à Marseille.

Les installations faites à Marseille et à Lyon, malgré les avis de Dupasquier, confirmèrent l'opinion défavorable émise antérieurement.

Les réflexions faites plus loin sur la filtration à Berlin concordent avec l'opinion des hygiénistes français.

Malgré la filtration, à Lyon, l'eau reste trouble en été.

A Lyon, l'eau du Rhône marque 16^d, celle des galeries filtrantes marque $17^d,94$ et $18^d,43$, celle des puits voisins marque $23^d,77$; il y a donc probablement mélange d'eaux souterraines et d'eaux du fleuve.

Citernes de Venise.

Elles ont pour but de recueillir l'eau de la pluie et de la filtrer.

Ce sont des citernes en argile battue (fig. 57) ; au centre se trouve un puits en briques sèches, on rem-

plit le reste de la citerne de sable, à travers lequel se
filtre l'eau. la citerne est couverte par des dalles incli-

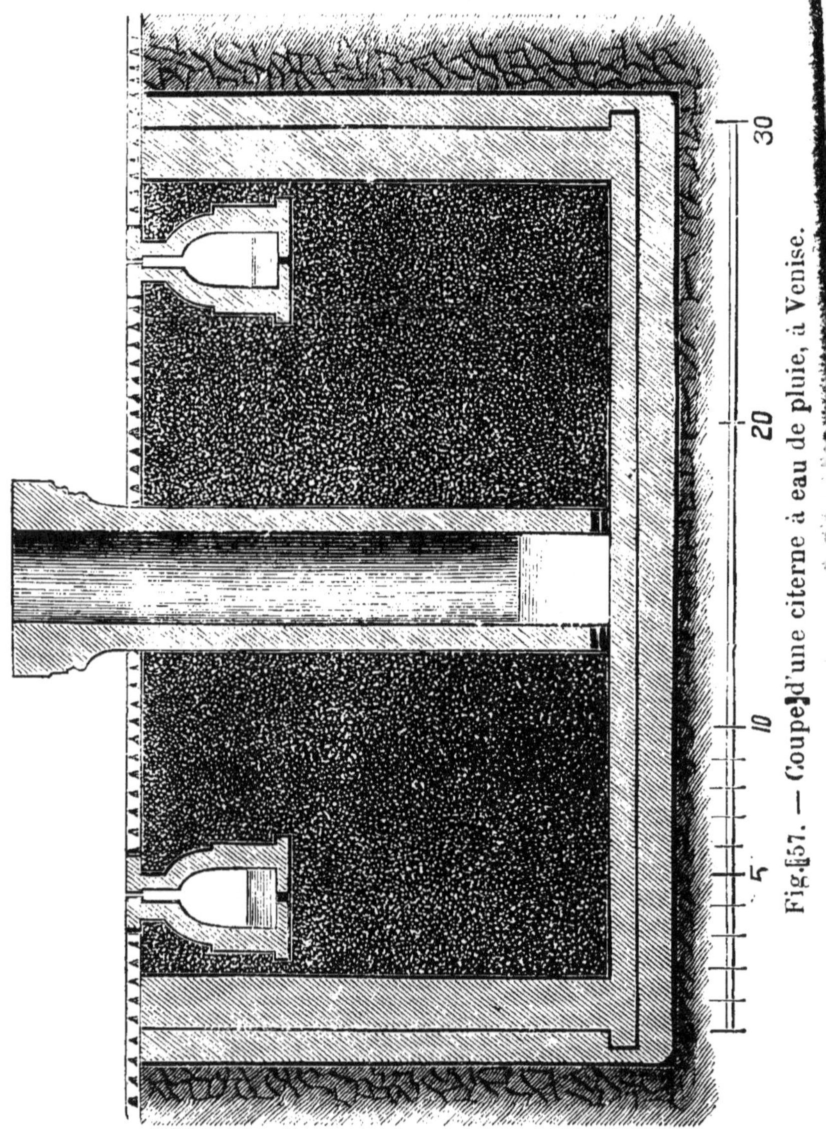

Fig. 57. — Coupe d'une citerne à eau de pluie, à Venise.

nées vers une galerie, qui fait le tour de la citerne dans
le sable et communique avec la surface extérieure

par quatre ouvertures par lesquelles pénètre l'eau de pluie.

Le procédé est excellent et pourrait être utilisé ailleurs, partout où on ne dispose pas d'eau de source ou de rivière.

Filtres de Londres.

La ville de Londres est alimentée par des filtres placés à Chelsea, à Battersea, à Hampton. L'eau arrive d'abord dans des bassins de décantation soit par l'effet de la marée, soit par des pompes, puis par un tuyau, elle arrive dans des caisses en bois d'où elle déborde dans un bassin formé de couche de sable et de gravier de plus en plus fins, l'eau traverse la couche filtrante et s'écoule par des canaux en maçonnerie (fig. 58),

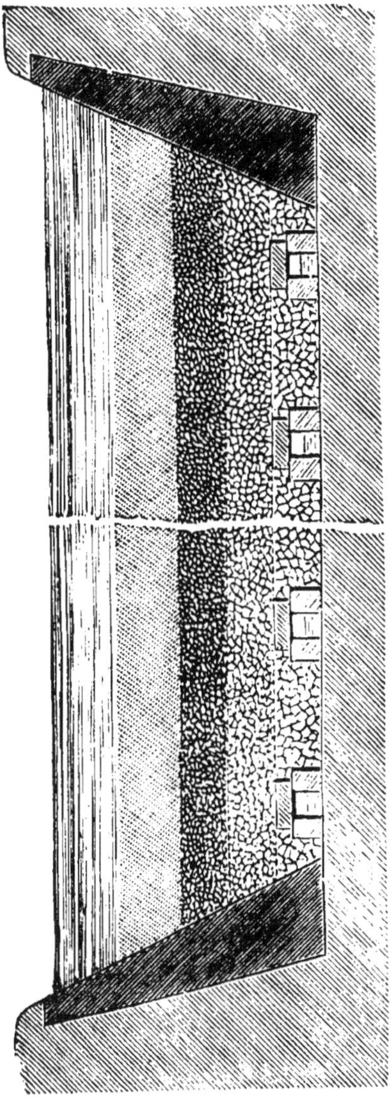

Fig. 58. — Filtre de Londres.

puis par des pompes dans les réservoirs de distribution. Les bassins de filtration sont en argile.

A Hampton, l'eau est filtrée par ascension.

M. Belgrand, après avoir étudié les installations anglaises, rejette absolument ces procédés. M. Trélat et M. Duclaux sont du même avis.

Filtration de l'eau à Berlin.

L'eau est empruntée à la Sprée au moyen de machines à vapeur qui l'envoient directement aux filtres formés de sable et graviers de plus en plus fins.

L'étude des eaux fournies par les filtres de Berlin a démontré que les filtres à sable sont insuffisants pour fournir de l'eau pure. Le sable ne retient pas les bactéries, il ne filtre que quand la surface est recouverte d'une matière gluante déposée par les bactéries, mais bientôt, la matière gluante augmentant, il ne filtre plus, les bactéries cheminent dans le sable poussant leur mycélium et l'eau sort plus infectée qu'à l'entrée.

Le nettoyage des filtres s'opère en y faisant passer un courant d'eau filtrée en sens inverse. On arrive ainsi à n'obstruer qu'une faible couche de sable, qu'on enlève de temps en temps en raclant une couche de $0^m,05$ qu'on remplace par du sable neuf ou lavé chaque fois ou de temps en temps.

M. Bechmann, ingénieur des travaux de Paris, recommande d'aérer les filtres, c'est-à-dire d'y faire couler l'eau par intermittence. Le filtre conserve plus longtemps son activité, il fournit même plus d'eau sans avoir besoin de nettoyage. L'expérience a été faite sur une boîte de 2 mètres de hauteur sur $0^m,20$ pleine de sable, sur laquelle on a versé pendant dix ans 1 litre d'eau d'égout par jour; malgré ce long service le sable n'a pas encore besoin de nettoyage.

En somme, tous les hygiénistes condamnent le système d'épuration de l'eau par les filtres à sable.

Filtration en Amérique.

L'opinion n'est pas faite de même en Angleterre et en Amérique, où la filtration par le sable est encore en grand honneur.

Le filtre américain est une cage en fer de $1^m,7$ de hauteur sur 6,7 de diamètre, contenant un lit de sable de $1^m,4$ de profondeur. L'eau passe à travers le sable par pression et sort par le fond par une série de valves construites de façon à retenir le sable et à laisser passer l'eau. On nettoie le filtre par un courant d'eau filtrée inverse. D'après M. Leeds, il se fait à la surface une gelée de bactéries, qui assure la filtration. On peut remplacer cette gelée bactérienne, assez dangereuse comme nous l'avons vu plus haut, par une gelée d'alumine, en ajoutant du sulfate d'alumine à l'eau.

Des expériences très importantes et de longue durée viennent d'être entreprises en Amérique, aux frais de l'État de Massachussetts. On rejeta les procédés chimiques qui ne donnèrent pas d'aussi bons résultats que la filtration ; il fut établi que la filtration est l'œuvre d'un ferment, que l'accès de l'air est nécessaire pour la nitrification, qu'il faut opérer avec du gros gravier, et non avec des sables fins ou de la terre pour nitrifier complètement les matières organiques. La nitrification ne se fait qu'un peu après que le filtre est mis en fonction, et la filtration doit être intermittente et par couche mince, pour permettre l'accès de l'air ; il ne faut pas non plus recouvrir le sable de terre de jardin, parce qu'alors la nitrification ne se fait pas et l'eau contenant toute la matière organique de la terre est très propre au nouveau développement des microbes. Avec le sable un peu gros, 97 à 99 p. 100 de la matière organique est détruite, et 1/10 p. 100 des bactéries sont détruites, tandis que dans la terre la nitrification est lente et cesse bientôt.

Il semblerait qu'il faudrait combiner les deux filtrations, faire d'abord une filtration dans la terre, puis une dans le sable, mais la filtration à travers la terre est beaucoup plus lente.

§ II. — PURIFICATION PAR LES PROCÉDÉS CHIMIQUES

Purification par le fer.

Cette purification s'emploie spécialement pour les eaux qui contiennent une grande quantité de matières organiques.

Dans le *filtre Bischoff*, on fait d'abord passer l'eau à travers une couche de sable, puis à travers un mélange de sable et de fer grenaillé, enfin à travers une couche de sable.

Le fer s'oxyde par l'action de l'air et de l'acide carbonique contenus dans l'eau; il s'oxyde d'abord à l'état de protoxyde, puis de peroxyde qui brûle les matières organiques, revient à l'état de protoxyde, repasse ensuite à l'état de peroxyde, pour continuer la combustion de la matière organique par suite de ses oxydations et réductions successives.

L'eau perd ainsi la moitié de sa matière organique totale, les deux tiers de sa matière albuminoïde et la totalité souvent de son ammoniaque libre.

Dans un autre appareil dit *revolver d'Anderson*, l'eau est purifiée en passant dans un cylindre mobile, où elle est agitée avec du fer divisé et surtout avec de la tournure de fer.

L'avantage de cet appareil est de maintenir toujours nette la surface du fer et par suite d'en exiger une moins grande quantité.

Le fer agit aussi sur les carbonates terreux, en se combinant à l'acide carbonique libre; une partie du carbonate terreux se précipite. L'oxydation par le fer détruit aussi les microbes; néanmoins, ce procédé ne doit pas être employé quand le fer peut nuire, par exemple, dans un grand nombre d'industries, blanchiments, papeteries, teintureries, etc.

Le fer, en éponges surtout, est très efficace. Il absorbe les matières organiques; des eaux fétides, colorées en brun, sont devenues limpides après un passage à travers l'éponge de fer (Bischoff). On obtient l'éponge de fer en projetant de la vapeur d'eau dans de la fonte en fusion.

La purification par le fer et le zinc est assez longue: elle serait rapidement faite en faisant tomber les liquides sur du fer disposé dans des colonnes à la partie inférieure desquelles arriverait un courant d'air chauffé.

Procédé au permanganate de potasse.

Le permanganate de potasse ou plutôt de soude est plus actif; il dégage facilement son oxygène qui brûle les matières organiques. Mais c'est un produit trop cher pour être employé industriellement. Il a été conseillé pour la purification de l'eau dans l'économie domestique, et dans ce cas il peut être employé.

Mlle Schipiloff conseille d'ajouter 0,05 à 0,10 centigrammes par litre, puis un peu d'alcool ou de vin pour réduire l'excès de permanganate; enfin de filtrer sur du noir animal : le prix est insignifiant.

M. Chicandard recommande le même procédé, puis il ajoute quelques décigrammes d'une poudre inerte, poudre de tan, réglisse, etc., pour détruire l'excès de permanganate. Il se fait du peroxyde de manganèse insoluble et du carbonate de potasse qui précipite la chaux du sulfate et du chlorure.

Ce procédé est certainement bon pour cet usage, seulement ce n'est plus de l'eau; mais pour les eaux industrielles il est inapplicable à cause de l'énorme quantité de matière organique à détruire.

Il y a lieu, en outre, de faire quelques réserves sur la destruction des matières organiques qui n'est certainement pas complète (1).

Purification par l'acide tartrique, citrique ou lactique

On peut également ajouter à l'eau de l'acide tartrique, citrique ou lactique, ou un peu d'alun (1^{gr},50 par 10 litres).

(1) Voy. Coreil, *La purification des eaux* (*Ann. d'hyg.*, 1894, tome XXXI, p. 46).

SIXIÈME PARTIE

LES EAUX RÉSIDUAIRES DE L'INDUSTRIE ET DES VILLES

Les causes de pollution des eaux sont nombreuses.

La nature contribue elle-même à les polluer. Le développement des animaux et des plantes qui l'habitent la souillent par leurs détritus et leurs cadavres. Les animaux, pour vivre, la privent d'oxygène.

Les plantes vertes, il est vrai, lui restituent cet oxygène, mais, comme nous l'avons vu, certaines espèces peuvent, par un développement exagéré, priver les plantes sous-marines de la lumière qui leur est nécessaire pour absorber l'acide carbonique, elles respirent alors comme les animaux et rendent rapidement les eaux infectes.

Les industriels, en déversant dans les rivières les eaux qui forment les résidus de leur travail, non seulement les rendent trop riches en matières organiques, mais encore peuvent y introduire des produits dangereux par eux-mêmes.

Les villes que traversent les cours d'eau y rejettent les immondices provenant de la vie des habitants. Les rivières sont donc malsaines aussitôt qu'elles sont en contact avec des êtres vivants.

La ville de Paris déverse dans la Seine plusieurs centaines de mille mètres cubes d'eau d'égout par jour.

L'installation du système de vidange du *tout à l'égout* dans Paris va augmenter cette quantité d'eau dans des

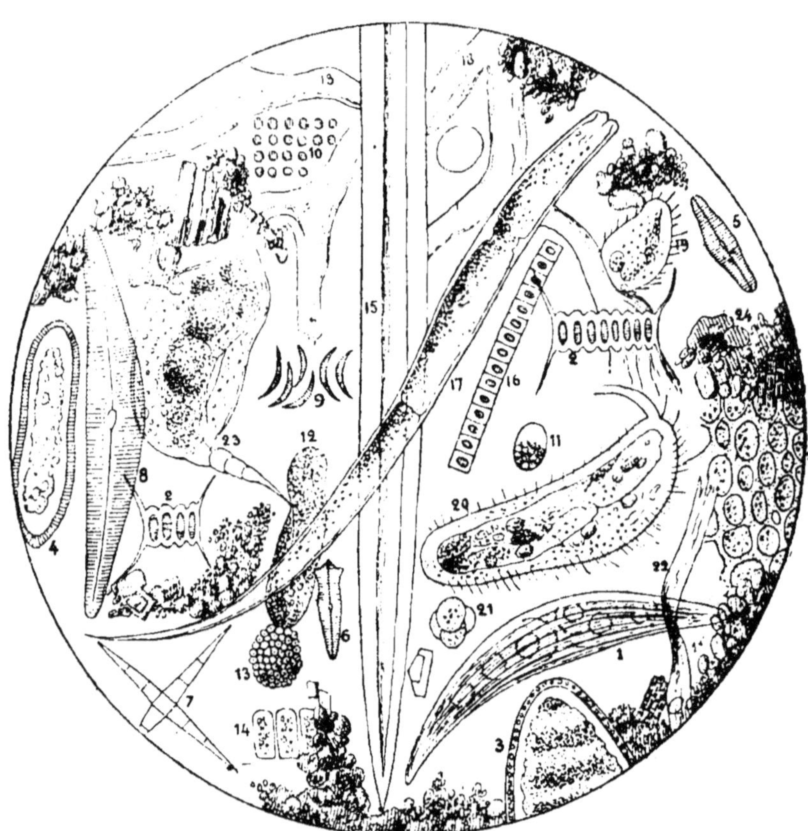

Fig. 59. — Eau de la Seine à Port-l'Anglais.

1, Closterium lunula ; 2, Scenedesmus quadricauda ; 3, Cymatopleura elliptica ; 4, Nitzschia dubia ; 5, Navicula ambigua: 6, Gomphonema accuminatum ; 7. Asterionella ; 8, Cocconema lanceolatum ; 9, Raphidium ; 10, Tetraspora: 11, Chlamydococcus pluvialis ; 12, Euglœna viridis; 13 ? ; 14?; 15, Spicule de Spougille ; 16, Ulothrix tenerrina; 17, Anguillule ; 18. Mycelium ; 19. Glaucoma scintillans ; 20, Chœtonotus ; 21, Grain de pollen ; 22, Fibre de coton ; 23, Brachionus palea ; 24, Débris organique et terreux (G. Neuville).

proportions qu'il est difficile d'évaluer et transformer la Seine sur une partie de son parcours en un véritable égout, si la municipalité parisienne ne prend pas des mesures pour remédier à ce mal.

Fig. 60. — Eau de la Seine à la pompe à feu de Chaillot.

1, Pandorina morum ; 2, Surirella splendida ; 3, Stauroneis phœnicenteron ; 4, Epithemia argus ? ; 5, Chlamydococcus pluvialis ; 6, Euglena ; 7, Daphia pulex (période nauplienne) ; 8, Entomostracé ; 9, Anguillule ; 10, Fibre musculaire striée ; 11, Débris végétal entouré de débris organiques et terreux ; 12, Fibres de coton ; 13, Mycelium de champignon ; 14, Cladophora glomerata (grossi 175 fois en diamètres) (G. Neuville).

La Seine, à Clichy, est complètement envahie par les eaux d'égout. Aucun être vivant, aucune herbe verte ne peuvent y vivre.

18.

Pendant les orages, lorsque les égouts fournissent
une grande quantité d'eau et s'étendent plus loin dans la

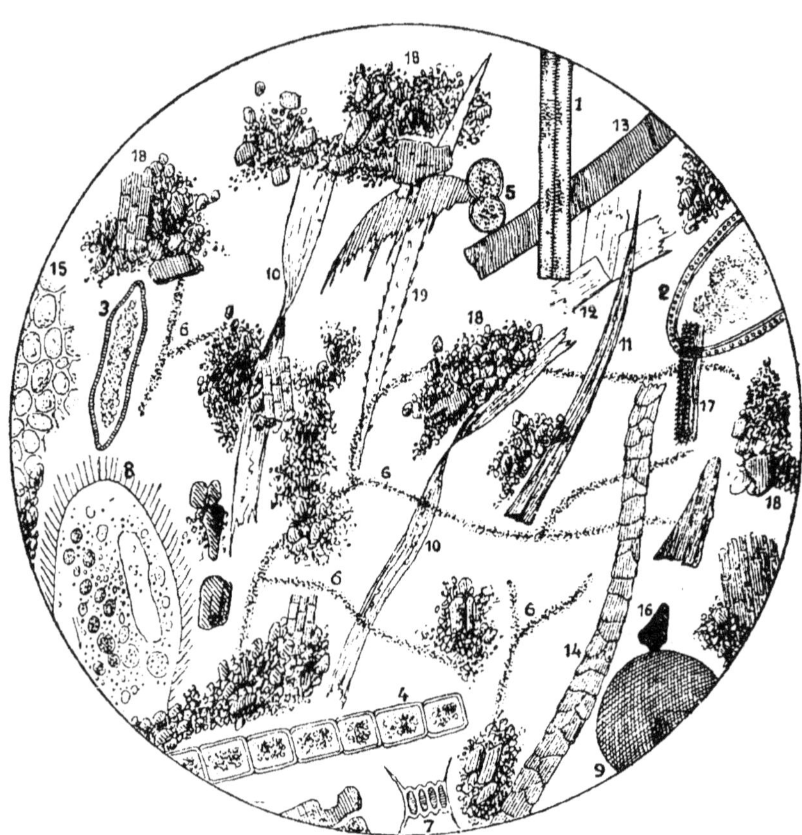

Fig. 61. — Eau de la Seine à Saint-Ouen.

1, Diatoma grande ; 2, Cymatopleura elliptica ; 3, Nitzschia dubia ; 4, Melosira varians ; 5, Cosmarium botrytis ; 6, Algue décomposée ; 7, Scenedesmus
quadricauda ; 8, Paramecium ; 9, Infusoire ? ; 10, Fibre de coton ; 11, Poil ;
12, Cristaux salins ; 13, Fibre musculaire striée ; 14, Poil de laine ; 15, Débris
de tissu végétal ; 16, Matière colorante ; 17, Trachées ; 18, Dépôts de matières
organiques et terreuses ; 19, Spirille de Spongille (G. Neuville).

Seine, les poissons qui vivent dans ces parages peuvent
être accidentellement détruits.

Il est difficile de donner la composition des eaux de

rivières polluées par l'industrie ou les villes ; elle varie avec la nature des industries établies le long des rivières, mais c'est surtout à des matières organiques

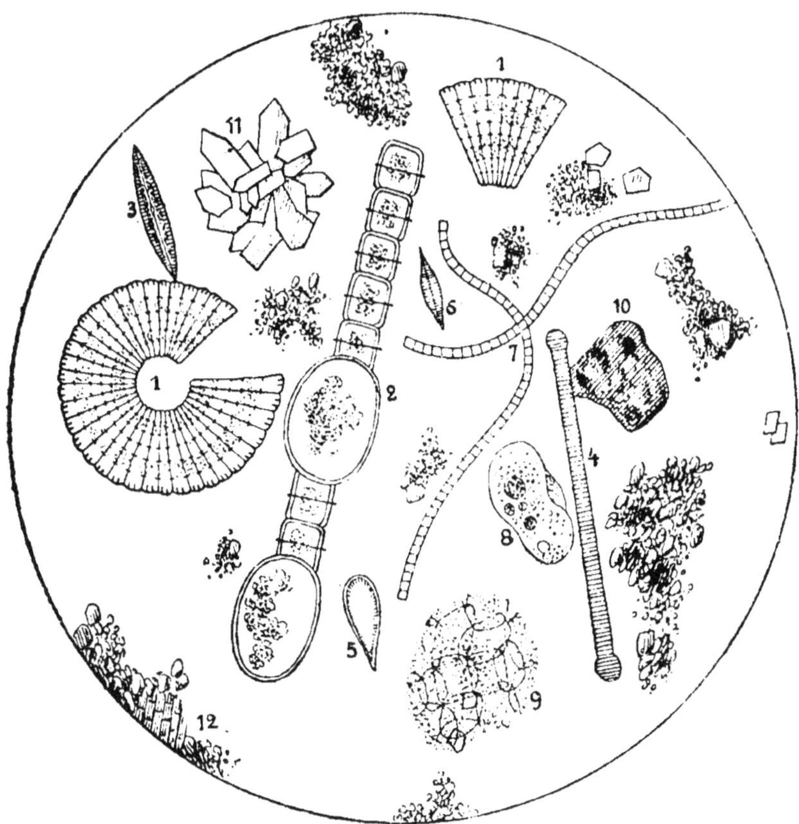

Fig. 62. — Eau des sources de la Vanne.

1, Méridion circulaire ; 2, Melosira varians avec sporanges ; 3. Navicula serians : 4, Synedra serians ; 5, Surirella salina : 6, Navicula rhyncocephala : 7, Ulothrix tenerrima : 8, Infusoire ; 9, Débris végétal : 10, Débris animal : 11, Cristaux calcaires : 12, Dépôts terreux.

azotées ou non qu'il faut attribuer le rôle le plus important. L'oxygène disparaît en brûlant une partie de la matière organique, qui, peu à peu, est détruite par l'oxygène emprunté à l'air, mais ce n'est qu'après un long parcours que la rivière reprend sa composition habituelle.

Fig. 63. — Eau d'un puits de la rive gauche (Paris).

1, Cyclops vulgaris; 2, Mycelium avec spores ; 3, Débris ligneux ; 4, Micrococcus ; 5, Dépôts organiques et terreux.

C'est seulement à Meulan que la Seine reprend son aspect normal; que sera-ce quand elle recevra toutes les eaux d'égout de Paris?

Nous empruntons à M. Neuville, pharmacien à Paris, les figures 59 à 63 qui représentent les diverses altérations des eaux qui alimentent Paris, et qui ont été prises sur différents points du parcours.

Les travaux précédents établissent que les eaux résiduaires de Paris introduisent dans la Seine des quantités considérables de matières organiques solubles ou insolubles, mortes ou vivantes; de plus, ils montrent qu'à une certaine distance de Paris, la Seine se purifie sous l'influence de l'air et redevient potable ou à peu près. Est-ce là une vérité absolue ou seulement une apparence?

Telle est la question que MM. Ch. Girard et Bordas (1) ont voulu étudier, et il résulte de leur travail que cette purification n'est, en effet, qu'apparente et qu'elle est due à ce que les matières organiques insolubles se déposent au fond de la Seine et laissent les eaux beaucoup moins souillées; mais qu'une perturbation atmosphérique, qu'une crue de la Seine ou de l'un de ses affluents augmente la rapidité du courant, les matières boueuses déposées seront remises en suspension et alors l'eau redevient infecte comme auparavant.

Pour établir ce fait, les auteurs ont étudié l'eau de la Seine sur tout son parcours, de Corbeil à Rouen, au point de vue chimique et bactériologique; ils ont représenté par des courbes les résultats obtenus (2). On constate facilement que la courbe des matières organiques et celle des colonies de microbes marchent

---

(1) Girard et Bordas, *La Seine de Corbeil à Rouen* (*Ann. d'Hygiène*, 1893, tome XXX, p. 193).

(2) Le *trait plein* indique le nombre de colonies par centimètre cube à l'échelle de 1 millim. pour 1000 colonies.

Le *trait ponctué* correspond à la matière organique, 10 millimètres = 1 milligramme.

Le *trait interrompu* représente l'oxygène dissous, 5 millimètres = 1 centimètre cube.

dans le même sens et qu'au contraire celle de l'oxy-

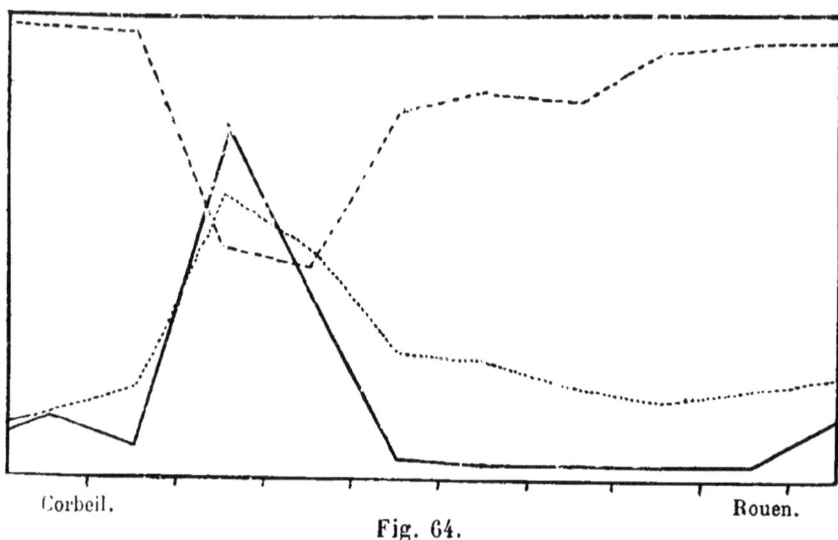

Fig. 64.

gène varie en sens inverse (fig. 64). Mais aussitôt qu'une crue a lieu, on voit une perturbation considérable dans

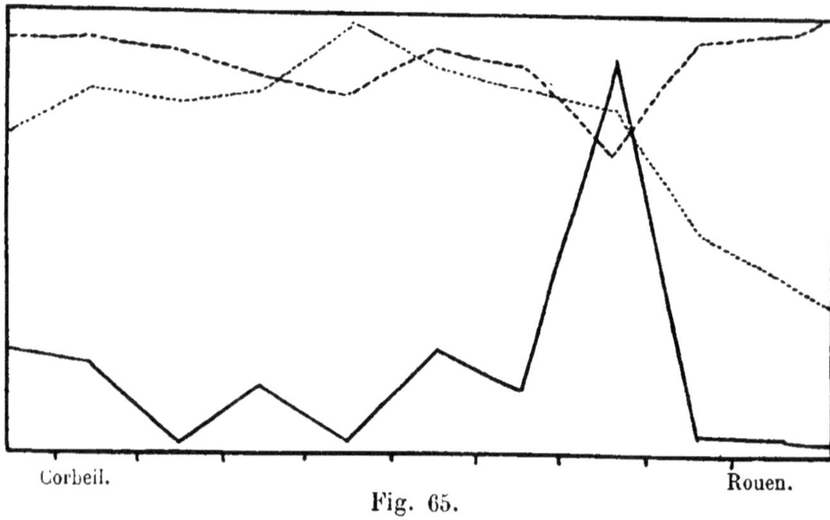

Fig. 65.

l'aspect des courbes, le 19 décembre (fig. 65); puis la Seine, nettoyée par la crue, redevient normale (fig. 66).

Nouvelle crue, le 19 mars (fig. 67) et nouvelle perturba-

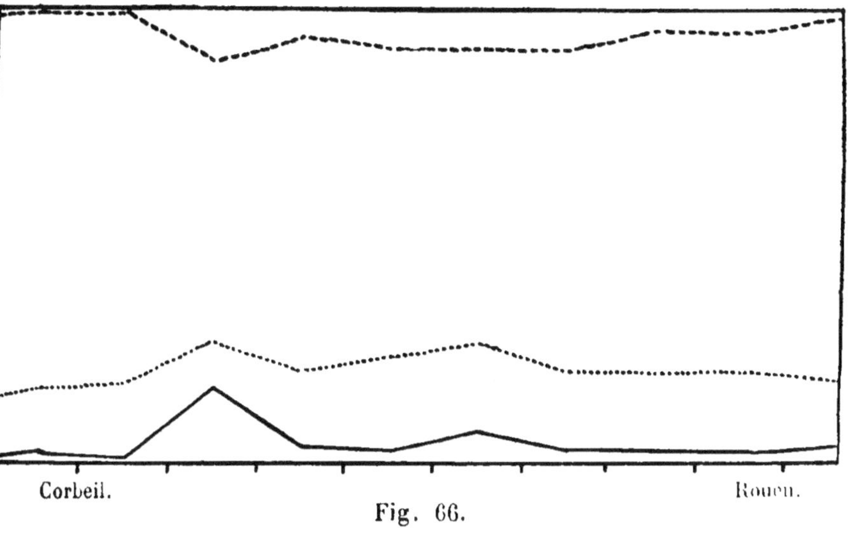

Corbeil.   Rouen.

Fig. 66.

tion; enfin, le 23 avril, la Seine reprend son aspect
normal (fig. 68) pour recommencer à chaque nouvelle

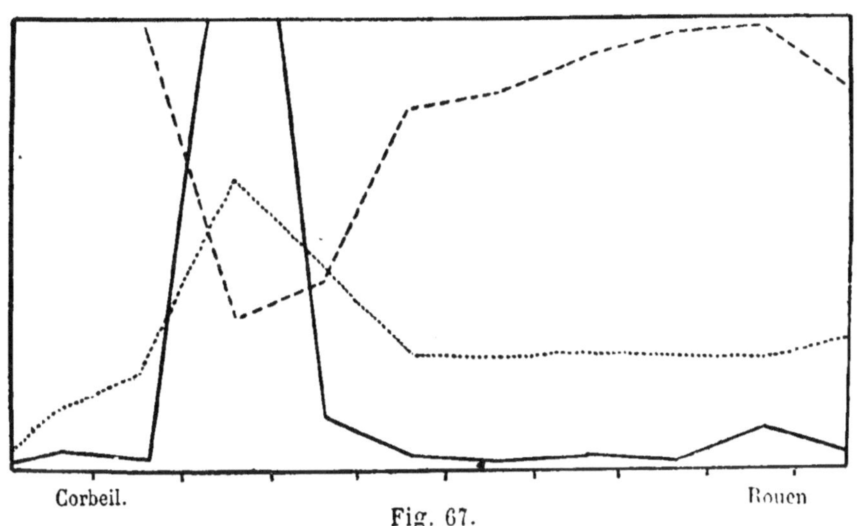

Corbeil.   Rouen

Fig. 67.

crue. Les impuretés ne sont donc non pas détruites,
mais dissimulées, prêtes à reparaître, à se remettre en

mouvement. Il faut donc n'accepter que sous réserve la notion de la purification rapide de l'eau par l'oxygène de l'air.

C'est surtout au développement de fermentations déterminées par des ferments nitriques qu'on doit attribuer la purification des rivières au bout d'un certain parcours et non pas seulement à une oxydation directe par l'oxygène de l'air.

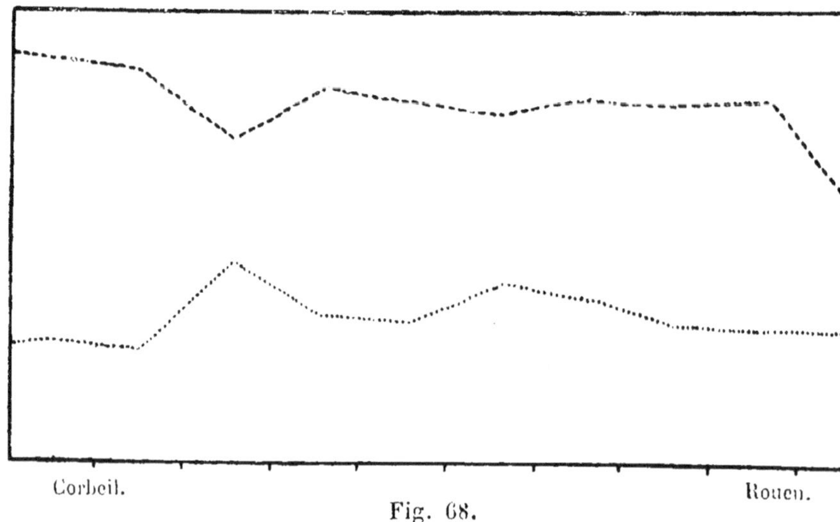

Fig. 68.

Il en est de même pour Londres et pour toutes les autres grandes villes.

Le mal, à Londres, en était venu à ce point, que chaque verre d'eau de la Tamise contenait, d'après Frankland, une cuillerée à thé d'eaux vannes; puis il citait l'opinion du Dr Simon, officier médical du Conseil privé, pour prouver à ses compatriotes l'urgence d'une décision.

« On ne peut répéter trop distinctement qu'il est démontré aujourd'hui, avec une certitude presque absolue, que, lorsqu'une personne est frappée du choléra dans ce pays, c'est qu'elle a été exposée à une pollution par les excréments; que ce qui lui a donné la maladie, c'est médiatement ou immédiatement le contagium cholérique rejeté des intestins d'une autre personne: c'est que, en un mot, la diffusion du choléra parmi nous dépend entièrement des coupables facilités qu'on laisse aux individus, surtout dans nos grandes villes, de souiller la terre, l'air et l'eau, et, par conséquent d'infecter l'homme avec tous les contagiums contenus dans les divers produits d'égouts. La terre saturée d'excréments, voilà quelles sont pour nous les causes du choléra. Il peut être fort vrai que toutes ces causes n'agissent chacune de leur côté qu'autant que l'excrément est un excrément cholérique, et que l'excrément cholérique à son tour n'agisse qu'autant qu'il contient certains fungus microscopiques; mais quelle que soit la vérité abstraite de ces propositions, leur application individuelle est impossible..... Ce que nous devons faire, c'est d'empêcher toute sorte d'excréments de nous empoisonner par leur décomposition. »

Les villes industrielles jettent dans leurs rivières encore plus de déchets malpropres et malsains.

En Angleterre, une commission nommée pour étudier les eaux d'égout a déclaré impurs et ne pouvant être jetés dans les rivières:

1° Tout liquide qui contient *en suspension* 3 parties en poids de matière minérale, ou une partie en poids de matières organiques pour 100,000 parties d'eau.

2° Tout liquide contenant *en solution* plus de 2 parties en poids de carbone organique, ou 0,03 en poids de substance azotée pour 100,000 parties de liquide.

3° Tout liquide présentant une coloration distincte, quand une couche de 2 centimètres et demi sera examinée au jour.

4° Tout liquide qui contient en solution dans 100,000 parties en poids plus de 2 parties d'un métal, excepté le calcium, le magnésium, le potassium, le sodium.

5° Tout liquide qui dans 100,000 parties en poids, contient soit en suspension, soit en solution, soit en combinaison chimique ou autrement plus de 0,05 en poids d'arsenic métallique.

6° Tout liquide qui après avoir été acidulé par de l'acide sulfurique, contient plus d'une partie de chlore libre sur 100,000 parties en poids.

7° Tout liquide qui sur 100,000 parties en poids, contient plus d'une partie de soufre, soit sous la forme d'hydrogène sulfuré, soit sous la forme d'un sulfure soluble.

8° Tout liquide ayant une acidité plus grande que celle produite en ajoutant 2 parties en poids d'acide chlorhydrique pur à 1,000 parties d'eau distillée.

9° Tout liquide ayant une réaction alcaline plus forte que celle produite en ajoutant une partie en poids de soude caustique à 1,000 parties d'eau distillée.

D'après Frankland, les eaux des fleuves qui traversent des villes industrielles contiennent encore, après 200 kilomètres, les deux tiers de leur carbone et de leur azote.

On conçoit que cette quantité de matières organiques rend les eaux très propres au développement des bactéries.

Avec les liquides des égouts, les eaux prennent une odeur et une saveur putrides, par suite de la production de matières solides, liquides ou gazeuses résultant des fermentations diverses, qui se produisent rapidement, surtout dans la saison des chaleurs.

Ces odeurs sont dues aux émanations gazeuses, qui se dégagent des égouts en quantité plus ou moins grande, d'autant plus grande qu'elles sont plus anciennes; aussi, à ce point de vue, il faut tendre à l'élimination rapide des eaux d'égout hors des maisons et hors de la ville.

Dans le canal de Bradford, la quantité était si considérable que les enfants s'amusaient à mettre le feu à ces gaz et il se produisait des flammes qui atteignaient quelquefois 2 mètres de hauteur.

A Paris, la Seine se comporte de même, mais avec un degré moindre de gravité; des bulles de gaz de 1 mètre à $1^m,50$ de diamètre se dégagent de la Seine, après l'embouchure de l'égout collecteur d'Asnières.

Beaucoup d'hygiénistes considèrent les gaz des égouts comme inoffensifs quand ils sont dilués dans l'air, c'est pourquoi ils recommandent de combattre cette odeur par la ventilation des égouts. Cette opinion ne paraît soutenable que pour les gaz, les produits chimiques, qui, dilués, ne sont plus dangereux, mais, si à ces gaz se mêlaient des spores de microbes, on ne pourrait pas dire qu'ils sont inoffensifs.

La ventilation n'est plus un moyen d'assainissement, mais une dissémination.

M. W. J. Cooper propose de jeter du chlorure de calcium ou d'autres chlorures qui en se combinant avec l'ammoniaque empêcheraient l'odeur.

M. Longstaff préfère mettre les égouts en communication avec une cheminée d'usine de façon à faire passer les gaz à travers un foyer. Mais ce procédé peut quelquefois causer des explosions.

Les eaux d'égout au moment où on vient de les recueillir sont inodores, troubles, mais peu colorées; elles deviennent infectes en vases clos au bout de quelques jours et se colorent en noir.

L'eau d'égout filtrée se conserve très longtemps; si on fait barboter de l'air dans de l'eau d'égout elle devient imputrescible. La composition s'est profondément modifiée :

	Avant.	Après.
Azote insoluble	14,70	8,05
— soluble	20,65	26,95
— nitrique	1,175	1,122
— ammoniacal	8,4	14,0
— total en volume	38,0	»

L'azote insoluble devient soluble, il ne se forme pas de nitrates.

A un autre point de vue, on voit que les matières organiques des égouts contiennent une quantité considérable de matières azotées, dont on prive l'agriculture, sans compter les matières minérales fertilisantes qui sont entraînées dans la mer.

C'est pour récupérer ces matières organiques et minérales que de nombreux expérimentateurs ont proposé de traiter d'abord les eaux résiduaires et de ne jeter dans les rivières qu'une eau à peu près purifiée. La variabilité de la composition des impuretés de ces eaux rend très difficile le problème de la purification, qui a besoin d'être envisagée dans chaque circonstance.

C'est également en tenant compte des conditions expérimentales qu'il faut examiner chacun des procédés indiqués qui peuvent être efficaces dans tels cas et ne pas être suffisants dans d'autres.

De nombreux arrêtés préfectoraux ont interdit, surtout dans les départements du nord de la France, l'écoulement des eaux dans les rivières, mais ces arrêtés sont restés lettre morte, par suite probablement de l'inefficacité des procédés de purification.

La question de l'utilisation s'est surtout imposée, au nom de l'hygiène, aux résidus des villes et particulièrement des grandes villes.

Voici la composition de diverses eaux d'égout pour 1 mètre cube :

Eaux d'égout de Paris.

Azote............................	45 gr.
Autres matières organiques volatiles et combustibles........................	678
Acide phosphorique	19
Potasse	37
Chaux.............................	401
Magnésie..........................	22
Soude.............................	85
Résidu insoluble dans les acides (silice, argile, etc.).......................	728
Matières minérales diverses.	893
	2908 gr.

(Laboratoire de l'École des ponts et chaussées.)

C'est à peu près l'équivalent du fumier de ferme.

Matières en suspension...............	1242,00
— en dissolution.............	682,00
Azote ammoniacal...................	6,88
— nitrique.....................	1,90
— organique insoluble..	14,00
— soluble.....................	18,64
— total (en volume).............	35,00
Matières organiques totales..........	660,00

(Lauth, 1877.)

Matières organiques azotées..........	12,80
Ammoniaque.......................	5,24
Acide phosphorique.................	1,35
Chaux.............................	1,59
Sable, silice........	0,79
Eau...............................	991,20

(Lhôte.)

En 1874, d'après Durand-Claye, l'eau des égouts de Paris contenait 2^k,300 de matières étrangères par mètre cube, moitié soluble. La composition de ces impuretés était :

Potasse	33
Azote	43
Acide phosphorique	17

Voici quelle était, en 1885, la composition de l'eau de la Seine avant et après son mélange avec les eaux vannes des égouts :

	Avant.	Après.
Matières fixes par litre	0,24	1,10
Sels minéraux	»	0,58
Mat. organique par calcination	»	0,52
— en acide oxalique	0,010	1,372
Ammoniaque	0,0008	0,019
Ammoniaque albuminoïde	0,00007	0,0061
Oxygène	0,0073	0,00
Colonies par centim. cube	5,00	50,00 (1)

Eaux d'égout de Londres.

Azote organique soluble	25
— ammoniacal	46
— insoluble	9
Carbone organique	44
Chlore	104
Autres matières dissoutes	426
— — insolubles	634
	1288

(Frankland.)

Composition moyenne des eaux d'égout de 32 villes.

Matières en dissolution dans un mètre cube.

Poids total	773,0
Carbone organique	44,4
Azote organique	20,9
Ammoniaque	60,7

(1) Dupré, *De la pollution des rivières par les eaux vannes* (*Annales d'hygiène*, 1885, 3e série, tome XIV, p. 247).

    Azote nitrique.........................   0,3
     —   total combiné   70,9
    Chlore...............................   114,0

Matières en suspension.

    Poids total   419,5
    Matières minérales....................   209,9
     —   organiques   209,1

La nature des eaux d'égout se modifie suivant le développement de la distribution des eaux.

Les eaux d'égout des villes ont une grande puissance fertilisante. Suivant M. A. de la Valette, 1 mètre cube d'eau des égouts de Paris contenait en 1869 3 kilogrammes de substances étrangères, dont 1 kilogr. en dissolution formé d'azote, acide phosphorique, potasse, chaux, matières organiques et 75 p. 100 de sable; les expériences de culture ont effectivement donné d'excellents résultats soit pour les prairies, soit pour la grande culture ou la culture maraîchère.

Après avoir examiné les divers procédés proposés pour l'utilisation des eaux d'égout, Durand-Claye a fait adopter l'irrigation appliquée surtout à la culture maraîchère et le procédé de clarification à l'alumine pour le cas où l'irrigation ne pourrait pas utiliser toutes les eaux.

La température des eaux d'égout est favorable aussi à l'utilisation agricole : elle ne varie que de 4° à 20°.

L'emploi pour certains légumes souterrains n'est peut-être pas à encourager comme pour l'asperge, la pomme de terre, etc., qui peuvent se trouver infectées, de même pour les fruits qui poussent au ras du sol, comme les fraises.

CHAPITRE PREMIER. — ÉVACUATION
DES RÉSIDUS DES VILLES

Ces résidus se composent de deux parties :

1° Des liquides provenant des lavages des rues et des produits de la vie animale.

2° Des matières solides ayant la même origine.

Il est à remarquer que c'est la vie animale qui produit toute la perturbation dans ce qu'on appelle l'ordre admirable de l'univers.

Le monde minéral est parfait : ses transformations physiques et chimiques se font avec une rigueur toute mathématique et il est facile là de vérifier et de justifier le précepte de Lavoisier : Rien ne se perd, rien ne se crée.

Le monde végétal, plus compliqué, il est vrai, est parfait aussi : il forme un cycle complet d'assimilation, de désassimilation et de réassimilation. La plante pourrait exister seule dans le monde sans qu'on s'aperçut qu'il manque quelque chose : tout irait pour le mieux.

Le monde animal, au contraire, offre dans son existence le spectacle le plus désolant qui se puisse voir : c'est lui qui dérange tout dans l'ordre de l'univers. Les résidus de sa respiration infecteraient l'air, si les plantes n'étaient là pour réparer le désordre; les résidus de sa vie nutritive empoisonneraient l'air et le sol, et l'empoisonnent réellement malgré la pondération du monde végétal. L'animal groupé en société, l'homme surtout, est spécialement nuisible, parce qu'il réunit en un seul point tous les immondices qu'il produit, tandis que l'animal les éparpille un peu partout, les met ainsi, sans le vouloir, il est vrai, à la portée de la plante qui s'en nourrit.

Pour pouvoir nous mettre à la première place dans le monde vivant, nous avons été obligés de nous considérer *a priori* comme parfaits et de regarder le reste des êtres comme fait pour nous servir. Admirable organisation, où les domestiques sont infiniment supérieurs au maître !

Vraiment le maladroit créateur du monde, au lieu de dire de lui : « Le sixième jour, il fit l'homme et, content de son œuvre, il se reposa le septième jour, » aurait dû dire : « Le sixième jour il fit la plante et, détruisant tout le reste, il put admirer son ouvrage ».

Quoi qu'il en soit, voyons ce qu'a fait l'homme pour améliorer l'œuvre divine.

1° Vidange.

La partie la plus importante des résidus des villes est celle qui provient de la dénutrition de l'homme et des animaux.

Dans l'état sauvage et dans les petites agglomérations, ces résidus sont insignifiants ; ils sont repris immédiatement par la plante, soit par suite de la dissémination inconsciente, soit par une distribution raisonnée dans les campagnes, par exemple.

Dans les villes, au contraire, on est obligé de réunir en un point central tous ces détritus, que chaque groupe en particulier ne peut pas utiliser : de là l'obligation de la vidange organisée dans les grandes villes.

Cette organisation a été tentée successivement par plusieurs procédés, qui tous existent simultanément et qui sont, du reste, aussi mauvais les uns que les autres.

Il s'agit de détruire une quantité très faible de matière. Un homme adulte élimine par jour 550 à 3,500 d'urine contenant de 28 à 175 grammes en matières solides, et 70 à 310 grammes de matières fécales contenant 16 à 57 grammes de matières sèches : ce qui ferait au maximum 230 grammes de matières solides à brûler et 3,500 d'eau à évaporer : problème dont la solution n'est nullement impossible ni même difficile.

Pour compléter les renseignements analytiques relatifs à cette question, voici la composition des déjections de l'homme par personne et par jour :

	MA-TIÈRES solides.	AZOTE or-ganique.	PHOS-PHATES.	URINE.	AZOTE or-ganique.	PHOS-PHATES.
Hommes . . .	150^{gr},0	1^{gr},74	3^{gr},23	1^k,500	15^{gr},00	6^{gr},08
Femmes. . . .	110 ,0	1 ,92	1 ,08	1 ,350	10 ,73	5 ,67
Garçons. . . .	45 ,0	1 ,82	1 ,62	0 ,570	4 ,72	2 ,16
Filles.	25 ,0	0 ,57	0 ,37	0 ,450	3 ,68	1 ,75
Moyenne . . .	82^{gr},5	1^{gr},03	1^{gr},56	954^{gr},0	8^{gr},53	3^{gr},86
Moy. par an.	30,112	0^k,375	0^k,569	345^k,21	3^k,113	1^k,378

Passons en revue les différents systèmes essayés jusqu'à ce jour :

Le premier c'est le système des *fosses fixes* qui consiste à créer, dans chaque maison, un foyer de putréfaction au grand détriment de l'hygiène de la famille. Bien entendu, par économie, on fait la fosse aussi grande que possible et, quand cela se peut, sans fond, afin que les liquides se perdent dans le sol. Cette dernière partie de la solution serait encore pratique si les eaux souterraines étaient partout proscrites de l'alimentation, ce qui devrait être en bonne hygiène. Il ne resterait qu'à utiliser les matières solides, ce qui se pourrait par l'incinération.

Les eaux vannes des fosses d'aisances sont très dangereuses : 1 mètre cube d'eaux vannes suffit pour rendre mortels 28 mètres cubes 100 litres d'air : 1 mètre cube d'eaux vannes désinfectées avec le sulfate de fer rend mortels 8 mètres cubes 140 litres d'air. Ces eaux vannes dégagent 140 centimètres cubes 5 d'hydrogène sulfuré par litre.

Fosse mobile. — Le deuxième procédé est celui de la *fosse mobile*, dans lequel on se propose de laisser écouler les liquides à l'égout et de conserver les solides qui sont traités à part. Ce serait encore possible avec l'incinération.

Dans le système des fosses où les matières s'accumulent et entrent en putréfaction, il se forme des gaz infects. Ceux qui se dégagent des cabinets d'aisances, au moment même de la production des matières fécales, ont peu d'importance ; l'odeur désagréable qu'on sent dans un grand nombre de maisons, en France et notamment à Paris, vient de la fosse. Ce danger n'existerait plus avec un système d'évacuation immédiate.

Tout à l'égout. — Le troisième procédé est celui du *tout à l'égout*. Il résout évidemment le problème et il est magnifique en théorie, mais il transporte ailleurs l'inconvénient qu'il supprime dans un point, et c'est certainement la conception la plus anti-hygiénique.

L'application n'est pas aussi simple surtout dans le cas d'une grande ville comme Paris. Cette méthode exige une quantité d'eau immense, qu'il devient bien difficile d'utiliser.

2° Purification chimique.

On a essayé vainement les procédés de purification chimique, qui ne donnent tous que des résultats incomplets.

3° Filtration et irrigation.

Les procédés de filtration ou d'irrigation ou bien une combinaison des deux procédés donnent les meilleurs résultats, quand la disposition et la nature du sol le permettent, mais ils ont aussi des inconvénients.

Suivant les circonstances, on peut répandre de 100 à 200,000 mètres cubes à l'hectare.

La ville d'Édimbourg emploie ce procédé avec succès : Les prairies reçoivent toutes les eaux d'égout en toute saison. Oh ! que les promeneurs doivent être enchantés et qu'ils doivent éprouver souvent l'envie de se rouler sur l'herbe !

Si ce système peut être pratiqué à Édimbourg, il est peu probable qu'on le puisse faire sous un ciel plus clément : l'odeur repoussante de ces eaux et l'humidité permanente des prairies feraient rejeter bien vite ce système.

La ville de Paris a mis à l'étude expérimentalement le même système, mais au lieu d'adopter le système des prairies, elle a préféré la culture maraîchère. A Gennevilliers, les eaux d'égout sont employées avec succès à cet usage.

Pourtant il nous semble que, si la ville de Paris avait réfléchi un peu avant d'entreprendre cette œuvre, elle aurait hésité. Que deviennent les microbes et surtout les microbes pathogènes ?

Suivant la cloche administrative, tout est merveilleux et Gennevilliers est le pays de cocagne, les habitants ne reçoivent pas assez d'eau d'égout et en réclament à grands cris. La durée moyenne de la vie humaine a certainement augmenté.

Mais d'un autre côté, on entend un concert tout à fait différent : Gennevilliers serait un marécage et un foyer d'épidémie.

Entre les deux se trouve, sans doute, la vérité : le nombre des microbes pathogènes est certainement très limité et on peut admettre qu'ils sont détruits par les autres et que l'eau d'égout n'est pas un terrain qui leur est très favorable ; mais sont-ils fatalement et absolument détruits ? c'est ce qu'il est bien difficile de dire, et affirmer que Gennevilliers est un cimetière à microbes peut être vrai ! Mais s'il restait seulement un microbe vivant et que ce microbe fût un microbe pathogène, vous voyez-vous mangeant la fraise qui lui sert d'asile ?

En somme, partout où l'installation du tout à l'égout n'est pas faite, il semble prudent d'attendre et de se tenir sur la réserve.

L'organisation du *tout à l'égout* entraîne à bref délai l'établissement d'un égout collecteur, conduisant à la mer toute l'eau de Paris et déversant en route dans les campagnes tout ce qui pourra être demandé de ces liquides fertilisants.

4° Transport.

Comme autre solution du problème d'évacuation des résidus des villes, on a proposé de transporter par chemin de fer, dans des récipients métalliques clos, les matières de vidange dans les campagnes. Ce transport serait fait la nuit et permettrait d'éloigner rapidement les matières fertilisantes, au grand bénéfice de la culture (1).

Mais cet engrais n'est accepté qu'avec répugnance et ce système n'a pas, paraît-il, pris de développement.

5° Combustion.

Les municipalités ont un moyen plus simple de se débarrasser de leurs détritus, c'est la combustion avec utilisation des produits obtenus, soit comme engrais, soit comme gaz d'éclairage, goudrons, etc.

Avec les développements que prend l'industrie des produits de la série aromatique, soit pour la fabrication des matières colorantes soit pour celle des produits thérapeutiques, il n'est pas douteux que les matières accessoires de la fabrication trouveraient un emploi avantageux.

Les matières animales brûlées donnent des quantités considérables de sels ammoniacaux. On obtient, par exemple, pour 100 kilogrammes d'os *dégélatinés*, de 2 kilogrammes et demi à 3 kilogrammes de sulfate d'ammoniaque et du gaz. La quantité serait plus forte avec les matières animales complètes qu'avec les os.

En outre, il se forme du goudron dont on retirerait

(1) Du Mesnil, *Nettoiement de la voie publique, enlèvement des ordures ménagères, leur utilisation* (Ann. d'hyg. 1884. Tome XII, p. 305). — *Enlèvement, transport des immondices et des ordures ménagères* (Ann. d'hyg. 1886. Tome XVI, p. 179). — *La viabilité de Paris* (Ann. d'hyg. 1887. Tome XVII, p. 247). — *Les ordures ménagères de Paris, éloignement et utilisation agricole* (Ann. d'hyg. 1893. Tome XXX, p. 549).

une grande quantité de matières phénoliques et du gaz
d'éclairage, qui pourrait servir, soit à l'éclairage, soit à
la combustion des produits eux-mêmes et à l'évaporation des liquides. Cette évaporation serait facile en faisant tomber les liquides du haut d'une colonne à plateaux parcourue en sens inverse par un courant d'air
échauffé en passant à travers le foyer.

Nous pensons que la combustion n'est pas un problème impossible à résoudre. Nous pensons même que
la seule solution véritable du problème c'est : la destruction par le feu de tous les résidus de la civilisation.

C'est par la crémation que sera seule résolue la
question des cimetières au point de vue de l'hygiène.

C'est par la destruction ignée, avec utilisation des
résidus, que pourra seule être résolue la question des
résidus des villes, à l'exception des grandes agglomérations, où l'adoption du système du *tout à l'égout* rend
impossible toute autre solution que l'irrigation.

M. George Forbes, d'Édimbourg, a proposé en 1892
d'employer les ordures des villes comme combustible,
pour actionner les moteurs.

Ce procédé est à l'étude en Angleterre (1) et même
en France.

Un ingénieur de la ville de Paris, M. Petsche, a été
chargé d'une mission en Angleterre, pour étudier
les différents systèmes employés par nos voisins pour
l'enlèvement des détritus et des ordures ménagères.

Les Anglais se débarrassent de leurs gadoues par
plusieurs procédés : décharge pour combler des exca-
vations ou faire des remblais de routes, triage et

____

(1) Weyl, *La destruction et la mise en valeur des gadoues et
ordures urbaines en Angleterre* (*Annales d'hygiène*, 1893.
Tome XXIX, p. 302).

vente de matières utilisables, emploi comme engrais, enfin, destruction par le feu ; ce système est de plus en plus usité, et l'étude de M. Petsche lui a fait connaître que le nombre des villes d'Angleterre qui détruisent les balayures et les ordures par le feu s'est élevé depuis 1876 à 55 ; le nombre des habitants usant de cette méthode était, en 1876, d'environ 36,000 ; actuellement il est de 7 millions ; le nombre des fours incinérateurs est monté, dans le même laps de temps, de 14 à 570.

Ces fours sont de la force de 10,000 chevaux-vapeur ; ils font marcher des chemins de fer, élèvent de l'eau, produisent de la lumière électrique, etc.

A Berlin, on vient d'établir six fours semblables, qui incinèrent par semaine 200,000 kilos d'ordures.

L'administration municipale de la ville de Paris, à la suite du rapport de M. Petsche, pense qu'il pourrait être intéressant, pour diminuer un peu l'énorme quantité de gadoue à exporter dans la banlieue, d'en brûler une partie ; en conséquence, des essais de destruction des ordures ménagères par le feu vont être entrepris dans le dixième arrondissement, afin de voir si le procédé peut donner des résultats pratiques satisfaisants.

L'expérience a, du reste, déjà été tentée et, bien que je n'en connaisse pas les résultats financiers, la possibilité de l'opération n'est pas douteuse.

Dans le cas de la crémation des cadavres, on est obligé de détruire complètement le cadavre ; il n'en est pas de même dans le cas qui nous occupe, où l'utilisation des résidus peut compenser la dépense au moins en grande partie.

CHAPITRE II. — UTILISATION DES EAUX RÉSIDUAIRES

ARTICLE Ier. — RÉEMPLOI DANS LA FABRICATION

La première manière d'éviter l'infection des rivières, c'est d'utiliser autant que possible, dans les usines ou dans les villes, les eaux produites.

Comme nous l'avons vu (p. 184), on peut faire repasser les eaux résiduaires plusieurs fois dans la fabrication, ce qui revient à en diminuer la quantité.

Nous avons indiqué qu'en distillerie, par exemple, on utilise déjà une partie des vinasses dans la fermentation, et on pourrait développer encore cette utilisation.

De même dans d'autres industries.

ARTICLE II. — EMPLOI DES EAUX RÉSIDUAIRES COMME ENGRAIS

Comme les eaux résiduaires sont riches en matières fertilisantes, on peut les transformer en engrais (1).

Pour les utiliser comme engrais, il faut, soit les concentrer par évaporation, et les solidifier ensuite par l'addition d'une matière absorbante, soit les employer en irrigation.

1° Évaporation à l'air libre et à froid.

La concentration peut se faire par l'action de l'air agissant sur une grande surface, par le procédé em-

(1) Voy. p. 353 et suiv.

ployé, par exemple, pour la concentration des eaux des salines.

Quand l'espace dont on dispose le permet, on peut étaler les eaux sur une grande surface et une faible épaisseur, en les faisant couler dans des bassins peu profonds, où elles se concentrent sous l'action du soleil et du vent ; on peut favoriser l'évaporation par l'agitation et augmenter la surface des rigoles au moyen d'obstacles, etc.

2° Évaporation dans le vide.

La distillation des liquides se fait à une plus basse température quand on opère dans le vide ou sous une pression inférieure à la pression atmosphérique. De plus, on n'altère pas les substances, comme cela arrive à des températures élevées. En opérant dans le vide, on abaisse de près de 100° le point d'ébullition. L'eau bout à la température ordinaire. Enfin il arrive souvent que le rapport des tensions de vapeur à une basse température est très différent de celui de ces mêmes vapeurs à une température plus élevée.

Dans les laboratoires, on utilise ces propriétés pour les distillations des produits altérables, pour séparer les liquides dans les mélanges et aussi pour concentrer les solutions trop étendues. Tantôt c'est le liquide distillé qui doit être utilisé, tantôt c'est le résidu de la distillation. L'appareil se compose d'un ballon placé dans un bain-marie et d'un récipient refroidi dans lequel il condense le liquide. L'intérieur de l'appareil est en communication avec un grand ballon, dans lequel on fait le vide au moyen d'une machine pneumatique ou d'une trompe.

Dans l'industrie, on se sert d'appareils plus compliqués dans lesquels on produit le vide en chassant l'air par la vapeur ou un gaz inerte (acide carbonique par exemple). On ferme ensuite l'appareil et on condense la vapeur par refroidissement, ce qui produit le vide dans l'appareil, ou bien on absorbe l'acide carbonique avec la potasse, ce qui produit également le vide.

D'autres fois on fait le vide par une machine pneumatique.

Nous décrirons, comme exemples, les appareils suivants, employés pour la concentration des liquides pharmaceutiques :

APPAREIL A DISTILLER ET A CONCENTRER DANS LE VIDE, SYSTÈME ÉGROT, DIT A TULIPE (fig. 69-70). Il fonctionne de la manière suivante : — La première opération consiste à chasser l'air de l'appareil ; à cet effet, on y introduit de la vapeur provenant du bain-marie, ou de la conduite de vapeur dans le cas d'un appareil à double fond. La vapeur remplit les récipients A et B et chasse l'air par le robinet D.

On la laisse s'écouler quelques minutes par ce robinet, afin que l'appareil ne contienne plus d'air. On ferme alors simultanément l'entrée et la sortie de la vapeur et on fait couler de l'eau froide autour de la capacité B. La vapeur se condense et le vide est fait dans l'appareil.

Le liquide à évaporer est alors introduit dans l'évaporateur A par aspiration, au moyen du robinet E. Il entre en ébullition et va se condenser dans la sphère B, où il s'accumule.

On peut suivre l'opération par des regards R, placés sous l'évaporateur, et par le tube de niveau N, muni d'une échelle graduée qui permet de se rendre compte, à chaque instant, de la quantité distillée.

APPAREIL A VIDE FIXE A DOUBLE COUPOLE, SYSTÈME EGROT ET GENEVOIX; à fond plat pour vapeur et condenseur

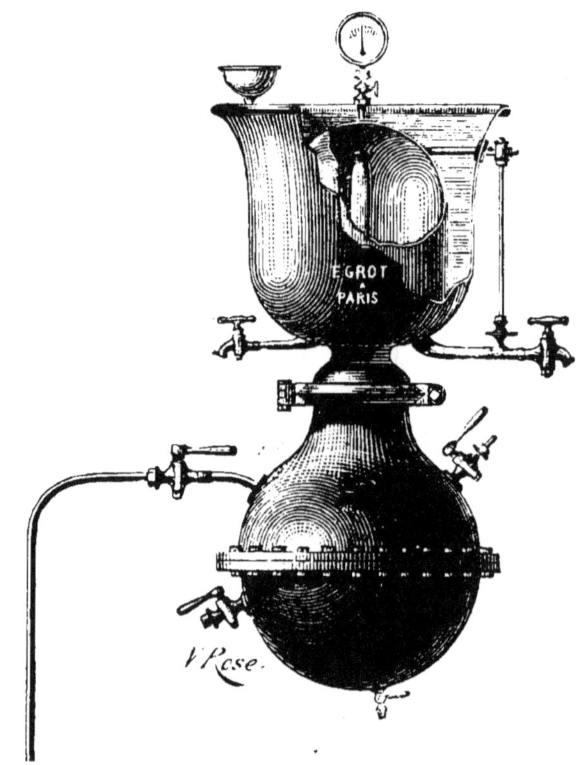

Fig. 69. — Appareil à vide, à tulipe, à double fond,
chauffé à vapeur.

avec récepteur des mousses. — L'appareil, que représente la figure 71, offre plusieurs dispositions avantageuses. On peut étaler en couche uniforme la matière à concentrer ou à dessécher ; son mode de chauffage méthodique et économique, doux ou intensif à volonté, ne laisse jamais de couche trop

minee du produit traité en contact avec une paroi
chaude : on peut placer dans l'évaporateur des cou-
pelles destinées à contenir le produit déjà concentré

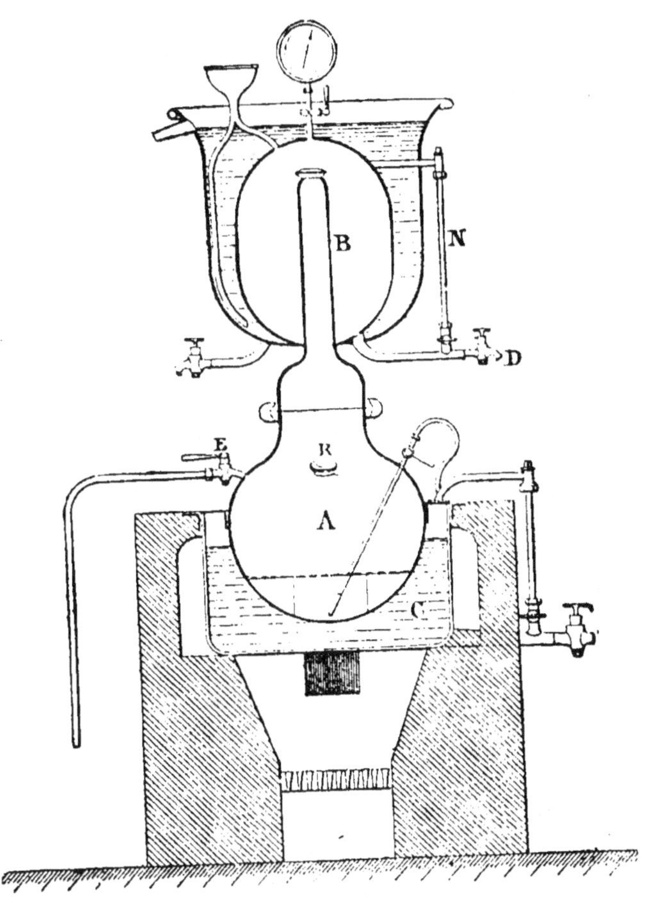

Fig. 70. — Appareil à vide, à tulipe, chauffé au bain-marie
à feu nu.

quand on veut pousser la concentration plus loin ou
jusqu'à siccité complète, sans laisser le produit en
contact avec une paroi métallique chauffée.

APPAREIL DE M. ADRIAN (1). — Cet appareil comprend (fig. 72) :

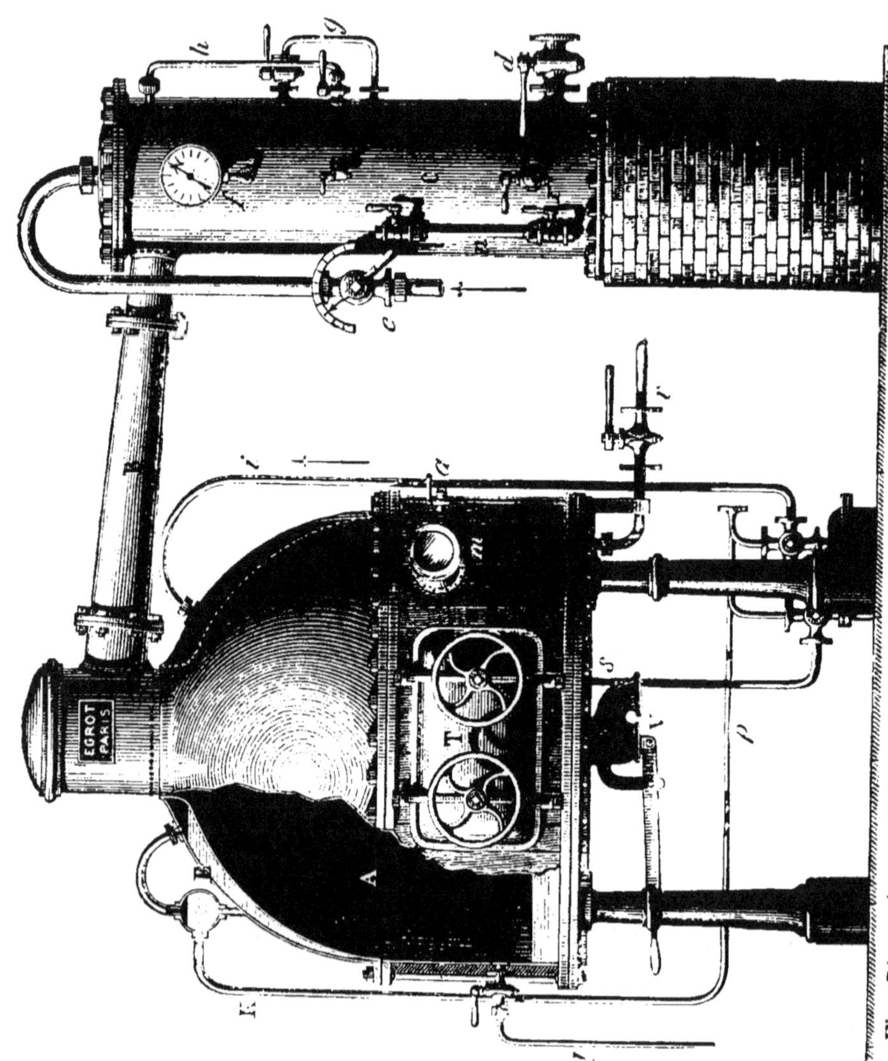

Fig. 71. — Appareil à double coupole (système Égrot et Grangé).

1° Un évaporateur A, terminé haut et bas par des calottes hémisphériques à double enveloppe ;

(1) *Bulletin de la Société chimique de Paris*, p. 228, t. I, 3ᵉ série.

Fig. 72. — Appareil d'Adrian pour évaporation dans le vide.

2° Un réservoir B destiné à retenir les parties liquides entraînées par les ébullitions tumultueuses ;

3° Un réservoir C contenant intérieurement des disques perforés pour diviser en pluie l'eau qui sert à condenser la vapeur. Cette eau est aspirée par le vide au moyen du tuyau N plongeant dans un puits.

L'aspiration de la pompe à vide se fait par le tube à robinet M.

Le liquide à concentrer se trouve dans le réservoir N.

G tube pour introduire la vapeur dans le double fond supérieur.

F robinet à trois voies pour retour de la vapeur dans le double fond inférieur.

D retour de la vapeur du double fond inférieur.

E robinet d'arrivée de l'eau froide injectée par une pompe.

L'appareil suivant du même auteur est formé d'une chaudière A à fond plat (fig. 73) et le liquide peut être agité par un mouvement d'oscillation autour de l'axe Z, provoqué par une came Q mise en mouvement au moyen de l'axe P.

J est un réfrigérant tubulaire pour condenser le liquide, qu'on recueille en C.

3° Concentration par les bâtiments de graduation.

L'emploi de la graduation permettrait aussi de concentrer rapidement les eaux résiduaires, de façon à permettre de les traiter en suite. Ce procédé employé, comme on sait, pour la fabrication du sel (fig. 74) dans l'Est de la France et en Allemagne, donne dans ce cas de bons résultats.

Fig. 73. — Appareil d'Adrian pour évaporation dans le vide (à fond plat).

4° Concentration par la chaleur.

Cette concentration peut se faire par la chaleur perdue des générateurs, quand on en a, ou bien, suivant le

Fig. 74. — Bâtiment de graduation.

conseil de M. Pagnoul, en les passant dans un four
Porion.

5° Concentration par la congélation.

Dans les pays froids, on peut utiliser la congélation
pour concentrer les liqueurs, et dans les pays chauds on

peut utiliser les machines réfrigérantes dont un grand nombre d'usines sont pourvues.

La question n'a pas été étudiée pour les eaux résiduelles, mais elle a été l'objet d'une étude attentive, au point de vue de la préparation des extraits pharmaceutiques. Voici les résultats de ces expériences faites simultanément et publiées par M. Adrian (1) et par MM. Vée père et fils (2) : nous extrayons ce qui suit de leurs mémoires :

C'est en 1799, que le premier essai de concentration par la congélation a été tenté par George, pharmacien à Stockholm.

En 1877, on appliqua ce même principe à la préparation des extraits pharmaceutiques.

En 1867, Ménier avait, à l'Exposition universelle, des sucs de fruits solides et sucrés obtenus par la congélation.

En 1889, MM. Adrian et Vée père et fils firent chacun de leur côté des travaux dans ce sens.

M. Adrian congèle, au moyen de l'appareil à fabriquer la glace de Mignon et Rouart, des infusions végétales de façon à avoir une glace marquant — 10°. Cette glace est broyée dans un broyeur particulier, puis passée dans une essoreuse qui fait ressortir un liquide très chargé d'extractif. La glace est presque de l'eau pure. Une deuxième congélation est faite sur le liquide, de façon à avoir une glace marquant — 20°. Cette glace, traitée de même, donne un liquide sirupeux, qui rapidement concentré par la chaleur fournit un extrait solide.

____

(1) Adrian, *Journal de pharmacie et de chimie.* 5ᵉ série. T. XIX, p. 569.

(2) Vée, *Journal de pharmacie et de chimie.* 5ᵉ série. T. XX, p. 52.

M. Lebœuf faisait en même temps des expériences dans le laboratoire de M. Adrian pour la concentration des moûts de raisin, de fruits, etc.

MM. Vée s'occupaient en même temps de la même

Fig. 75. — Appareil de M. Vée pour la concentration par congélation.

question, et obtenaient par une autre méthode très ingénieuse des résultats identiques.

L'appareil de MM. Vée (fig. 75) pour la concentration par congélation représente dans la partie droite un appareil réfrigérant au chlorure de méthyle qui refroidit à — 12° une solution de chlorure de calcium dans la bâche en avant de droite. La dissolution passe dans la bâche de gauche où elle refroidit le liquide contenu dans des cylindres de cuivre semblables à celui qui est relevé. De là, elle va circuler autour de l'essoreuse, puis revient à la bâche de droite.

MM. Vée remarquèrent qu'une solution étendue donnait une glace solide, mais que, au contraire, une solution concentrée fournissait une neige par la congélation et l'agitation. Cette neige, introduite dans une essoreuse, fournissait un liquide qu'on pouvait congéler de nouveau, de façon à obtenir un liquide contenant le quart ou la moitié de son poids d'extrait. Les densités des liquides extractifs étaient 1,037-1,011, la glace fondue avait pour densité 1,000 ou à peu près.

On obtient facilement une solution concentrée en ajoutant à la solution une solution précédemment concentrée.

Ces travaux trouveraient une application immédiate à la concentration des drèches, vinasses, etc.; l'eau congelée pourrait être jetée à la rivière ou bien être employée pour refroidir, et la vinasse concentrée obtenue serait utilisée dans la fabrication; ainsi serait résolu le problème de la suppression des résidus de cette industrie et de beaucoup d'autres.

6° Solidification par addition de matières absorbantes.

Engrais flamand. — Cet engrais est préparé en recevant dans des citernes les matières fécales, qu'on laisse fermenter; on les additionne ensuite d'une quantité convenable d'eau, et on les transporte dans des réservoirs sur les terres. Voici la composition de l'engrais pur :

```
Eau...................................  950,98
Matières solides.......................   49,11
Azote total............................    8,88
Sous-phosphate de chaux................    6,85
Potasse................................    2,07
```
(Girardin.)

Poudrette. — On laisse reposer les matières ; les liquides sont décantés et la matière solide se dessèche. Les liquides sont quelquefois traités pour en retirer l'ammoniaque. La poudrette est formée à l'état sec de :

```
Matières azotées......................   47,00
Ammoniaque............................    0,05
Acide nitrique........................    0,43
   —    phosphorique..................    5,99
   —    sulfurique....................    5,02
   —    carbonique....................    4,11
Chlore................................    0,52
Potasse et soude......................    3,08
Chaux.................................    9,59
Magnésie et fer.......................    3,90
Silice, sable, argile.................   19,51
                                        ________
                                         100,00

Azote total ..........................    2,17
```
(Lhôte.)

ARTICLE III. — PURIFICATION DES EAUX RÉSIDUAIRES

§ 1er. — ÉTUDE GÉNÉRALE DES MÉTHODES

Les impuretés contenues dans les eaux résiduaires sont les unes insolubles et en suspension dans le liquide, les autres en dissolution.

On peut diviser les procédés d'épuration ou de purification de la manière suivante :

1° Décantation et filtration à travers des filtres.

2º Réaction chimique, purification par entraine-
ment, par combinaison chimique, par action électrique.

3º Usage des antiseptiques.

4º Filtration à travers le sol.

5º Irrigation sur le sol.

Ces deux derniers procédés sont officiellement recom-
mandés, ils sont évidemment plus économiques et permettent, lorsque la nature du sol est favorable, l'emploi d'une assez grande quantité d'eau.

1º Purification par décantation et filtration à travers les filtres.

Les impuretés insolubles et en suspension dans le
liquide sont facilement enlevées par la décantation,
et au besoin par la filtration (1), mais il reste les
impuretés qui sont en dissolution.

2º Purification par réaction chimique.

Après avoir laissé déposer l'eau dans des bassins
pour séparer les matières en suspension, on la soumet
à des réactifs chimiques, qui forment des précipités
avec les impuretés ; ces précipités entrainent une partie
des matières organiques: tantôt elles ne forment pas
de combinaisons avec elles ; tantôt, elles forment de
véritables combinaisons.

3º Traitement par les antiseptiques.

Les antiseptiques ont été employés soit seuls soit
avec d'autres procédés.

(1) Voy. p. 210.

Le goudron a été souvent recommandé et l'est encore tous les jours non sans efficacité.

De même les éléments du goudron et en particulier les phénols, mais lorsqu'ils sont dilués ils n'agissent plus et la putréfaction reprend de plus belle. C'est donc un procédé qui n'est bon à employer qu'en petit.

4° Purification par filtration à travers le sol et irrigation.

On peut également purifier l'eau en profitant des actions microbiennes qui s'accomplissent dans le sol : filtration à travers le sol, ou bien en profitant de l'action des végétaux, et en même temps de l'oxygène de l'air : c'est l'irrigation. Le plus souvent ces derniers procédés sont employés simultanément.

L'efficacité du procédé d'épuration par filtration à travers le sol n'est contestée par personne. Elle est établie par les expériences des agronomes, qui ont montré que la terre arable jouit de la propriété d'absorber certaines matières solides en grande quantité.

L'ammoniaque libre ou combiné avec des acides faibles est absorbé même par l'humus en quantité notable ; les sels ammoniacaux ne sont pas absorbés, mais ils sont décomposés par le carbonate de chaux, qui forme du carbonate d'ammoniaque et un sel de calcium, le carbonate est ensuite absorbé par l'humus. Dans le sol naturel, ce sont certainement les ferments nitrificateurs qui jouent le plus grand rôle en brûlant l'ammoniaque avec l'aide de l'oxygène de l'air.

Les carbonates alcalins sont absorbés également et plus que les sulfates.

Les phosphates solubles et surtout les superphosphates sont naturellement assez vite insolubilisés dans

les sols calcaires et transformés en phosphates neutres,
que les plantes absorbent facilement à cause de leur
grande division ; des expériences récentes semblent
cependant établir que les superphosphates en solution
étendue peuvent sans inconvénient être mis en contact
avec les racines des plantes et être absorbés par elles.
Ce point nous paraît mériter confirmation.

Les nitrates, au contraire, ne sont pas absorbés par
le sol et se retrouvent en grande quantité dans les
eaux de drainage. C'est sous cette forme de nitrate que
sont éliminées toutes les matières azotées non absor-
bées par les plantes, surtout pendant les pluies qui
suivent la saison d'été, où la nitrification est très
active.

Dans la purification de l'eau par les irrigations, il
faut tenir compte des propriétés des sels et de leur
action sur les végétaux ; il faut éviter, par exemple,
d'introduire dans ces eaux de grandes quantité de sel
marin, ou de sulfate de fer.

MM. Schlœsing et Müntz, Dehérain, etc., ont montré
que la transformation des matières azotées en produits ammoniacaux est due à divers microbes. La
matière azotée se transforme en ammoniaque sous
l'influence d'un grand nombre de microbes du sol ;
au contraire, la transformation de l'ammoniaque en
acide nitreux et ensuite en acide nitrique est due à
deux ferments spéciaux, les ferments nitreux et nitrique.

M. Berthelot, avec la collaboration de M. Guignard,
professeur à l'École de pharmacie de Paris, vient de
montrer d'une façon synthétique que de nombreuses
bactéries ont la propriété de fixer l'azote atmosphérique, en même temps que l'azote organique, quand
celui-ci n'est pas trop abondant ; ces bactéries sont

privées de chlorophyle et se trouvent dans le sol; les bactéries des nodosités des légumineuses et diverses moisissures, notamment l'*Aspergillus niger* et l'*Alternaria tenuis*, jouissent également de cette propriété.

Voici, d'après M. Schlœsing, comment se fait l'épuration par le sol : les matières insolubles sont d'abord retenues à la surface du sol ou un peu plus bas, suivant leur ténuité; puis l'eau filtrée descend plus bas et présente, grâce à la division du sol, une grande surface à l'action de l'air confiné ; alors se produit une véritable combustion lente, plus complète même que la combustion ordinaire, puisque, grâce aux ferments nitrificateurs, l'azote passe à l'état d'acide nitrique; les matières retenues à la surface sont, après un labour, brûlées à leur tour peu à peu et font partie, en attendant, du terreau et des matières humiques.

Cette épuration se fait en 3 phases : d'abord mouvement à la surface du sol où l'eau absorbe de l'oxygène, qui s'ajoutera à celui contenu dans le sol pour brûler les matières organiques. Pour le renouvellement de l'oxygène du sol, il est bon de faire arriver l'eau d'une façon intermittente, en même temps il faut donner le temps à la combustion de se faire. Il faut vingt jours pour que cette combustion soit complète, ce qui fait, en supposant une profondeur de 2 mètres comme à Gennevilliers, 300 litres par mètre superficiel ou 15 litres par jour. Il se fait dans l'intérieur un véritable déplacement, les couches supérieures prenant successivement la place des couches inférieures ; enfin le travail d'épuration est complété par un drainage destiné à faciliter l'écoulement régulier de l'eau et l'aération du sol. Il faut dans chaque circonstance déterminer par une expérience directe le pouvoir épurant du sol, comme nous l'avons vu.

M. Déhérain vient d'établir, dans des expériences très remarquables, que la division du sol favorise la nitrification d'une façon étonnante en répartissant sur une grande surface de terre et en même temps en renouvelant l'oxygène du sol, mais un labour n'est pas pour cela suffisant, il faudrait une division plus grande du sol que le labour ne fait que retourner.

Les ingénieurs de la ville de Paris estiment qu'un hectare peut recevoir 50,000 mètres cubes d'eau d'égout par jour. Cela est vrai théoriquement, mais beaucoup d'agronomes pensent que les cultures ne peuvent pas absorber cette quantité de matières azotées. 50,000 mètres cubes contiennent environ 2,150 kilogrammes d'azote et la culture intensive ne peut pas en absorber plus de 300 kilogrammes; aussi dans le Milanais, dans les marcites des bords de la Vettabia, on est obligé d'enlever la croûte du sol tous les quatre ou cinq ans et de la vendre au loin comme terreau.

Les deux collecteurs de Paris jettent dans la Seine 5,400,000 kilogrammes d'azote équivalant à 1.200 millions de kilogrammes de fumier, ce qui représenterait la fumure de 40,000 hectares et même de 60,000 hectares en prenant les chiffres de fumures habituelles en France, tandis que pour faire simplement l'épuration sans épuration agricole, il suffirait de 3 à 4,000 hectares.

Voici les résultats obtenus pour la filtration de l'eau d'égout à travers le sol:

D'après M. Frankland, l'eau d'égout contient 112,5 parties de matières solides pour 100,000 parties d'eau, ces parties solides sont formées de 12 parties de carbone, 2,5 d'azote, 4 parties d'ammoniaque; après filtration à travers le sol elle ne renferme plus que 1,3 de carbone, 0,25 de matières organiques 0,8 d'azote, en revanche elle contient 2,9 d'azotate.

Schlœsing et Müntz ont montré qu'un gramme d'eau d'égout contient 20,000 microbes. La Seine à Bercy en contient 1,400 et à Clichy 3,200.

L'eau de la Vanne en contient 62 et l'eau d'égout, sortant des drains de Gennevilliers n'en contient que 12.

5° Purification par irrigation.

Les irrigations, d'après les agronomes, peuvent se faire par plusieurs méthodes :

1° *Méthodes des ados* (fig. 76). — Le terrain est disposé en planches rectangulaires figurant des toits aplatis à double pente : l'eau arrive par des rigoles longeant l'arête du sommet du toit, elle se déverse sur les planches rectangulaires en pente, se réunit dans des rigoles creusées au bas des toits, puis elle s'écoule dans un canal d'évacuation.

2° *Méthode par déversement* (fig. 77). — Le sol est sillonné par des rigoles établies suivant des horizontales de niveau, l'eau arrive par les rigoles, inonde le sol intermédiaire, puis s'écoule à la partie inférieure. Cette méthode convient pour les terrains en pente. Ces deux méthodes conviennent particulièrement pour les prairies.

3° *Méthodes par infiltration* (fig. 78). — L'eau arrive et se répand dans des rigoles horizontales espacées de 2 mètres environ, qu'elle remplit sans déborder, puis elle s'infiltre dans le sol. Elle convient pour l'emploi des eaux d'égout, pour la culture maraîchère, industrielle et pour la culture des céréales.

4° *Méthode par submersion.* — Elle est employée surtout pour les prairies, les rizières, etc., et pour la destruction du phylloxera.

Les irrigations donnent en culture d'excellents résultats, nous renvoyons pour cela le lecteur aux traités de chimie agricole (1).

L'emploi des eaux d'égout des villes pour les irriga-

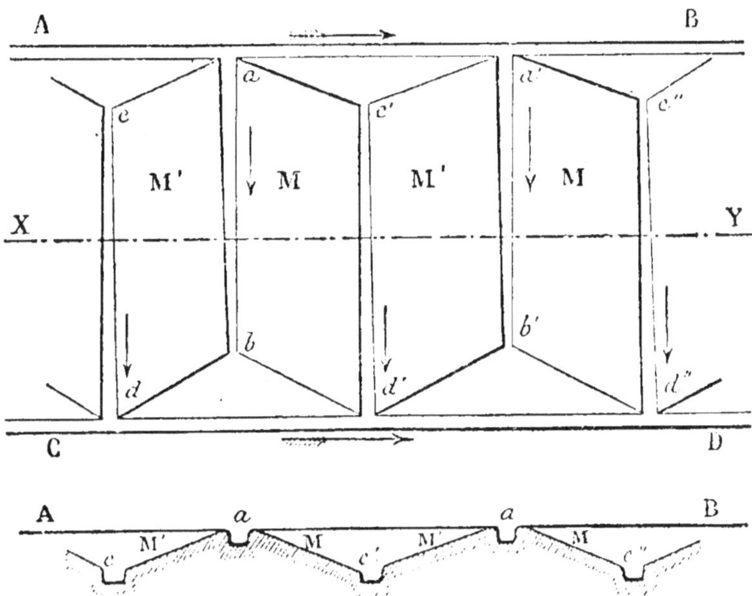

Fig. 76. — Irrigations par ados.

tions a donné d'excellents résultats ; cependant la fertilité se ralentit, parait-il, au bout de quelques années, à cause du chlorure de sodium que les eaux d'égout contiennent et qui s'accumule dans les sols ; il faut alors cultiver des racines. La betterave a donné pour cela de bons résultats en absorbant la soude.

(1) Voy. Larbaletrier, *Les engrais et leur application à la fertilisation du sol*, Paris, 1891. — J. Buchard, *Le matériel agricole, machines, instruments, outils*, Paris, 1891.

En Angleterre, on les a employées en irrigation dans les prairies. Les eaux amenées dans des réservoirs se répandaient dans des rigoles et débordaient sur des barrages, pour aller de rigoles en rigoles jusqu'à la par-

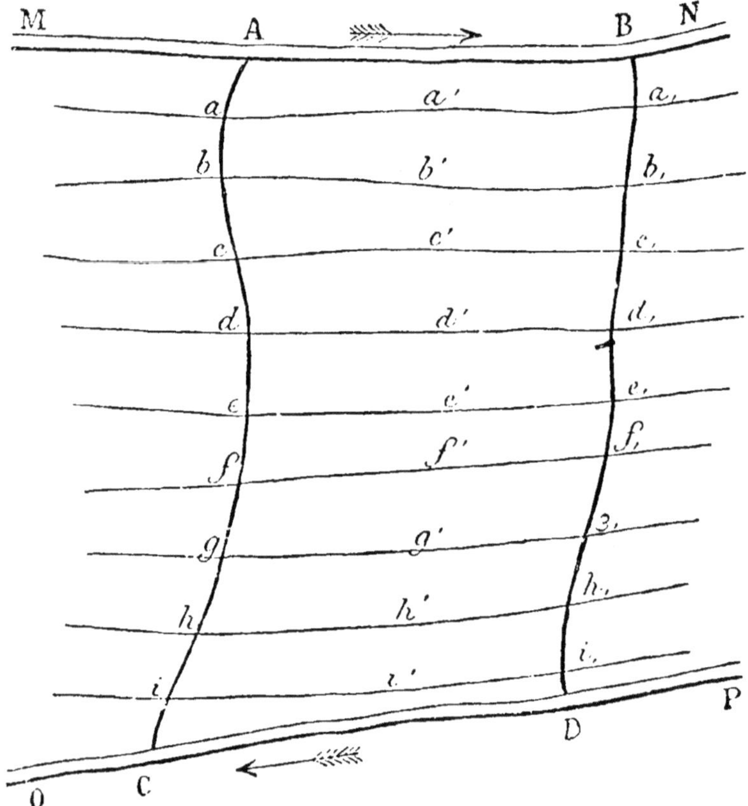

Fig. 77. — Irrigations par déversement.

tie inférieure du champ par la méthode de déversement.

Le foin obtenu est abondant, un peu grossier, mais convient très bien à la nourriture des vaches. L'eau est très notablement purifiée et la matière azotée est absorbée en grande partie.

Il résulte enfin des expériences faites à Gennevilliers,

que la filtration dans le sol est le moyen le plus efficace
et le plus simple pour purifier les eaux d'égout. On peut
en même temps chercher à utiliser les principes fertilisants ; pour cela il faut disposer de plus grands espaces
que pour la filtration simple.

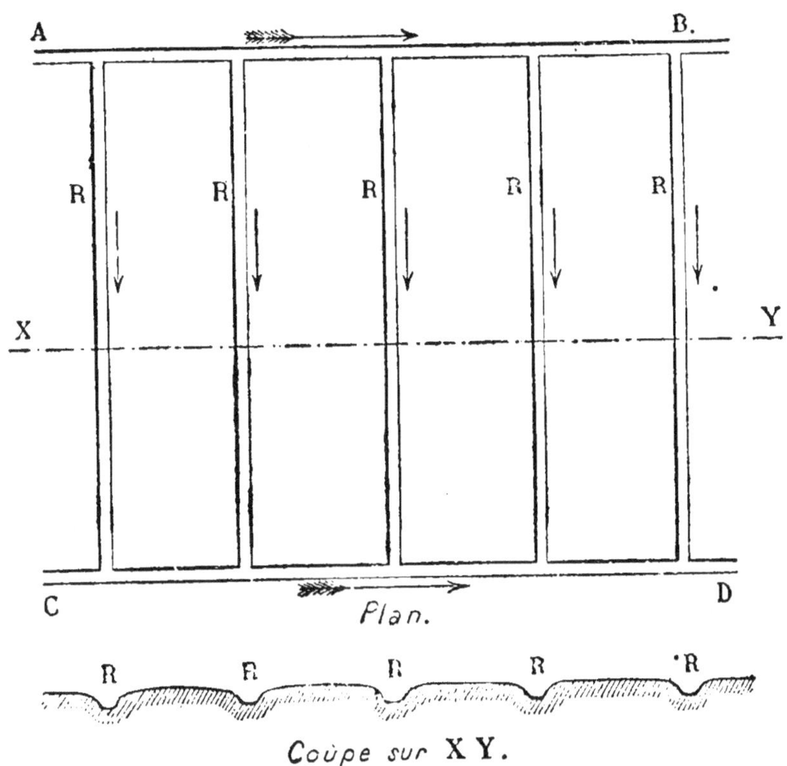

Fig. 78. — Irrigations par infiltration.

Une question importante à étudier est la question
hygiénique. Que deviennent les microbes dans cette
filtration? On en est un peu réduit aux hypothèses : La
lutte pour la vie, si active dans les espèces inférieures,
fait-elle succomber les organismes pathogènes devant
des espèces plus solidement organisées? La vie dans

l'eau d'égout ou dans le sol leur est-elle funeste et produit-elle une atténuation de ces microbes?

Il résulte dans tous les cas des recherches des hygiénistes de la ville de Paris que, depuis l'organisation complète de l'irrigation, les maladies infectieuses ne paraissent pas s'être développées d'une façon anormale dans les lieux irrigués ; mais il n'en est pas moins vrai qu'à l'origine, ces irrigations avaient donné lieu à des fièvres intermittentes, qui étaient dues, parait-il, à la mauvaise installation de la distribution, le drainage n'ayant pas été établi avant l'opération elle-même ; les puits, les caves étaient inondes par suite de la non-évacuation des eaux souterraines. Il résulte de là que, théoriquement du moins, la détermination de la quantité de terrain nécessaire est toujours une grosse question, d'une exécution bien difficile en pratique, surtout pour les grandes agglomérations, ce qui explique les vains efforts de Paris pour arriver au résultat. Il faut, en effet, tenir compte encore de ce fait, c'est que la quantité de 50,000 mètres cubes par jour et par hectare ne peut pas être absorbée continuellement au point de vue agricole, en hiver par exemple. Aussi un grand agronome disait-il qu'il paierait volontiers 25 centimes le mètre cube d'eau d'égout à prendre à sa volonté et pas 5 centimes s'il était obligé d'en consommer en tout temps.

Les règles de l'épuration par le sol ont été déterminées très exactement, d'après les travaux des ingénieurs et des chimistes de la ville de Paris et d'autres grandes villes.

D'après M. de Mollins, on trace les rigoles de $0^m,50$ de largeur et $0^m,30$ de profondeur, distantes de 6 à 7 mètres, pour permettre l'accès de l'air ; de plus, les irrigations doivent être espacées de huit en huit heures. Chaque semaine, on écoule 100 mètres cubes par hectare.

On cultive les terres en herbages, qui conservent au sol son pouvoir absorbant. Un drainage doit compléter l'opération.

D'après M. E. Trélat, le terrain doit être sillonné de rigoles profondes et de larges plates-bandes si le sol est perméable et profond; dans le cas contraire, les rigoles doivent être plus rapprochées et moins profondes, les raies auront $0^m,50$ de largeur et de profondeur au moins, les billons alimentés par les raies auront $0^m,30$ de largeur et seront espacés de $0^m.80$; quand ils seront remplis, l'écoulement de l'eau devra être arrêté, de façon à ne jamais submerger, et l'eau ne sera réintroduite qu'après l'infiltration de celle qui remplit les billons. Les rigoles seront arrêtées à 2 mètres des fossés qui bordent le champ.

Les plantes cultivées doivent être plantées sur les billons, qui ne doivent jamais être submergés.

L'irrigation peut aussi être employée avec succès pour les eaux industrielles. M. Gérardin a purifié ainsi les eaux d'une féculerie qui infectait la petite rivière du Croult près de Saint-Denis (1).

Il s'agissait de purifier 150 mètres cubes d'eau par jour avec un terrain de 2,000 mètres carrés. Ce terrain était argileux, et à 60 centimètres de profondeur se trouvait une nappe d'eau souterraine. Chaque mètre carré devait donc recevoir 75 litres de liquide par jour. Le terrain fut drainé à 50 centimètres de profondeur et l'eau fut distribuée par une goulotte en bois, élevée au-dessus du sol et percée de distance en distance de

(1) Gérardin, *Altération, corruption et assainissement des rivières* (*Ann. d'hyg.*, 1875, t. XLIII, p. 5).

petites ouvertures; le sol est devenu très fécond, il est cultivé par les ouvriers de l'usine qui en tirent un bon profit, l'eau qui s'écoule par les drains est ambrée, elle est sans odeur, la rivière s'est assainie et les plantes qui y végètent depuis sont celles des eaux salubres.

IRRIGATIONS AVEC L'EAU DE DÉSUINTAGE DES LAINES. — A Châteauroux, on emploie les eaux de désuintage des laines en irrigation. L'usine produit par jour 7 mètres cubes d'eaux de désuintage et 12,960 mètres cubes d'eaux de rinçage ; on reçoit d'abord les 7 mètres cubes d'eaux de désuintage dans une citerne, où elles déposent leurs matières en suspension, puis elles coulent sur des prairies de 25 hectares. Le dépôt représente 1.380 litres, on le dessèche à l'air et on l'étend sur les prés. Il a la composition suivante :

Matière sèche

Eau...	8,1 p. 100.
Matières organiques.......................	22,8
Phosphate de chaux	2,54
Sels alcalins................................	1,62
Carbonate de chaux........................	3,84
Résidu insoluble (sable, etc).............	69,20
	100.00
Azote	1,17 p. 100.

La ville de Paris, pour l'utilisation de ses eaux d'égout, opère de la façon suivante : De l'usine élévatoire, des conduites en fonte de $1^m,10$ de diamètre conduisent les matières au point culminant, où doit se faire l'utilisation ; puis des rigoles à ciel ouvert, ou mieux, des conduites fermées conduisent l'eau par une pente continue dans les champs, des ouvertures permettent à l'eau de gagner les rigoles secondaires et enfin les raies où se fait l'absorption. Les rigoles sont de $0^m,20$ à $0^m,40$ de profondeur et assez longues pour que l'eau soit complètement absorbée dans le parcours d'une extrémité à l'autre ; à Gennevilliers l'absorption est complète au bout de 40 à 50 mètres. Sur les terrains argileux. l'absorption est plus lente, les raies sont séparées par des planches de 1 à 4 mètres de largeur, qui ne sont jamais submergées et sur lesquelles sont faites les plantations. La largeur des planches varie avec les cultures, 1 mètre pour la culture maraîchère, 3 à 4 mètres pour les céréales et les prairies. La nature du sol. la culture, la saison, la température font varier la fréquence des arrosages; pour la culture maraîchère, les arrosages se font tous les trois jours. On emploie ainsi 40 à 50,000 mètres cubes par hectare et par an. En Angleterre, on n'emploie guère que 12,000 à 25,000 mètres cubes.

Un système de drainage par le procédé ordinaire dans le cas d'un sous-sol imperméable, complète le système ; dans le cas où le sous-sol est perméable et où la nappe souterraine est voisine de la surface, on fait un drainage à fort diamètre.

Les rendements de cultures sont très avantageux. ainsi que l'ont établi les travaux faits en Angleterre, en France et ailleurs. Voici quelques chiffres empruntés aux expériences de Genevilliers :

Choux : 75,000 kilogrammes à l'hectare, jusqu'à 140,000 kilogrammes.

Betteraves : 120,000 kilogrammes.

Pommes de terre : 30, 35 et 40,000 kilogrammes.

La différence avec la récolte habituelle est du simple au double.

Menthe : 40 à 50,000 kilogrammes en 2 coupes.

Absinthe : 110 à 120,000 kilogs.

Froment : 25 à 30 hectolitres.

Avoine : 30 à 40 hectolitres.

Les arbres poussent avec une vigueur extraordinaire.

Les pommes de terre seules sont inférieures comme qualité à celles qui ont poussé dans un terrain sec.

Genevilliers est insuffisant pour l'*utilisation* complète de toutes les eaux d'égout de Paris ; on doit occuper en outre des terrains situés dans la forêt de Saint Germain ; il est même question d'irriguer un immense plateau de 3 à 4,000 hectares entre Méry, Herblay et Bec-d'Oise.

§ 2. — PROCÉDÉS EMPLOYÉS

1° Purification par réactions chimiques.

Procédés par les alcalis et les acides. — La chaux a la propriété de précipiter en partie les matières organiques, de chasser l'ammoniaque dans l'atmosphère, de saturer les acides odorants, mais son action est fort incomplète et au bout de quelques jours la putréfaction recommence de plus belle. (Au bout de 2 jours, dans les expériences de Frankland.) Elle n'empêche pas la fermentation butyrique, qui dégage de l'acide carbonique, de l'hydrogène et de l'acide butyrique. L'hydrogène réduit les sulfates et forme des sulfures que l'acide carbonique décompose en acide sulfhydrique. L'hydrogène, en outre, peut décomposer les matières azotées et donner de l'ammoniaque. Le procédé par la chaux est reconnu généralement très mauvais.

Les matières boueuses précipitées par la chaux sont à peu près sans valeur comme engrais ; on pourrait, paraît-il, les employer à la fabrication du ciment et elles

couvriraient alors entièrement et même au delà les frais
d'épuration. M. G. E. Davis conseille d'opérer ainsi : On
met 350 kilogrammes de chaux pour 4,500 mètres cubes d'eau pour saturer l'acide carbonique, puis encore
1,650 kilogrammes; par décantation dans une série de
bassins elle sort claire, elle tombe ensuite en pluie
dans une chambre où un courant d'air chaud oxyde
les matières organiques, puis un courant d'acide carbonique sature la chaux ; on peut faire arriver les 2 gaz
ensemble. Pour servir à la fabrication du ciment, il faut
que les boues contiennent 70% de carbonate et 30%
de silicate d'alumine, ce à quoi on arrive en ajoutant un
peu d'argile. Quoi qu'il en soit de ce procédé, malgré
les nombreuses recherches sur l'emploi de la chaux,
il ne semble pas que le procédé remplisse le but cher-
ché. Voici l'analyse d'une eau vanne avant le traitement par la chaux et après :

	Avant.	Après.	Dans le bassin de dépôt.
Matières fixes par litre.........	7.99	9,52	9,39
Sels minéraux................	5.11	6,52	7,01
Mat. organiques par perman- ganate en acide oxalique....	9,05	11,75	9.97
Ammoniaque libre et combinée.	2,27	0,387	0.214
— albuminoïde.....	0.021	0,023	0,020
Hydrogène sulfuré.............	0,054	0,000	0.000
Colonies par cent. cube en 48 heures................	3400	500	400
		Dupré (1).	

Un essai très en grand de purification chimique de
l'eau d'égout vient d'être tenté en Angleterre, à Rich-
mond, sur les bords de la Tamise. Un groupe de 5 communes écoulait dans la Tamise 11,400 mètres cubes
d'eau par jour et même 26,000 en temps de pluie. On

(1) Dupré, *De la pollution des rivières par les eaux vannes.*
(*Annales d'hygiène*, 1885, tome XIV, p. 247.)

y a installé un essai en grand de purification chimique pouvant traiter 50,000 mètres cubes d'eau par jour. L'eau des égouts est amenée dans un puits après avoir traversé un grillage qui retient les plus grosses impuretés. On ajoute de la chaux, puis, au moyen de pompes qui agitent en même temps le mélange, on conduit l'eau dans un canal, d'où elle passe sur un filtre très grossier, puis dans un bassin où on ajoute du sulfate d'alumine, du charbon et du fer ; elle passe dans un premier bassin de décantation, puis par un déversoir dans 10 autres semblables où elle dépose successivement ses précipités. On la jette ensuite dans la Tamise, après l'avoir fait passer, quand cela est nécessaire, à travers des filtres de sable et charbon de diverses grosseurs ; les filtres sont couverts de terre arable gazonnée ; les dépôts sont recueillis, ils se séparent en deux couches : l'une supérieure, liquide, retourne à l'égout ; la partie solide est mêlée à de la chaux et pressée ; le liquide retourne aussi à l'égout. Les tourteaux sont vendus comme engrais. On en fait 10 tonnes par jour. Il paraît que le résultat est satisfaisant.

Il serait certainement préférable d'aciduler fortement les liquides, car l'acidité, on le sait, détruit tous les microbes ; mais c'est encore un procédé dont l'action ne serait que momentanée, car l'acide serait rapidement neutralisé.

Procédé Oppermann. — Il emploie le protochlorure de fer, la dolomie calcinée et un sulfure alcalin ou terreux. On traite les eaux de sucreries par le mélange de protochlorure et de sulfure, puis on y ajoute un lait de magnésie calcaire. Il se fait du sulfure de fer, du chlorure de calcium, de la magnésie hydratée et du protoxyde de fer. La magnésie est peu alcaline et par suite n'a pas les inconvénients de l'action de la chaux sur les matières azotées. Le protoxyde et le sulfure de fer s'oxydent, le protoxyde donne du peroxyde, qui oxyde le sulfure et forme du sulfate ; celui-ci cède son oxygène aux matières organiques et est de nouveau réoxydé par le peroxyde de fer. De cette façon les matières organiques sont complètement brûlées sans odeur désagréable. Le prix de revient est moins élevé que par le perchlorure et la chaux, et le résultat obtenu au moins en sucrerie est bien supérieur.

Procédé Lookwood. — Lookwood a proposé d'additionner les eaux de sulfate de fer, puis de chaux. On laisse déposer, puis on neutralise la chaux, dans l'eau décantée, avec de l'acide sulfurique ; on peut l'écouler à la rivière. Les résidus déposés sont brûlés.

Procédé Bérenger et Stingl. — Ils précipitent au moyen d'un sel ferrique et de chaux, à l'état de lait de chaux, en quantité suffisante pour précipiter tout l'oxyde de fer et rendre la liqueur alcaline. Le précipité entraine toutes les matières en suspension et la plus grande partie des matières solubles, puis on agite fortement ; les eaux s'écoulent dans une citerne, puis dans les décanteurs. Voici les résultats obtenus par M. Riche et M. Bardy dans une féculerie :

	Avant le traitement.	Après le traitement.	
Extrait sec...............	5,65	2,57	2,33
Matières minérales.....	1,33	1,38	1,69
— organiques...	4,32	1,08	0,38

Les tourteaux formés par le précipité contiennent :

Azote......................	8gr,32 p. 100 kilos.
Acide phosphorique..........	8 ,18 —
Potasse....................	3 ,13 —

Procédé Le Châtelier avec perchlorure de fer, chaux ou magnésie. — On peut enlever aux eaux d'égout 35 $^0/_0$ de l'azote total, en même temps qu'on les désinfecte et les clarifie. Le résidu peut être employé comme engrais.

Ce procédé est employé dans quelques usines avec succès.

Procédé par les pyrites A. et P. Buisine. — La cendre des pyrites donne de l'oxyde de fer, dont on retire le fer dans les hauts fourneaux, mais on pourrait la transformer en sels de fer. Elle se dissout facilement dans l'acide sulfurique et l'acide chlorhydrique à une douce chaleur. On peut aussi obtenir le chlorure, en faisant passer l'acide chlorhydrique gazeux dans une colonne de pyrite grillée. Par réduction, on peut obtenir des sels ferreux. Ces sels sont à un prix très bas. Ils peuvent servir à purifier l'eau. L'expérience a démontré leur efficacité et l'économie de leur emploi.

Nous reproduisons, *in extenso*, avec l'autorisation des auteurs, le mémoire que ces chimistes ont publié (1) sur cette intéressante question :

Nos expériences sur l'épuration des eaux de l'Espierre par le sulfate ferrique ont montré qu'il était possible, par ce procédé, d'épurer convenablement de grands volumes d'eau, même très impure, sans entraîner des dépenses trop considérables.

Les résultats satisfaisants que nous avons obtenus nous ont engagés à rechercher si le procédé ne pourrait pas être appliqué ailleurs avec les mêmes chances de succès.

----

(1) A. et P. Buisine, *Comptes rendus de l'Académie des sciences*, 1891, t. CXII. p. 875; 1892, t. CXV, p. 661, et *Annales d'hygiène*, 1893, tome XIII, p. 346.

L'emploi de ce réactif paraît d'abord tout indiqué pour le traitement des eaux résiduaires de certains centres manufacturiers, tels que Reims, Fourmies, Verviers, qui ont les mêmes industries que Roubaix et Tourcoing et qui rejettent des eaux analogues.

Mais ce sont là des eaux extrêmement chargées, d'une composition toute spéciale, et il était intéressant de voir ce que le procédé donnerait avec les eaux d'égout proprement dites.

Comme type de ces eaux, nous avons choisi les eaux d'égout de la ville de Paris sur lesquelles ont été expérimentés les différents procédés d'épuration, ce qui rend possible la comparaison.

I. — La question de l'épuration des eaux d'égout de Paris est à l'étude depuis longtemps; des essais importants ont été entrepris dès 1865 et se poursuivent depuis lors.

Après examen des différents systèmes, celui qui a été adopté est le procédé d'épuration par le sol. Le projet a été fait M. Durand-Claye, ingénieur des ponts et chaussées.

Les travaux sont en cours d'exécution et récemment, à la suite d'une interpellation, présentée par les députés de Seine-et-Oise sur l'état de la Seine en aval de Paris, la Chambre des députés a émis un vote invitant les pouvoirs publics à activer autant que possible les travaux, de façon à aboutir dans le plus bref délai.

Une solution s'impose; on la réclame de toutes parts et avec d'autant plus de raison, que certaines localités de la banlieue sont encore obligées de prendre à la Seine l'eau potable qui leur est nécessaire.

Il est évident que le système actuel est intolérable et qu'il n'est pas possible de continuer, sans danger pour la santé publique, à envoyer directement à la Seine le produit des égouts de Paris et des villes en amont.

En principe, le procédé d'épuration par irrigation est très rationnel. Il présente surtout le grand avantage de permettre de rendre directement au sol toutes les matières organiques rejetées dans les égouts.

Les eaux d'égout renferment en quantité les principes fertilisants par excellence, de l'azote, de l'acide phosphorique, de la potasse. Elles constituent un engrais complet et doivent avoir leur place dans la culture, comme le fumier d'étable, comme la boue des villes.

L'utilisation des eaux d'égout peut augmenter beaucoup la puissance du sol ; elles se prêtent surtout à la culture maraîchère qui demande beaucoup d'eau. Il y a là une source considérable de matières fertilisantes à exploiter et, déjà en 1868, M. Durand-Claye estimait que, en comptant l'azote, l'acide phosphorique et la potasse au prix marchand de l'époque, les eaux d'égout de Paris en renfermaient environ pour 7 millions par an.

Mais ce procédé, bien qu'il soit très rationnel, ne présente-t-il aucun inconvénient ? Constitue-t-il la solution la plus efficace, la plus pratique de ce problème si complexe de l'épuration des eaux d'égout ?

Le procédé d'épuration des eaux d'égout par le sol a ses partisans convaincus, mais il a aussi des adversaires non moins convaincus.

Les premiers prétendent que c'est le seul procédé possible, le seul pratique, le seul efficace.

Les autres nient son efficacité et prévoient de graves inconvénients et même de grands dangers dans le fonctionnement.

D'autres trouvent que c'est une utopie que de vouloir appliquer ce système à la totalité des eaux d'égout de Paris.

D'autres enfin déclarent que c'est un acte de vandalisme que de placer aux environs de Paris, ce pays de villégiature, de vastes champs d'irrigation à l'eau d'égout. Ce n'est pas là, disent-ils, mais au loin, dans la campagne, dans de vrais champs, où il est possible de se livrer à la grande culture, que ce système est applicable.

Quoi qu'il en soit, cette solution n'est pas l'idéal des procédés d'épuration, et c'est faute de mieux qu'on l'a acceptée. Partout où on a été forcé par les circonstances de l'adopter, ce n'est que timidement et avec une sage lenteur qu'on est entré dans cette voie.

Ainsi, à Paris, depuis plus de vingt ans que le procédé a été adopté et voté par les Chambres, c'est à peine si on a aujourd'hui l'installation suffisante pour épurer le quart des eaux d'égout de la ville. Il semble qu'on hésite devant les difficultés, la complication du système, la dépense, etc.

Avant d'examiner quelles sont ces difficultés, voyons ce que donne le procédé.

Par l'irrigation bien conduite, l'eau est rendue parfaitement claire, toutes les matières en suspension sont retenues, mais le degré d'épuration, c'est-à-dire la proportion des matières organiques dissoutes enlevées à l'eau, est très variable.

Elle dépend de la nature du sol irrigué et de la quantité d'eau épandue dans un temps donné sur le terrain.

Le sol agit physiquement comme un filtre, chimiquement par les bactéries qu'il renferme et les végétaux qui y croissent.

Il faut que le terrain soit suffisamment poreux, aéré, pour que les ferments aient le temps d'oxyder, de brûler les matières organiques en dissolution, et que les radicelles des plantes puissent absorber les principes azotés, l'ammoniaque, l'acide azotique formés.

Pour cela, on ne peut faire arriver sur le sol que de petites quantités d'eau à la fois ; il ne faut pas inonder le terrain.

C'est une condition nécessaire pour obtenir une véritable épuration.

On reproche surtout, et avec raison, aux eaux d'égout d'apporter dans les rivières des germes dangereux pour la santé publique.

Élimine-t-on ces micro-organismes par l'irrigation ?

Le résultat dépend encore de la nature du terrain, de sa porosité et du volume d'eau qu'il reçoit. On sait, en effet, que, pour arrêter ces infiniment petits, il faut des filtres extrêmement puissants, tels que le filtre Chamberland. Or, le sol est loin de valoir ce filtre.

Cependant certains auteurs, se basant sur des expériences de laboratoire, ont établi que les germes organisés étaient complètement retenus par le sol.

MM. Cornil et Grancher ont monté un filtre avec de la terre de Gennevilliers et ont trouvé que les bacilles, le bacille typhique entre autres, ne passaient pas ; ils n'en ont jamais recueilli à plus de quarante centimètres de profondeur pendant trois mois d'expériences.

M. Frankland, en opérant sur les eaux d'égout de Londres, n'a pas obtenu d'aussi bons résultats; il a constaté que les bacilles étaient arrêtés en partie, mais jamais complètement. Il en conclut que l'élimination des organismes de l'eau est impossible par filtration sur le sol, si on ne renouvelle pas fréquemment la surface filtrante et si on ne diminue pas graduellement le volume d'eau amené sur le terrain. C. Frankel et C. Piefke sont arrivés aux mêmes conclusions.

Au point de vue de l'installation du procédé et du fonctionnement, le système d'épuration par le sol présente de grands inconvénients.

Il exige de vastes superficies de terrains, et de terrains d'une nature spéciale, meubles, poreux, perméables, qu'on ne rencontre pas partout.

On n'est pas d'accord sur les quantités d'eau qu'on peut employer pour l'irrigation, sur une surface donnée. Cela dépend évidemment de la nature du terrain et varie beaucoup suivant les endroits.

La plaine sèche et élevée de Gennevilliers, où ont été faits les essais d'irrigation avec les eaux de Paris, peut absorber un très grand volume d'eau d'égout, surtout en été. On a reconnu que, sur un hectare de terrain, on pouvait faire arriver 40,000 mètres cubes d'eau par an. Ceci correspond à une moyenne de 11 litres environ par mètre carré et par jour, ce qui représente par an une hauteur d'eau de 4 mètres, à laquelle il faut ajouter environ 50 centimètres d'eau de pluie, soit un total de 4^m,50 d'eau.

Or, actuellement, la ville de Paris déverse en Seine environ 440,000 mètres d'eau par 24 heures, soit 150 millions de mètres cubes par an. D'ici peu ce sera plus encore.

Il faudrait donc, d'après cela, au minimum 4,000 hectares pour le traitement des eaux d'égout de la ville de Paris.

Il existe, il est vrai, aux environs de Paris, des terrains convenables en quantité suffisante. On a déjà :

A Gennevilliers...........	800 hectares
A Achères.....................	800 —
A Méry......	500 —
Aux Mureaux.................	400 —

Et il est établi qu'il existe dans un rayon peu distant de Paris, 30 à 35,000 hectares dans des conditions favorables à l'épuration. Mais tous les terrains ne se prêtent pas à l'irrigation comme la plaine de Gennevilliers.

De plus, si l'on veut faire de l'utilisation agricole, on ne pourra pas faire arriver régulièrement sur le terrain 40,000 mètres cubes d'eau par hectare et par an.

Il faut distinguer, en effet, entre l'irrigation, c'est-à-dire l'utilisation agricole de l'eau d'égout, et l'épuration des eaux par le sol. Il s'est établi une confusion entre ces deux choses qui sont absolument différentes.

Dans le premier cas, on ne fait arriver sur le terrain que ce qui est nécessaire à la plante; c'est toujours une quantité restreinte, variable avec la saison. C'est le seul procédé rationnel et efficace. Dans le second cas, on met de l'eau à hautes doses; on inonde le terrain, mais alors on ne peut plus cultiver, on n'utilise plus les principes fertilisants de l'eau et on ne l'épure pas complétement. On ne peut d'ailleurs opérer ainsi qu'une partie de l'hiver, quand le sol est vide.

Aussi ce n'est pas 4,000 hectares qu'il faudra, mais beaucoup plus. D'après certaines estimations, ce sera 15,000, 20,000 et même 50,000 hectares.

De plus, le fonctionnement ne pourra être qu'intermittent. La plante ne doit recevoir de l'eau que quand elle en a besoin. On ne peut pas lui en donner constamment, jour et nuit. Peut-on irriguer quand la terre est couverte de neige, quand elle est gelée, quand il tombe des pluies torrentielles, quand on laboure, quand on récolte, etc. ?

Dans les essais de M. Durand-Claye, à Clichy, sur 280 jours de marche, le colmatage, c'est-à-dire l'inondation du terrain, a été possible pendant 50 jours et l'arrosage pendant 115 jours. Les besoins de la culture se révèlent donc pendant les deux tiers de l'année au plus.

Que faire pendant le reste du temps de cette masse d'eau qui arrive d'une façon si continue ?

Comme il est matériellement impossible que l'irrigation absorbe en tout temps le débit total des égouts, on enverra nécessairement le reste à la Seine, à moins d'avoir de vastes terrains nus sur lesquels on amènerait l'eau qu'on ne peut utiliser sur les champs d'irrigation ; mais ce serait créer de véritables marais. Pour éviter cet inconvénient on sera amené à construire le canal à la mer, proposé par quelques ingénieurs, pour emporter l'excédent, à moins d'épurer par un procédé chimique, applicable en tout temps, l'eau qu'on ne peut employer en irrigation.

M. Durand-Claye a reconnu, du reste, qu'un procédé chimique était le complément nécessaire du procédé par irrigation ; dans les essais de Clichy, pour épurer en tout temps le même volume d'eau, il a fallu combiner les deux systèmes. L'emploi du sulfate d'alumine s'imposait pendant la moitié de l'année à peu près, quand la culture refusait l'eau d'égout. Mais, dans ce cas, il faudrait deux installations, l'une pour l'irrigation, l'autre pour l'épuration chimique. Pourquoi donc ne pas adopter immédiatement un procédé chimique pour la totalité de l'eau ?

Quoi qu'il en soit, on voit où mènera l'exécution du projet d'épuration des eaux d'égout de la ville de Paris par irrigation.

Est-il nécessaire de faire ressortir ce que sera cette exploitation, quand on traitera la totalité des eaux ? Se figure-t-on 20,000 hectares, constamment irrigués, et toutes les conduites, aqueducs, canaux, siphons et accessoires nécessaires? Il faudra une force motrice considérable pour élever l'eau, ce qui est indispensable pour l'envoyer à de telles distances. Dans son projet, M. Durand-Claye estime qu'il faudra monter l'eau à 30 ou 35 mètres pour atteindre le plateau de Méry. Enfin, il faudra encore installer un vaste réseau de drainage pour recueillir les eaux et éviter les infiltrations.

Et quel sera le prix du traitement?

Il suffit pour s'en rendre compte de montrer ce qu'on a dépensé ailleurs.

Le procédé de l'irrigation est appliqué en Angleterre, à plusieurs endroits; la dépense est, dans les meilleures conditions, au minimum de 3 centimes par mètre cube.

A Berlin, on a dépensé 50 millions pour faire l'installation nécessaire à l'épuration par irrigation de 100,000 mètres cubes par jour.

A Paris, la dépense de premier établissement sera considérable. Elle comprendra l'achat du terrain, les moteurs indispensables pour élever de pareilles masses d'eau et les envoyer à de telles distances, la dépense d'installation d'un réseau de distribution, la dépense non moins indispensable de l'installation d'un réseau de drainage, etc.

Elle atteindra, dit-on, deux cents millions.

Il faut y ajouter la dépense journalière pour l'élévation des eaux, le personnel, etc. L'eau devant être élevée au moins à 30 mètres, cela entraînera une dépense de 3 centimes par mètre cube, ce qui représente déjà deux millions de francs par an, rien qu'en combustible, sans le personnel, l'entretien et tous les frais accessoires.

Le seul revenu de ce procédé serait la location des terrains irrigués appartenant à la ville et l'achat des eaux d'égout par les propriétaires. Mais peut-on compter beaucoup là-dessus ?

En somme on ne peut considérer ce système comme la solution complète et définitive du problème de l'épuration des eaux d'égout.

C'est au contraire une solution très imparfaite et très coûteuse, pleine d'inconvénients et d'aléas. Elle ne peut donner satisfaction que dans quelques cas particuliers.

II. — A côté du système d'épuration par le sol on connaît d'autres procédés qui reposent sur l'emploi de réactifs chimiques.

Il existe, en effet, certains sels métalliques qui ont la propriété de précipiter plus ou moins complètement les matières étrangères contenues dans les eaux. Parmi les plus actifs, il faut citer les sels d'alumine et les sels ferriques.

Ajoutés à une eau contaminée, ces sels produisent un précipité qui entraîne la majeure partie des impuretés et, après dépôt, l'eau décantée peut être rejetée sans inconvénient dans les rivières.

Au point de vue agricole, ces procédés présentent les mêmes avantages que le procédé par irrigation. Il est, en effet, tout aussi rationnel de traiter ces eaux d'égout de façon à extraire les matières fertilisantes qu'elles renferment ; leur utilisation est d'ailleurs beaucoup plus pratique sous forme de résidus solides que sous forme d'engrais liquides très dilués.

Du reste l'efficacité de ces procédés ne peut pas être mise en doute.

Le sulfate d'alumine, entre autres, proposé par M. Le Châtelier et qui a été expérimenté par M. Durand-Claye, à l'usine de Clichy, sur les eaux de Paris, a donné d'excellents résultats.

Voici sur ce réactif l'opinion de M. Durand-Claye, à laquelle la compétence toute spéciale de l'auteur donne une grande valeur :

« Il fournit, dit M. Durand-Claye, une clarification rapide et pratique. L'eau s'écoulait des bassins parfaitement claire, sa transparence était suffisante pour qu'on pût lire des caractères d'imprimerie derrière une épaisseur d'eau de 10 centimètres.

« Les poissons vivaient parfaitement dans l'eau ainsi épurée.

« Elle s'écoule claire comme un ruisseau naturel si, après l'action du réactif, on la fait couler sur des meulières ou sur un gazon.

« Les boues n'ont pas d'odeur et sèchent sur le sol.

« Ce traitement n'a pas causé d'inconvénients. »

Des essais du même genre ont été faits en Angleterre avec le sulfate d'alumine et avec les sels ferriques, et ont donné le même résultat.

Pourquoi donc après ces essais encourageants a-t-on rejeté les procédés chimiques?

Cela tient uniquement aux prix élevés des réactifs, au coût élevé de l'épuration ainsi obtenue.

Ainsi M. Durand-Claye employait du sulfate d'alumine qui revenait alors, rendu à l'usine, à 11 francs les 100 kilogrammes, et il fallait 200 grammes de ce réactif par mètre cube d'eau d'égout.

Le prix du réactif seulement, dépassait donc 2 centimes le mètre cube. On a trouvé que c'était beaucoup trop.

Or, le sulfate d'alumine, fabriqué par l'action de l'acide sulfurique sur les argiles ou la bauxite, produits peu coûteux, paraissait devoir rester le meilleur marché. On n'espérait donc aucun progrès dans cette voie de l'épuration chimique.

Les sels ferriques, dont l'action est au moins aussi efficace que celle des sels d'alumine, étaient, à cette époque, plus coûteux encore.

Mais on est parvenu, depuis, à produire les sels ferriques très économiquement, au moyen des résidus de pyrite grillée. On peut obtenir ainsi le sulfate ferrique à un prix de revient bien inférieur à celui du sulfate d'alumine (1).

Le principal argument présenté contre l'emploi des procédés chimiques a donc disparu.

Dans ces conditions, il nous a paru intéressant de rechercher si maintenant, pour l'épuration des eaux d'égout, le sulfate ferrique ne pourrait pas lutter avantageusement, même au point de vue du prix, avec le procédé d'épuration par le sol. C'est ce dont nous avons voulu nous rendre compte.

Voici d'abord quelques résultats d'expériences :

Grâce à la complaisance de M. Charles Girard, directeur du Laboratoire municipal, nous avons pu obtenir un échantillon des eaux d'égout de Paris.

____

(1) *Comptes rendus de l'Académie des sciences*, 1892, t. CXV. p. 51.

Cet échantillon a été pris le 24 novembre dernier, vers 9 heures du matin, dans l'égout collecteur de la rive droite, a environ 300 mètres avant l'arrivée en Seine.

Il n'avait pas plu depuis au moins trois jours.

Nous avons étudié l'action du sulfate ferrique sur cet échantillon d'eau à différents points de vue :

1° Au point de vue du degré d'épuration obtenue;

2° Au point de vue du fonctionnement et du prix de revient de l'épuration ;

3° Au point de vue de l'écoulement, de l'utilisation et de la valeur des résidus.

L'eau des égouts de Paris tient en suspension un abondant dépôt, assez lourd, formé de matières terreuses et de matières organiques.

Ce dépôt se rassemble facilement et pourrait être séparé en grande partie dans un bassin de décantation.

On recueille ainsi par mètre cube, $1^{kg},053$ de produit sec, renfermant 1,08 % d'azote.

Il nous a fallu, pour épurer cet échantillon d'eau, 100 grammes de sulfate ferrique par mètre cube, ce qui représente un demi-centime environ, soit un quart de ce que coûtait le sulfate d'alumine dans les expériences de M. Durand-Claye.

Le précipité formé se dépose rapidement et l'eau décantée est claire, limpide, sans odeur, imputrescible. L'eau ainsi épurée, conservée depuis lors en flacon bouché, est restée tout à fait limpide, n'a pris aucune odeur et n'a pas donné la réaction des sulfures. L'épuration est aussi complète qu'on puisse le désirer, c'est ce que montre l'analyse.

Avant l'épuration l'eau renferme en dissolution $0^{gr},600$ de matières organiques par litre (évaluées en acide oxalique cristallisé), et, après l'action du réactif, seulement $0^{gr},065$.

On élimine donc environ les neuf dixièmes des matières organiques en dissolution et la totalité des matières en suspension.

Le précipité formé par le sulfate ferrique pèse, après dessiccation, $0^{kg},318$ et renferme $2,18\ ^0/_0$ d'azote. Si nous prenons ces résultats comme base, et comme volume 400,000 mètres cubes d'eau à épurer par vingt-quatre heures, on arrive aux nombres suivants :

L'épuration fournirait : 422,000 kilogrammes de boues naturelles sèches et 127,000 kilogrammes de boues ferriques sèches, soit au total 549,000 kilogrammes de résidus secs par jour.

C'est à peu près ce qu'on jette actuellement tous les jours à la Seine.

En comptant ces boues avec $50\ ^0/_0$ d'eau environ, on arrive à la production de 1,000,000 de kilogrammes de boues par vingt-quatre heures.

L'action épurante du sulfate ferrique s'explique facilement.

Lorsqu'on ajoute ce sel à une eau contaminée il est décomposé par les sels alcalins et alcalino-terreux que l'eau renferme toujours. L'oxyde ferrique ainsi précipité entraîne avec lui la totalité des matières en suspension, les matières albuminoïdes, avec lesquelles l'oxyde ferrique forme une combinaison, les matières colorantes avec lesquelles il forme des laques, les matières grasses provenant des savons qu'il décompose, les principes odorants et, entre autres, les sulfures qu'il fixe à l'état de sulfure de fer.

L'eau ainsi traitée, après avoir passé dans des bassins de décantation suffisamment puissants, est, par suite, rejetée parfaitement claire, incolore, complètement désinfectée et imputrescible. Elle ne renferme plus qu'une faible portion des matières organiques contenues primitivement en dissolution.

Les impuretés de l'eau, précipitées par le réactif, sont retenues dans les bassins sous forme de résidus boueux.

Par le sulfate ferrique élimine-t-on les micro-organismes contenus dans l'eau ?

Les expériences que nous avons faites à ce sujet nous ont montré que les microbes eux-mêmes étaient entraînés avec le précipité dans une forte proportion.

L'oxyde ferrique précipité, qui est gélatineux, forme avec les matières organiques une sorte de laque qui entraîne les particules les plus ténues ; il en résulte, en un mot, une sorte de collage de la liqueur.

On élimine ainsi 60 à 90 $^0/_0$ des bactéries contenues dans l'eau. Il nous paraît difficile de faire mieux par tout autre procédé pratique et économique, appliqué à de grands volumes d'eau.

En somme, par le sulfate ferrique on est assuré d'avoir une épuration relative, il est vrai, mais en tout cas régulière et très suffisante.

On enlève, en effet, par ce procédé facilement les 9/10 environ des matières organiques contenues primitivement en dissolution. Est-on sûr d'atteindre toujours ce résultat par l'irrigation faite d'une façon continue sur les mêmes terrains ?

Dans la pratique il n'est pas possible de pousser l'épuration au delà de certaines limites. Quoi qu'on fasse il est impossible de rendre aux eaux d'égout les qualités des eaux potables. Tout ce qu'on peut se proposer est de faire disparaître l'infection et de rejeter des eaux claires et imputrescibles.

Le sulfate ferrique présente en outre l'avantage de donner un résultat très régulier, toujours le même, qu'on peut obtenir en tout temps et partout.

Voilà donc ce que peut donner le procédé au sulfate ferrique.

Mais ce procédé est-il pratique; peut-il être appliqué aux grandes villes, à un débit journalier aussi considérable que celui des égouts de Paris?

A cela nous répondrons par les essais qui ont été faits sur l'eau de l'Espierre, à l'usine de Grimonpont, près Roubaix.

On a pu fonctionner d'une façon continue et avec la plus grande facilité pendant cinq semaines, à raison de 20,000 mètres cubes environ par jour. On n'a constaté aucun inconvénient, on n'a rencontré aucune difficulté et l'eau de l'Espierre est beaucoup plus impure et autrement difficile à épurer que l'eau des égouts de Paris.

L'épreuve a été absolument concluante et a donné entière satisfaction. Pareil résultat n'a été obtenu par aucun autre procédé. Il ne peut rester aucun doute sur sa valeur; c'est actuellement le plus simple, le plus pratique.

L'installation nécessaire pour le traitement des eaux par le sulfate ferrique serait, en effet, beaucoup plus modeste que celle du procédé par irrigation. Ce système d'épuration des eaux d'égout a l'avantage de n'exiger qu'une surface restreinte, une installation peu coûteuse; il peut fonctionner en toute saison.

L'application du procédé demanderait une ou plusieurs usines dans lesquelles les grands collecteurs amèneraient l'eau à épurer et où se ferait tout le travail. L'eau des égouts ne ferait que traverser l'usine où elle laisserait toutes les impuretés qu'elle renferme.

Cette usine comprendrait d'abord les appareils nécessaires, très simples d'ailleurs, pour la dissolution du sulfate ferrique.

L'eau serait alors additionnée d'une quantité convenable de cette solution et ensuite refoulée par des pompes dans les bassins de décantation, d'où elle s'écoulerait à la Seine d'une façon continue, parfaitement claire et purifiée.

La force motrice nécessaire serait relativement faible; il suffirait en effet d'élever l'eau de quelques mètres.

Il faudrait, il est vrai, de vastes bassins de décantation, mais encore d'une superficie extrêmement faible si on la compare aux surfaces de terrains qu'exige l'autre procédé.

Du reste, de telles installations existent, et ont fonctionné par ce système; il suffirait de les reproduire à une plus grande échelle.

Pour donner une idée de l'installation nécessaire, nous prendrons comme exemple l'usine de Grimonpont, qui a été construite par MM. les ingénieurs des ponts et chaussées, pour un traitement journalier de 40,000 mètres cubes d'une eau plus impure.

Il faudrait pour Paris une usine dix fois plus grande ou plusieurs usines plus petites qui, ensemble, équivaudraient à celle-là.

Il n'y a là rien d'impossible. Certes à Paris on a entrepris et mené à bien des travaux beaucoup plus importants. Du reste, les travaux nécessaires pour l'application du procédé par irrigation sont autrement considérables.

Mais, dans l'application du procédé au sulfate ferrique, on se trouve en présence d'une nouvelle difficulté, qui réside dans la masse considérable des dépôts boueux arrêtés dans les bassins de décantation. Nous estimons la quantité de boue produite par vingt-quatre heures dans le traitement des eaux de Paris à 1,000,000 de kilogrammes, soit environ 1,000 mètres cubes, qu'il faudrait écouler d'une façon régulière.

Ceci est indispensable pour permettre un fonctionnement continu. C'est évidemment la grande objection qu'on fera au système; nous ne l'ignorons pas; mais cette difficulté n'est pas insurmontable, loin de là.

Il y a d'abord une solution toute indiquée, qui peut être appliquée immédiatement, car le matériel nécessaire existe et fonctionne. Cette solution, la voici:

L'amoncellement des matières solides, déversées par le collecteur dans le lit de la Seine, a nécessité la création d'un service de dragages, destiné à empêcher la formation de bancs de dépôt, et à maintenir le chenal de navigation à son profil constant. Ce service, dont l'importance augmente chaque année, exige un matériel spécial.

Deux dragues à vapeur doivent déjà travailler pendant toute l'année devant le débouché du collecteur. Elles remplissent des chalands d'une contenance de 80 mètres cubes, qui sont ensuite remorqués jusqu'à la décharge, installée à environ 6 kilomètres en aval, le long des rives, sur les terrains bas. Là un élévateur flottant opère la vidange des chalands, prend leur contenu et le dépose sur les berges.

On peut enlever ainsi 1,200 à 1,500 mètres cubes de boue par jour.

Ce matériel pourrait servir pour l'enlèvement des boues d'épuration.

Les dépôts obtenus avec le sulfate ferrique sont

semi-fluides; la vidange des bassins pourrait donc se faire sans difficulté au moyen de pompes. Il serait facile de refouler ainsi ces produits dans les chalands, qui les transporteraient plus loin, pour être déversés sur les berges de la Seine, dans les endroits où on dépose actuellement les boues enlevées par les dragueuses. On s'en débarrasserait ainsi régulièrement.

Leur dessiccation peut se faire sur le sol sans inconvénient, sans dégagement d'odeur et assez rapidement en quelques semaines.

On créerait ainsi sur les rives de la Seine d'excellents terrains de culture. Ces boues grossièrement séchées constituent, en effet, un excellent terreau, riche en azote, qui peut être utilisé immédiatement.

Du reste, si c'était nécessaire, on pourrait installer dans l'usine même des appareils mécaniques pour comprimer et sécher les boues à leur sortie des bassins, au fur et à mesure de leur production. De tels appareils existent.

Le procédé au sulfate ferrique, appliqué aux eaux de Paris, serait plus simple, en ce qui concerne le travail des résidus, que dans le cas des eaux de l'Espierre; les boues ne renfermant que des traces de matières grasses, le traitement par le sulfure de carbone, nécessaire sur les résidus de l'Espierre, serait ici inutile.

Les boues provenant de l'épuration des eaux d'égout de Paris pourraient donc être livrées directement à l'agriculture. Les engrais de cette nature se vendent couramment. Aussi il y a tout lieu d'espérer qu'on arriverait à s'en débarrasser facilement.

Voyons maintenant quel serait le prix du traitement. Dans tous les cas l'épuration des eaux d'égout de Paris entraînera de fortes dépenses et il est certain que la ville devra faire de gros sacrifices pour arriver à un résultat.

Quoi qu'il en soit, le procédé par le sulfate ferrique est certainement le plus économique.

Dans ce procédé, les frais de premier établissement et de fonctionnement seraient évidemment beaucoup moins élevés que dans le système d'épuration par le sol. Il est facile de s'en rendre compte.

L'eau ne devant être élevée que de quelques mètres, il ne faudrait pas des moteurs aussi puissants et il en résulterait déjà une grande économie sur le matériel et le combustible.

La dépense en réactif s'élèverait à peine à un demi-centime par mètre cube, et nous estimons qu'il faudrait au maximum de 600,000 à 700,000 francs de sulfate ferrique par an. Il faut ajouter les frais de manipulation et de transport des boues, qui équivaudraient à peu près aux frais de dragages actuels.

Mais les résidus seront peu à peu acceptés et même demandés par l'agriculture, et on peut espérer, par la vente d'une partie ou de la totalité de ces boues, arriver à diminuer progressivement les frais de l'opération.

En résumé, le système d'épuration des eaux d'égout par le sulfate ferrique est pratique et efficace.

Il présente les mêmes avantages au point de vue agricole que le procédé par irrigation.

Il a sur lui cette supériorité de n'exiger qu'une surface restreinte et une installation moins coûteuse.

Il donne des résultats d'une régularité parfaite et il supprime toute inquiétude au sujet du fonctionnement en grand et du résultat.

Il est possible en tout temps et partout, quel que soit le volume d'eau à épurer.

Enfin cette solution est actuellement la moins onéreuse.

Avec le sulfate ferrique, on tient, croyons-nous, une solution tout à fait générale, complète et réellement pratique de ce problème, depuis si longtemps à l'étude, de l'épuration des eaux d'égout.

Nous avons la conviction que, par la modicité de son prix et l'action remarquable qu'il a sur les eaux contaminées, ce sel est appelé à rendre les plus grands services pour l'épuration des eaux, car le problème, dont on se préoccupe à Paris depuis si longtemps, se pose également dans toutes les grandes villes.

Procédé par le perchlorure de fer. — Son mode d'action a de l'analogie avec le chlore, car il cède facilement son chlore, il se décompose aisément et donne de l'oxyde de fer qui par réduction et oxydation successives passe de Fe^2O^3 à FeO en perdant de l'oxygène et de FeO à Fe^2O^3 en prenant l'oxygène de l'air. L'oxygène mis en liberté brûle les matières organiques, mais cette réaction est lente et toujours incomplète. Dans les expériences de Frankland faites sur l'eau de Londres la putréfaction recommence au bout de 9 jours.

D'après le Dr Gorissen, il se forme un précipité d'oxyde de fer et de matières albuminoïdes qui est stable et en même temps du phosphate de fer ; les dépôts peuvent être employés comme engrais ; à l'air, l'oxyde de fer brûle la matière organique comme nous l'avons dit.

Procédé Rohard. — Il employait le sulfate ferrique neutralisé par les carbonates alcalins ou des alcalis.

Procédé avec sels d'alumine et chaux. — L'eau traitée

par ce procédé n'est pas complètement purifiée, mais elle perd beaucoup de ses matières azotées :

	Avant traitement.	Après traitement.
Azote ammoniacal..........	21,24	19,70
Matières albuminoïdes......	14.00	2,02
Autres matières azotées...	41,90	4,20

On filtre sur des cailloux et du gravier.

Procédé avec alumine et fer. — Proposé par M. Le Châtelier pour les eaux d'égout de Paris. Il se fait du savon d'alumine, de l'alumine est précipitée et le sulfate ferreux donne du sulfure de fer, qui se réoxyde et se réduit successivement en oxydant les matières organiques. Les résultats ont été les suivants :

	QUANTITÉ CONTENUE dans 1 m. cube.	QUANTITÉ après TRAITEMENT.	QUANTITÉ DU RÉSIDU formé par sulf. d'alumine.
Azote.	$0^k,033$	$0^k,014$	$0^k,017$
Acide phosphorique..	0 ,013	»	0 .013
Potasse............	0 ,028	$0^k,028$	»
Soude	0 ,116	0 .116	»
Matières organiques.	0 ,657	0 .101	$0^k,574$
— minérales ..	1 ,898	0 ,595	1,421

Les résultats n'étaient pas suffisants, bien que réels.

On peut employer le phosphate d'alumine et l'acide sulfurique, on additionne ensuite d'eau de chaux. Le liquide peut être jeté à la rivière ou employé aux usages domestiques.

On a conseillé aussi les superphosphates de chaux, le phosphate de soude, puis on ajoute du sulfate de magnésie et un peu de sulfate d'ammoniaque, on peut ajouter également de la chaux.

Procédé international ou de la polarite. — On additionne l'eau d'une quantité convenable de *ferrozone*, réactif composé de :

Eau	29,00
Sulfate ferreux	16,28
— ferrique	6,07
— d'alumine	22,20
Carbone	4,47
Mat. insolubles dans l'eau	15,20
Eau de constitution et non dosée	15,78
	100,00

On laisse déposer 3 ou 4 heures, puis on filtre sur une matière filtrante formée de sable et de *polarite;* la polarite est formée de :

Oxyde de fer magnétique	54,52
Alumine	6,21
Magnésie	7,24
Silice	24,92
Eau	6,13
Chaux, carbone, alcalis	0,98
	100,00

On en place une couche de $0^m,30$; les 80 $^0/_0$ des matières organiques sont retenues. La limpidité est parfaite, la durée des filtres est très longue.

Procédé Boblique. — Il emploie la magnésie, qui est avantageuse à cause de son faible poids atomique. Il l'associe avec le phosphate de soude ferrugineux, obtenu avec les nodules des Ardennes fondus avec $60^0/_0$ de minerais de fer. On chauffe au rouge vif le phosphate de fer avec le sulfate de soude et le charbon. La masse est exposée à l'air, on lessive la poussière obtenue et on obtient du phosphate de soude. Le sulfure insoluble grillé donne SO^2, de l'oxyde de fer et du sulfure de sodium. L'eau d'égout donnait par litre 0,370 d'un dépôt insoluble contenant 2,24 °/₀ d'azote. L'eau filtrée contenait 0,038 d'ammoniaque. On a précipité par l'alun le sulfate de magnésie et le phosphate de soude ferrugineux. Le précipité pesait par litre 3ᵍʳ,85 et contenait 3,933 °/₀ d'azote. L'eau filtrée ne contenait que 0,001 d'ammoniaque.

Procédé Schlœsing. — M. Schlœsing a proposé de précipiter les eaux de vidange, avec le phosphate de magnésie ou avec un mélange de phosphates et de sel magnésien. Le phosphate ammoniaco-magnésien ne se précipite ordinairement qu'en solution très alcaline, mais l'ammoniaque étant dans ces liquides combiné à des acides faibles, le phosphate de magnésie cède un de ses équivalents de magnésie et prend l'ammoniaque.

L'acide phosphorique est emprunté aux phosphates naturels traités par l'acide sulfurique.

La magnésie est retirée des eaux mères des marais salants; on pourrait également la retirer des eaux de la mer directement, en les traitant par la chaux et traitant le précipité par l'acide phosphorique, qui donne un phosphate trimagnésien.

Procédé par les hypochlorites. — Le chlore détruit toutes les matières organiques; son emploi est donc tout indiqué dans ce cas.

Le chlore agit sur les composés organiques, soit par chloruration en se fixant sur les corps incomplets, soit par substitution en remplaçant l'hydrogène et en formant de l'acide chlorhydrique, par exemple $C^2H^4 + 2Cl = C^2H^3Cl + ClH$; soit enfin en décomposant l'eau, en prenant l'hydrogène pour faire de l'acide chlorhydrique comme précedemment et en laissant l'oxygène libre $H^2O + 2Cl = 2ClH + O$. Cet oxygène à l'état naissant brûle ou oxyde les matières organiques et les transforme en leurs produits de combustion $CO_2 + H_2O$. L'hypochlorite employé est le chlorure de chaux. Mais la décomposition est rarement poussée jusqu'au bout, aussi la putréfaction recommence au bout de quelques jours (4 jours dans les expériences de Frankland).

Procédé Roeckner-Rothe. — Ce procédé est employé avec succès, en Allemagne, pour les eaux des distilleries, sucreries et puis par la municipalité d'Essen pour ses eaux d'égout. Après 4 ans d'expériences, on a reconnu que le procédé était bon, les boues se dessèchent à l'air sans mauvaise odeur. L'eau est claire, inodore, légèrement jaunâtre. L'eau avant le traitement contenait 360 milligrammes de matières insolubles, 265 de matières dissoutes et après le traitement 12 milligrammes 6 et 89 milligrammes. L'hydrogène sulfuré, l'acide phosphorique faisaient défaut ; les $^2/_3$ de l'azote avaient disparu ; le nombre des bacteries dans une eau de brasserie était tombé de 2,980,000 par centimètre cube à 198.

On fait arriver les eaux vannes dans une citerne, après leur mélange avec le réactif. On recouvre le liquide avec une cloche et on fait le vide, les gaz retirés sont envoyés dans le foyer ; pendant ce temps, les précipités se déposent d'autant plus facilement qu'il n'y a plus de gaz, l'eau monte peu à peu par l'action qui dérive du vide et se déverse épurée quand elle arrive à un trop-plein à 7 mètres de hauteur.

La nouveauté de ce procédé est dans l'action du vide.

2° Traitement électrolytique

1° Si on électrolyse une eau additionnée d'un chlorure alcalin et terreux, il se fait au pôle positif un composé oxygéné du chlore et au pôle négatif un oxyde métallique, qui peut produire la précipitation de certaines matières organiques. Le chlorure terreux paraît seul décomposé en même temps que l'eau (1).

Dans l'appareil Hermite (fig. 79-80), où le courant est produit par un dynamo, le pôle positif est formé par des toiles de platine et le pôle négatif par des lames de

Fig. 79. — Électriseur Hermite.

zinc, l'eau circule et s'écoule complètement purifiée.

2° On décante les eaux d'égout, puis on les sature par l'acide carbonique, enfin on les fait passer dans des récipients contenant des couples de zinc et de cuivre. Ses matières organiques sont détruites ; l'eau peut être employée aux usages domestiques.

La solution est formée de : eau 1.000, chlorure de sodium 50, chlorure de magnésium 5.

(1) Lefèvre, *Dictionnaire d'électricité.*

On forme de la magnésie au pôle positif et au pôle négatif un composé décolorant énergique, qui est un composé d'oxygène du chlore. On ajoute un peu de magnésie en excès ; pour saturer le composé du chlore, on titre la liqueur, au moyen du procédé chloromé-trique, elle marque de 0,5 à 2 grammes de chlore par litre au maximum.

Il est bien probable qu'il y a formation d'eau oxygénée et d'ozone en même temps que du chlore ; l'appareil se-rait plus économique que l'emploi du chlorure de chaux.

D'après M. Webster, le fer est préférable comme élec-trolyte. Il se forme de l'hy-pochlorite de fer, qui se transforme immédiatement en perchlorure et de l'al-cali libre au pôle négatif : d'où résulte de l'oxyde ferreux, qui entraine les matières organiques en sus-pension. Il se sépare 60 à 80 p. 100 des matières orga-niques. L'eau est imputrescible. D'après M. Carter Bell, l'usure des plaques de fer est de $0^{gr},035$ par litre d'eau épurée.

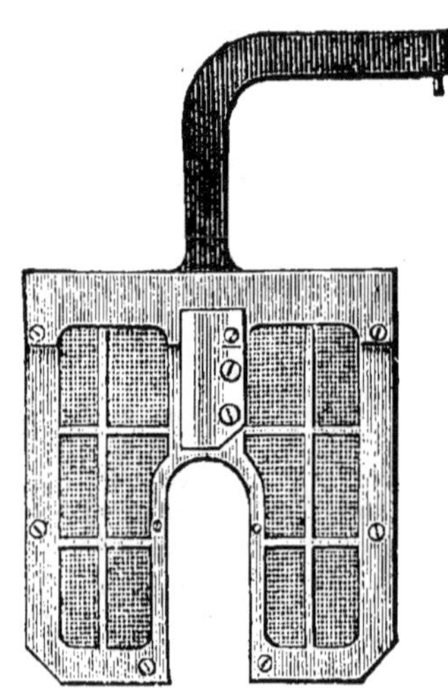

Fig. 80. — Anode de l'élec-triseur.

3° Procédés par les antiseptiques.

Composé désinfectant de Suvern. — Il est formé de chaux éteinte, goudron de houille, et chlorure de magnésium. On éteint la chaux et on y ajoute le gou-

dron, puis de l'eau chaude et le chlorure de magnésium.
Pour l'employer, on l'étend d'eau et on l'ajoute aux
liquides à désinfecter. On précipite la plus grande
partie des matières étrangères et l'eau, paraît-il, s'é-
coule limpide. Le dépôt était formé d'environ :

        50 p. 100 de matières azotées.
        55   —   non azotées.
        40   —   minérales.

On l'emploie comme engrais.

MÉLANGE DE MAC DOUGALL. — Il est formé de phénate
de chaux et de sulfate de magnésie; il agit à peu près
comme celui de Suvern.

MÉLANGE DE SILLAR. — Nommé aussi procédé A.
B. C. (initiales des mots anglais alun, sang, charbon); non seulement ce procédé ne purifie pas l'eau,
mais, d'après les expériences faites, les eaux contien
nent plus d'azote près le traitement; c'est tout naturel.

ARTICLE IV. — COMPARAISON DES DIVERS PROCÉDÉS DE PURIFICATION.

1° Prix de revient des divers procédés.

MM. Gaillet et Huet donnent les chiffres suivants :

Procédé au carbonate de soude.......	0 fr.	27	le m. c.
— au chlorure de baryum et ba-ryte	1	02	—
— à l'oxalate....	0	19	—
— à la magnésie....	0	98	—
— à l'acide chlorhydrique.......	0	06	—
— au carbon. de soude et chaux.	0	03	—

M. Grimshaw a essayé un grand nombre de procédés à Salford en Angleterre. Il ne peut donner aucun
chiffre pour l'irrigation, le prix devant varier beaucoup

suivant les pays. En Angleterre il faut 81 hectares pour 4.500 mètres cubes d'eau par jour. En France, il suffit de 35 hectares, sans doute à cause de la température.

Chaux. — 36.000 à 45.000 mètres cubes à épurer par jour ; la chaux comptée à 12 fr. 25 la tonne ; on trouve pour prix de l'épuration 0 fr. 010 par mètre cube.

Sulfate aluminico ferrique. — C'est presque du sulfate d'alumine, le produit coûte 50 fr. la tonne, on l'emploie avec la chaux ; le prix est de 0 fr. 022 par mètre cube et sans filtration 0 fr. 020.

Procédé Barry. — Avec une solution de sel ferrique à 43 fr. 75 la tonne. On emploie en même temps la chaux. Le prix de revient est 0 fr. 032 par mètre cube.

Procédé électrolytique. — Les électrodes en fer pesant 5.400 tonnes doivent être renouvelées tous les cinq ans, le prix est 0 fr. 019 par mètre cube.

Procédé international. — On emploie $0^{gr},45$ de ferro-zone pour 4 litres d'eau, le prix de revient 0 fr. 015 par mètre cube ; avec $1^{gr},166$ pour 4 litres 5 le prix est 0 fr. 025.

Procédé à la clarine. — La clarine vaut 37 fr. 50 la tonne, le prix de revient, filtration comprise, est 0 fr. 015 et sans filtration 0 fr. 011.

Procédé aluminico-ferrique. — M. Vivien propose d'employer les eaux résiduaires des fabriques de couperose ou d'alun, suivi de l'emploi pour l'irrigation. Le prix de revient pour les eaux de sucreries est de 0 fr. 004 par hectolitre.

La chaux est le procédé le plus économique, mais au point de vue de l'effet produit c'est le sulfate ferrique qui donne les meilleurs résultats ; les sels ferreux ne produisent pas d'aussi bons effets.

2° Comparaison des résultats obtenus.

Au point de vue des résultats obtenus, J. Barrow a obtenu les chiffres suivants :

	Matières albuminoïdes.
Le procédé au sulfate ferreux élimine......	62 p. 100.
— aluminico-ferrique et chaux.......	75 —
— à la chaux......................	75 — (1)
— au perchlorure de fer basique (clarine).....................	83 —

D'après M. Grimshaw, voici les résultats fournis par divers procédés dans les conditions indiquées p. 100 :

	RÉSIDU SEC.	RÉSIDU PRESSÉ.	RÉSIDU HUMIDE.
	tonnes.	tonnes.	tonnes.
Eau brute....................	5.840	11.680	58.400
Procédé international	7.500	15.000	75.000
— électrolytique...........	6.900	13.800	69.000
— Barry	12.000	24.000	120.000
— aluminico-ferrique......	12.000	24.000	120.000
— à la chaux.............	11.420	22.840	114.200
— à la clarine............	6.754	13.508	67.540

Ces chiffres représentent les résultats obtenus par an à Salford, où on traite 36 à 45.000 mètres cubes d'eau par jour ; les conclusions de l'auteur ont été signalées p. 100.

Voici quelques chiffres données par MM. Gaillet et Huet pour les eaux de sucreries :

Eau de lavage des betteraves. — Composition avant l'épuration :

Matières organiques...........	1,792 à 2,652
— minérales...........	1.680 à 1,685
	3,472 à 42,67

(1) Ce chiffre paraît bien fort, il pourrait être réduit à 40 p. 100.

On a purifié avec perchlorure de fer $0^{kil},500$ et 2 kilogrammes de chaux par mètre cube.

L'eau contenait après l'épuration :

Matières organiques	0,612
— minérales	2,016
	2,628

Elle était claire, limpide, inodore.

Eaux de diffusion. — *Égouttage de cossettes.* — Eau avant l'épuration.

Mat. organiques en suspension..	0,200	0,005
— en dissolution..	2,050	0,670
	2,250	0,675
	2,925	

Eau après épuration avec perchlorure de fer $0^{kil},500$, chaux 2 kilogrammes par mètre cube :

Matières organiques	0,950
— minérales	1,100
	2,050

Eaux des presses à cossettes. — Eau avant purification :

Matières organiques en suspension	4,225
— — en solution	2,550
— minérales en suspension	2,375
— — en solution	0,750
	9,900

Eau après épuration avec 1 kilogramme perchlorure de fer et 5 kilogrammes de chaux par mètre cube :

Matières organiques	2,200
— minérales	3,275
	5,475

Eaux d'ensemble d'une sucrerie. — Avant purification :

Matières organiques en suspension.....	1,620
— — en dissolution.....	1,480
— minérales en suspension........	24,730
— — en solution	1,540
	29,370

Après épuration avec perchlorure 0^{kil},500 et chaux 2^{kil},100 par mètre cube :

Matières organiques....................	0,950
— minérales....................	1,612
	2,562

Voici des expériences faites sur l'eau d'égout par MM. A. et P. Buisine avec les sels ferriques provenant des cendres de pyrites :

	EAU brute.	4 kil. CHAUX éteinte par m. c.	1 kil. SULF. ferrique.	EAU brute.	4 kil. CHAUX éteinte par m. c.	1 kil. SULF. ferrique.
Résidu sec par litre...	5,75	3,70	2,10	3,20	1,65	1,06
Mat. minérales	1,95	2,90	1,80	1,60	0,99	0,91
— grasses..........	2,08	»	»	0,72	»	»
— organiques solubles dosées en acide oxalique.	1,35	1,20	0,22	1,10	0,86	0,12
Alcalinité en chaux...	»	0,80	neutre.	»	0,26	neutre.
Précipité sec.........	»	6,96	4,29	»	3,03	1,90
	Échantillon du matin.			Échantillon du soir.		

Composition des boues.

Eau...............................	20,90
Matières minérales...................	30,63
— grasses......................	30,00
— azotées	18,47
	100,00

Conclusion.

Le long exposé que nous venons de faire des divers procédés de purification des liquides industriels est difficile à résumer, chaque auteur affirmant que son procédé est le meilleur et le plus pratique.

Pour la purification des eaux naturelles employées dans l'industrie, le problème nous semble résolu suivant les circonstances, soit par les appareils annexés aux chaudières, soit par le traitement de l'eau avant l'emploi au moyen des divers appareils de purification chimique.

Pour la purification des eaux résiduaires de l'industrie ou des villes, il semble résulter de tous les travaux faits que lorsqu'on possède un terrain favorable et assez grand, l'irrigation avec ou sans filtration est le procédé le plus simple et le plus pratique.

Le traitement par les agents physiques est toujours trop coûteux et ne peut être employé que si le résidu a de la valeur ou peut en acquérir par un traitement consécutif physique ou chimique. Nous citerons comme exemple, le traitement des vinasses de betteraves par M. Camille Vincent, le traitement des eaux de suint par le procédé Maumené et Rogelet pour l'extraction de la potasse, la transformation de divers liquides en engrais, enfin le procédé d'utilisation des goudrons de houille que nous proposons d'appliquer d'une manière générale à la destruction des matières organiques végétales ou animales.

Quant aux procédés chimiques, ils ne nous semblent pas de nature à produire une purification complète, ils ne sont recommandables que dans le cas où la quantité de liquide est trop considérable pour pouvoir être traitée autrement, dans ces cas le traitement aux sels de fer ou d'alumine donne évidemment de bons résultats.

FIN.

TABLE DES MATIÈRES

DEUXIÈME PARTIE

LES CORPS FORMANT LES IMPURETÉS DE L'EAU.   65

TROISIÈME PARTIE

LES EMPLOIS INDUSTRIELS DE L'EAU   83

CINQUIÉME PARTIE

LA PURIFICATION DES EAUX NATURELLES.. 201

SIXIÈME PARTIE

LES EAUX RÉSIDUAIRES DE L'INDUSTRIE ET DES VILLES

FIN DE LA TABLE DES MATIÈRES.

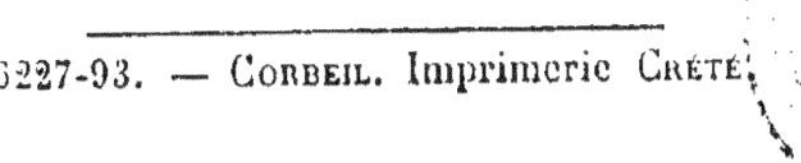

6227-93. — CORBEIL. Imprimerie CRÉTÉ

Précis d'analyse microbiologique des eaux, suivi de la description et de la diagnose des espèces bactériennes des eaux, par le Dr Gabriel Roux, directeur du bureau municipal de la ville de Lyon. Préface de M. le professeur Arloing, correspondant de l'Institut. 1892, 1 vol. in-18 de 404 pages, avec 73 fig., cartonné... 5 fr.

Epuration des eaux de boisson, par le professeur Gabriel Pouchet. 1891, in-8... 1 fr.

Examen bactériologique des eaux naturelles, par R. de Malapert-Neuville. Paris, 1887, in-8, 60 p., avec 32 figures.. 2 fr.

Etudes expérimentales sur les microbes des eaux, par le Dr V. Despeignes. 1890, gr. in-8, 126 p............. 3 fr.

Les eaux potables, par le Dr Prothiere. 1892, gr. in-8, 112 p... 3 fr.

Des eaux potables, par Eug. Marchand. 1 vol. in-4, avec une carte.. 6 fr.

Sur l'eau de Seltz et la fabrication des eaux gazeuses, par A.-A. Legrand. In-12, 108 pages..................... 75 c.

Traité de chimie hydrologique, par J. Lefort, membre de l'Académie de médecine. 2e *édition*. 1 vol. in-8 de 798 pages, avec 50 fig. et 1 pl. chromo-lithographiée............ 12 fr.

Expériences sur l'aération des eaux, par J. Lefort. In-4, 16 p... 1 fr.

Les systèmes d'évacuation des eaux et immondices d'une ville, par le professeur Van Overbeck de Meijer, 2 vol. in-8 avec fig..................................... 5 fr. 50

Du développement du typhus exanthématique sous l'influence des eaux malsaines et d'une mauvaise alimentation. par le docteur Robinski, 1881, 1 vol. in-8 de 113 pages.. 4 fr

Aide-mémoire d'hydrologie, de minéralogie et de géologie, par Lud. Jammes. 1892, 1 vol. in-16 de 300 pages, avec fig. cart... 3 fr.

Eléments de géologie et d'hydrographie, par le professeur H. Lecoq, 2 vol. in-8, avec 8 pl................... 5 fr.

L'eau sur le plateau central de la France, par le professeur H. Lecoq. 1 vol. in-8 de 391 p., 6 pl............ 6 fr.

Leçons d'hydraulique, par Elie de Beaumont. 1 vol. in-8 de 291 pages pages avec 4 pl............................ 5 fr.

Précis d'hygiène industrielle comprenant des *notions de chimie et de mécanique.* par le Dr F. Brémond, inspecteur du travail dans l'industrie. 1893, 1 vol. in-18 de 400 pages, avec 100 figures.. 5 fr.

Traité d'hygiène industrielle et administrative, comprenant l'étude des établissements insalubres dangereux et incommodes, par le Dr Max. Vernois. 2 vol. in-8...... 16 fr.

Hygiène des professions et des industries, par A. Layet, professeur à la Faculté de médecine de Bordeaux. 1 vol. in-18 de xiv-500 p.................................... 5 fr.

Le cuivre et le plomb, dans l'alimentation et l'industrie, au point de vue de l'hygiène, par A. Gautier, membre de l'Académie des sciences. 1 vol. in-18 jésus de 310 pages.. 3 fr. 50

De la responsabilité des patrons dans certains cas de maladies épidémiques, par le professeur Brouardel. 1893, in-8, 44 pages............................... 1 fr. 50

Les secrets de la science et de l'industrie. Recettes, formules et procédés, par le professeur Héraud. 1888, 1 vol. in-18 jésus de 350 pages, avec 165 fig. cartonné............. 4 fr.

Les industries d'amateur. Le papier, la toile, la terre, la cire, le verre, la porcelaine, le bois, les métaux, par H. de Graffigny. 1 vol. in-16 de 365 p. avec 395 fig. cartonné. 4 fr.

La machine à vapeur, par A. Witz, docteur ès sciences, ingénieur des arts et manufactures. 1891, 1 vol. in-16 de 324 p. avec 80 fig., cartonné..................................... 4 fr.

Les chemins de fer, par A. Schoeller, ingénieur des arts et manufactures, inspecteur de l'exploitation du chemin de fer du Nord. 1892. 1 vol. in-16 de 350 pages avec 50 fig. 3 fr. 50

Les minéraux utiles et l'exploitation des mines, par Knab, ingénieur de métallurgique à l'Ecole centrale. 1888, 1 vol. in-16 de 358 pages, avec 75 figures.......... 3 fr. 50

La pratique des essais commerciaux et industriels, par G. Halphen, chimiste au Laboratoire d'essai du Ministère du Commerce, 1792, 2 vol. in-18 de chacun 350 p. avec figures. Matières minérales, 1 vol. — Matières organiques, 1 vol. Chaque volume....................................... 4 fr.

Les engrais et leur application à la fertilisation du sol, par A. Larbaletrier. 1891, 1 vol. in-16 de 360 pages, avec 68 figures, cartonné................................. 4 fr.